新自动化——从信息化到智能化

数据结构与算法应用

王　通　侯延彬　魏晶亮　编著

机械工业出版社
CHINA MACHINE PRESS

本书由浅入深地介绍了数据结构中常用的线性表、树、图、查找和排序等相关内容，并以程序设计为主线，结合计算机思维，通过应用案例详细描述数据结构的使用及典型算法设计实施过程。

全书分为 7 章，涵盖了各种常见数据结构及典型算法应用。另外，每章后面附有习题，同时书中实例及习题均提供了完整的、可运行的程序代码供读者参考，以加深读者对所学知识的理解和应用。

本书既可作为高等院校数据结构及算法课程的辅助用书，也可作为从事计算机相关行业工作的广大读者的参考书。

图书在版编目（CIP）数据

数据结构与算法应用 / 王通，侯延彬，魏晶亮编著.
北京：机械工业出版社，2025.6. -- （新自动化：从信息化到智能化）. -- ISBN 978-7-111-78408-1
Ⅰ.TP311.12
中国国家版本馆 CIP 数据核字第 2025M68K68 号

机械工业出版社（北京市百万庄大街22号　邮政编码100037）
策划编辑：李小平　　　　　责任编辑：李小平
责任校对：梁　园　刘雅娜　封面设计：鞠　杨
责任印制：邓　博
北京中科印刷有限公司印刷
2025年7月第1版第1次印刷
184mm×260mm・15印张・351千字
标准书号：ISBN 978-7-111-78408-1
定价：65.00元

电话服务　　　　　　　　网络服务
客服电话：010-88361066　机　工　官　网：www.cmpbook.com
　　　　　010-88379833　机　工　官　博：weibo.com/cmp1952
　　　　　010-68326294　金　书　网：www.golden-book.com
封底无防伪标均为盗版　　机工教育服务网：www.cmpedu.com

前言 Preface

随着人工智能的发展，各专业对计算机程序和算法的相关知识需求日益增加，但现阶段，大多数普通高校非计算机科学专业工科学生的软件编程和算法学习仅有"C语言程序设计"等少量相关课程，程序设计和算法应用能力有待提高。而数据结构和算法设计作为大学计算机科学专业的必修课程，能够使学生掌握计算机思维和程序设计的基本方法，同时又是算法设计和应用实现的重要基础，但其中部分知识对于非计算机专业学生较为抽象。为了更好地提高工科专业学生的程序设计及算法应用实践能力，适应当前社会对应用型人才的培养需求，特结合非计算机专业工科学生的基础现状编写了本书。

本书面向非计算机专业工科学生，在具备C语言语法知识和一定编程能力的基础上，由浅入深地介绍了数据结构中常用的线性表、树、图、查找和排序等相关内容及典型算法应用，并以程序设计为主线，结合计算机思维，本着有用及实用的原则，补充应用案例。应用案例以数据结构为支撑，详细描述算法设计的实施过程，从而达到问题的提出、数据结构的合理采用、算法应用及程序实现的整体锻炼，培养读者从数据结构和算法的理论掌握到程序设计编写的应用能力。

本书共7章，各章内容如下：

第1章为绪论，介绍数据结构和算法的基本概念及6种常用算法。

第2章为线性表，介绍线性表在顺序存储和链式存储下的基本操作及应用，两种特殊的线性表，栈和队列的存储方式、基本操作及应用。

第3章为线性表扩展，介绍特殊矩阵压缩存储及应用，字符串的操作和模式匹配算法。

第4章为树和二叉树，介绍树和二叉树的相关概念、存储方式、基本操作和应用。

第5章为图，介绍图的相关概念、存储方式、基本操作和应用。

第6章为查找，介绍线性查找、树表查找和哈希表的相关概念及典型应用算法。

第7章为排序，介绍8种常用的排序算法。

本书结合非计算机专业本科生后续学习及实践需求，精简了原数据结构的部分概念描述和内容，同时在典型数据结构操作的基础上补充了应用实例，所有实例均采用C语言编写，编译工具为DEV-C++。通过将应用实例的实现过程与数据结构相关定义结合，使读者可以方便地了解数据结构在实例中的使用方式，结合算法设计让读者得到更好的锻炼。

本书由王通、侯延彬、魏晶亮编著，各章编写分工如下：第1~3章由沈阳工业大学电气工程学院王通编写；第4章和第6章由沈阳工业大学信息科学与工程学院侯延彬编写；第5章和第7章由沈阳工业大学人工智能学院魏晶亮编写。

本书编写过程中参考了一些同类教材和网络资源，在此表示感谢。本书提供包括各章教学PPT和书中案例及习题的全部源代码，可供读者下载并使用。本书作者均从事本科教学工作多年，但由于水平有限，不足之处敬请广大读者批评指正。

作者

2025年1月于沈阳工业大学

目录

前言

第1章 绪论 1
1.1 数据结构 1
1.1.1 逻辑结构 2
1.1.2 存储结构 2
1.2 算法 2
1.2.1 算法的定义 2
1.2.2 算法分析 3
1.3 常用的算法 5
1.3.1 穷举法 5
1.3.2 贪婪法 6
1.3.3 递推法 7
1.3.4 递归法 8
1.3.5 分治法 10
1.3.6 回溯法 11
习题 12

第2章 线性表 14
2.1 线性表存储及基本操作 14
2.1.1 顺序表及基本操作 14
2.1.2 单链表及基本操作 17
2.1.3 单向循环链表及基本操作 25
2.1.4 双向链表及基本操作 28
2.2 线性表的应用 31
2.2.1 单向循环链表合并 31
2.2.2 约瑟夫问题 32
2.2.3 多项式相加 35
2.3 栈 36
2.3.1 栈的定义 36
2.3.2 顺序栈 37
2.3.3 链式栈 38
2.4 栈的应用 40
2.4.1 进制转换 40

2.4.2　单面电路板布线判断 ……………………………………… 41
　　2.4.3　表达式计算 ………………………………………………… 43
　　2.4.4　迷宫求解 …………………………………………………… 48
2.5　队列 ……………………………………………………………………… 51
　　2.5.1　队列的定义 ………………………………………………… 51
　　2.5.2　循环队列 …………………………………………………… 52
　　2.5.3　链式队 ……………………………………………………… 56
2.6　队列的应用 ……………………………………………………………… 57
　　2.6.1　模拟键盘输入循环缓冲区 ………………………………… 57
　　2.6.2　货运火车车厢调度 ………………………………………… 58
　　2.6.3　农夫过河问题 ……………………………………………… 61
　　2.6.4　迷宫求解 …………………………………………………… 63
习题 ……………………………………………………………………………… 64

第3章　线性表扩展 ……………………………………………………………… 68
3.1　数组及特殊矩阵 ………………………………………………………… 68
　　3.1.1　一维数组的顺序存储 ……………………………………… 68
　　3.1.2　二维数组的顺序存储 ……………………………………… 68
　　3.1.3　特殊矩阵的压缩存储 ……………………………………… 69
3.2　稀疏矩阵及压缩存储 …………………………………………………… 73
3.3　稀疏矩阵压缩存储的应用 ……………………………………………… 76
　　3.3.1　稀疏矩阵的转置 …………………………………………… 77
　　3.3.2　稀疏矩阵的乘法运算 ……………………………………… 80
3.4　字符串 …………………………………………………………………… 83
　　3.4.1　基本概念 …………………………………………………… 83
　　3.4.2　字符串的基本操作 ………………………………………… 84
3.5　字符串的模式匹配 ……………………………………………………… 87
　　3.5.1　简单匹配算法 ……………………………………………… 88
　　3.5.2　KMP 算法 …………………………………………………… 89
　　3.5.3　Sunday 算法 ………………………………………………… 92
　　3.5.4　Shift-And 算法 …………………………………………… 94
　　3.5.5　字符串模式匹配应用 ……………………………………… 96
习题 ……………………………………………………………………………… 97

第4章　树和二叉树 ……………………………………………………………… 100
4.1　树 ………………………………………………………………………… 100
　　4.1.1　树的定义和基本术语 ……………………………………… 100
　　4.1.2　树的存储方法 ……………………………………………… 101
　　4.1.3　树的性质 …………………………………………………… 104
　　4.1.4　表达式树 …………………………………………………… 104

4.2 二叉树 105
4.2.1 二叉树的基本概念 105
4.2.2 二叉树的性质 106
4.2.3 满二叉树和完全二叉树 107
4.2.4 二叉树的存储 109
4.2.5 二叉树的遍历 111
4.2.6 二叉树的构建及操作 119
4.3 线索二叉树 121
4.4 二叉树的应用 125
4.4.1 计算二叉树的高度 125
4.4.2 后缀表达式的转换 126
4.4.3 哈夫曼树及编码 127
习题 136

第5章 图 138
5.1 图的定义和基本术语 138
5.2 图的存储 140
5.2.1 邻接矩阵 141
5.2.2 邻接表 143
5.2.3 邻接多重表 146
5.3 图的遍历 146
5.3.1 纵向优先搜索 146
5.3.2 横向优先搜索 149
5.4 图的应用 151
5.4.1 地图的着色 151
5.4.2 最小生成树 153
5.4.3 最短路径 161
5.4.4 拓扑排序和关键路径 174
习题 182

第6章 查找 185
6.1 线性查找 185
6.1.1 顺序查找 185
6.1.2 对分查找 186
6.1.3 斐波那契查找 188
6.1.4 分块查找 189
6.2 树表查找 191
6.2.1 二叉排序树 191
6.2.2 平衡二叉树 197
6.3 哈希表 204

  6.3.1 哈希表概念 ································ 205
  6.3.2 哈希函数构造方法 ························ 205
  6.3.3 哈希表解决冲突的方法 ···················· 206
 习题 ··· 211

第 7 章 排序 ·· **213**

7.1 基本概念 ····································· 213
7.2 冒泡排序和快速排序 ························· 213
7.3 插入排序和希尔排序 ························· 217
7.4 选择排序和堆排序 ··························· 219
7.5 归并排序和基数排序 ························· 225
 习题 ··· 230

参考文献 ·· **232**

第 1 章　绪　　论

问题求解是计算科学的根本目的，即计算机可以用来求解如数据处理、数值分析等问题，也可以用来处理化工、冶金、制造等工业生产过程中的问题。面对客观世界中需要解决的问题，在没有计算机之前，人工解题的过程为：首先分析问题，其次建立数学模型来简化问题，最后用解析的方法求解，并通过手工计算得出答案，过程如图 1-1 所示。

图 1-1　人工解题过程

而通过计算机解题的过程如图 1-2 所示，在分析问题后，首先确定数据存储方式，即确定数据结构；在此基础上设计算法，并根据算法编写计算机程序；最终调试并执行验证结果。

图 1-2　计算机解题过程

计算机程序可以用于解决多方面的问题，程序由算法和数据结构组成，其中算法在本质上是利用计算机来解决某个问题的思想，数据结构是计算机存储、组织数据的方法。程序的实现就是将这个思想数字化的过程。本书在讲授数据结构的同时，强化算法程序的实际过程讲解，书中所有实例均采用 C 语言编写，需要读者具有一定的计算机软件编程能力，即学习高级语言的同时使用高级语言来实现一些简单的算法，但没有对算法本身进行深入的探讨和研究。

1.1　数据结构

使用计算机首先应解决数据存储的问题，再对数据进行操作实现其基本功能。人类能够识别的各种文字、语言和图像，在计算机内部均以二进制形式存在，这些二进制数据之间存在各种组织形式。

数据结构是计算机存储、组织数据的方法，指相互之间存在的一种或多种特定关系的数据元素集合，用来反映数据内部的构成，是算法设计的基础。数据结构的优劣会影响算法的性能，同一数据结构下的数据元素应具有某种共同特性。

数据结构具体包含三个方面的内容：数据的逻辑结构、数据的存储结构和数据的运算。算法的设计主要依靠数据的逻辑结构，算法的实现主要在数据的存储结构上完成。

1.1.1 逻辑结构

数据的逻辑结构指数据元素之间的固有关系，采用前后件关系来描述，前后件所代表的意义随具体对象的不同而不同，这里前后件也可称为前驱和后继。常用的 4 种基本逻辑结构分别为集合、线性、树形、图状或网状。

集合结构中数据元素之间没有关系。线性结构中数据元素之间为先后次序关系，除第一个和最后一个元素外，其余元素仅有一个前驱和一个后继。树形结构表示数据元素之间为层次关系，除根数据元素外，其他元素仅有一个前驱。图结构的任何数据元素之间都可能具有关系。

数据的逻辑结构包含：数据元素信息 D，各数据元素之间的关系 R，可表示为 B＝{D,R}。

例如，在一个管道流量监测系统中，定时采集多组流量数据，流量数据之间为线性关系，采用上述方式描述为 B＝{D,R}。其中，$D = \{Q_1, Q_2, Q_3, Q_4, Q_5, \cdots, Q_{n-1}, Q_n\}$；$R = \{(Q_1, Q_2), (Q_2, Q_3), (Q_3, Q_4), (Q_4, Q_5), \cdots, (Q_{n-1}, Q_n)\}$。

1.1.2 存储结构

存储结构，也称物理结构，是数据结构在计算机中的存放形式，计算机在存储数据元素信息的同时，还必须存储元素之间的关系。用于存储数据元素信息并存储该元素与其他元素之间关系的存储单元称为结点。

例如，将 n 个逻辑结构为线性的数据元素存储于数组 a[MAXSIZE]中，其中 n<MAXSIZE，那么每个 a[i]为一个结点，$i=0,1,\cdots,n-1$。由于数组元素下标能够体现结点之间的线性关系，关系 R 不用单独存储。如果将 n 个数据元素随机存储，那么结点除存放数据元素信息外，还要存储能够体现数据元素前后件关系的信息。

常用的数据存储结构主要有顺序、链式、索引和散列等。上例中将线性数据存储于数组的存储形式即为顺序存储。不同的存储结构，针对不同问题的处理效率不同。

1.2 算法

1.2.1 算法的定义

算法是一种求解问题的思维方法和有效策略，是解决某一特定问题的运算序列。计算机算法现阶段与人类活动密切相关，例如户外活动中使用的地图导航，上网使用的搜索引擎等。算法操作的对象是数据，设计算法时需构建合适的数据结构，并在该结构基础上设计一个可实现的执行过程。

根据问题可选择不同算法设计完成解答，例如，我国古代数学问题"今有物不知其数，三三数之剩二，五五数之剩三，七七数之剩二，问物几何？"人工解决该问题可采用筛选法，先后计算出用 3 除余 2、用 5 除余 3、用 7 除余 2 的数，得到 23 等解。而使用计算机解决该问题可采用穷举法。

算法还应具备如下特征：
1）确定性：算法中的每一步都应当是确定的，而不是模棱两可的。
2）有穷性：算法执行有限步之后应结束，且每一步的执行时间有限。
3）可行性：算法中所有的运算可以准确实现。
4）输入项：算法有零个或多个输入。
5）输出项：算法至少有一个输出，可以是数据、动作或者其他信息形式。

1.2.2 算法分析

在设计或应用某个算法时，需要对该算法需要多少运行时间和存储空间做定量的分析。分析算法可以判断这一算法适合在什么样的环境中有效地运行，对解决同一问题的不同算法性能进行比较。常用的分析指标有时间复杂度和空间复杂度，算法的时间复杂度表示算法的运行效率，而空间复杂度表示算法需要多少额外的存储空间。

1.2.2.1 时间复杂度

一个算法花费的时间与算法中语句的执行次数成正比例。设算法中主要的基本操作执行时间为 c，重复执行的次数是问题规模 n 的某个函数，记为 $C(n)$，该算法的运行时间估算为：$f(n) = cC(n)$。这里 $f(n)$ 为一个近似结果，如果其他语句执行时间不超过 $f(n)$ 的常数倍，根据渐进复杂性的定义，记该算法的时间复杂度为 $T(n) = O(f(n))$，称 $O(f(n))$。常见的时间复杂度按数量级递增排列有：常数阶 $O(1)$，对数阶 $O(\log_2 n)$，线性阶 $O(n)$，线性对数阶 $O(n\log_2 n)$，平方阶 $O(n^2)$，立方阶 $O(n^3)$，$\cdots$，k 次方阶 $O(n^k)$，指数阶 $O(2^n)$。随着问题规模 n 的不断增大，上述时间复杂度不断增大，算法的执行效率越低。

如有两个算法 A_1 和 A_2 求解同一问题，时间复杂度分别是 $T_1(n) = 100 \times n^2$，$T_2(n) = 5 \times n^3$。
1）当输入量 $n < 20$ 时，有 $T_1(n) > T_2(n)$，后者花费的时间较少。
2）随着问题规模 n 的增大，两个算法的时间开销之比 $(5 \times n^3)/(100 \times n^2) = n/20$ 亦随着增大。当问题规模较大时，算法 A_1 比算法 A_2 花费的时间要少得多。

【**例 1-1**】 计算如下程序段时间复杂度。

```
int x=99,y=200;
while(y>0)
    if(x<90){
        x=x+10;
        y--;}
    else  x--;
```

解：$T(n) = O(1)$

分析：如果算法的执行时间不随着问题规模 n 的增加而增长，即使算法中有上千条语句，其执行时间也不过是一个较大的常数。此类算法的时间复杂度是 $O(1)$。这个程序共循环运行了 2200 次,但这段程序的运行与 n 无关,只是一个常数阶的函数。

【例 1-2】 计算如下程序段时间复杂度。

```
int count =1;
for(int i=1;i<=n;i++)
    for(int j=1;j<i+1;j++)
        for(int k=1;k<j+1;k++)
            count++;
```

解:$T(n)= O(n^3)$

分析:该程序段中基础操作语句是 count++,内循环的执行次数虽然与问题规模 n 没有直接关系,但是却与外层循环的变量取值有关。而最外层循环的次数直接与 n 有关。因此可以从内层循环向外层分析语句 count++的执行次数。当有若干个循环语句时,算法的时间复杂度是由嵌套层数最多的循环语句中最内层语句的 $f(n)$ 决定的。

【例 1-3】 算法的时间复杂度不仅依赖于问题的规模,还与待处理数据的初始状态有关。计算在数组 A 中查找关键字 k 的算法时间复杂度。

解:

```
int i=n-1;
while(i>=0){
    if(A[i]==k) break;
    i--;}
return i;
```

此算法中的语句 i-- 的运行时间估算不仅与问题规模 n 有关,还与数组 A 中各元素值及关键字 k 的值有关:

1)若 A 中没有与 k 相等的元素,则语句 i-- 的 $f(n)= n$。
2)若 A 中存在一个元素等于 k,则语句 i-- 的 $f(n)$ 是常数。

基本操作的运行时间估算不同,但时间复杂度可能相同。如:$T(n) = n^2 +5n+15$ 与 $T(n)= 3n^2+2n+1$ 它们的运行时间估算不同,但时间复杂度相同,都为 $O(n^2)$。

1.2.2.2 空间复杂度

一个算法的空间复杂度为该算法所耗费的存储空间,它也是问题规模 n 的函数。空间复杂度 $S(n)$ 是对算法在运行过程中临时占用存储空间大小的量度。算法在计算机存储器上所占用的存储空间主要包括三个部分,分别为:存储算法本身所占用的存储空间、算法的输入输出数据所占用的存储空间和算法在运行过程中临时占用的存储空间。算法的输入输出数据所占用的存储空间由要解决的问题所决定,是通过参数由调用函数传递而来的,它不随算法的不同而改变。存储算法本身所占用的存储空间与算法书写的长短成正比,要压缩这方面的存储空间,就必须编写出较短的算法。算法在运行过程中临时占用的存储空间随算法的不同而异,有的算法只需要占用少量的临时存储空间,而且不随问题规模的大小而改变,这种算法节省存储空间;有的算法需要占用的临时存储空间数量与解决问题的规模 n 有关,它随着 n 的增大而增大,当 n 较大时,将占用较多的存储空间,例如锦标赛排序就属于这种情况。

分析一个算法所占用的存储空间要从各方面综合考虑。如对于递归算法来说，算法本身比较简短，所占用的存储空间较少，其空间复杂度为运行时所使用的保存函数调用信息的堆栈空间大小，等于一次调用所分配的临时存储空间的大小乘以被调用的次数，即为递归调用的次数加 1，这个 1 表示最开始进行的非递归调用，从而占用较多的临时存储空间。若写成非递归算法，会导致算法本身占用的存储空间高于递归算法，但运行时可能需要较少的临时存储空间。

一个算法的空间复杂度只考虑在运行过程中为局部变量分配的临时存储空间的大小。它主要包括为形参变量分配的存储空间和为在函数体中定义的局部变量分配的存储空间两个部分。若形参为数组，则只需要为它分配一个存储由实参传送来的一个地址指针的空间，即一个机器字长空间；若形参为引用方式，则也只需要为其分配存储一个地址的空间，用它来存储对应实参变量的地址，以便由系统自动引用实参变量。

算法的空间复杂度一般也以数量级的形式给出，如 $S(1)$、$S(n)$、$S(\log_2 n)$ 等。一个算法的时间复杂度和空间复杂度往往相互影响。当追求一个较好的时间复杂度时，可能会使空间复杂度的性能变差，即可能导致占用较多的存储空间；反之，当追求一个较好的空间复杂度时，可能会使时间复杂度的性能变差，即可能导致占用较长的运行时间。另外，算法的所有性能之间都存在着或多或少的相互影响。因此，为设计一个较好的算法，特别是大型算法时，需要综合考虑算法的各项性能，如算法的使用频率、算法处理的数据量大小、算法描述语言的特性、算法运行的机器系统环境等各方面因素。

1.3　常用的算法

1.3.1　穷举法

穷举法也叫蛮力法，为根据问题要求或涉及的概念利用计算机能力直接解决问题的方法。如在不考虑效率的前提下，穷举法为可以解决各领域内所有问题的一般方法。在问题规模不大的情况下，穷举法实现较为方便。例如简单字符串匹配和穷举搜索等。

穷举搜索根据题目给出的条件确定解的范围，并在此范围内对所有可能解逐一验证，直到全部可能解验证完毕。若某个可能解验证后符合题目的全部条件，则为本问题的一个解；若全部范围内验证均不符合题目要求件，则本题无解。

【例 1-4】　公元五世纪我国数学家张丘建在其《算经》一书中提出了"百鸡问题"：鸡翁一值钱 5，鸡母一值钱 3，鸡雏三值钱 1。百钱买百鸡，问鸡翁、鸡母、鸡雏各几何？编写程序，求出结果。

解：

```
#include"stdio.h"
int main()
{
    int hen,cock,chick;
    for(cock=1;cock<20;cock++)
        for(hen=1;hen<33;hen++)
```

```
        {
            chick=100-hen-cock;
            if(cock*5+hen*3+chick/3==100)
                printf("cock:%d;hen:%d;chick:%d\n",cock,hen,chick);
        }
}
```

【例1-5】 将100元人民币兑换为1元、2元和5元的人民币,共有多少种兑换方法?

解:

```
#include"stdio.h"
int main()
{
    int count=0;
    for(int count_5=0;count_5<=20;count_5++)
        for(int count_2=0;count_2<=50;count_2++)
            for(int count_1=0;count_1<=100;count_1++)
                if(count_1+2*count_2+5*count_5==100)
                    count++;
    printf("%d",count);
}
```

穷举法设计简单,容易理解,但是效率低,当可行解搜索范围较大时,算法运行时间过长。

1.3.2 贪婪法

贪婪法指所求问题的整体最优解可以通过一系列局部最优的选择,即贪婪选择来达到。贪婪选择采用从顶向下、分阶段工作,每做一次贪婪选择都将当前问题简化为一个规模更小的子问题,且应符合以下要求:

1) 必须满足问题的约束。
2) 为当前步骤中所有可行选择的最佳局部选择。
3) 一旦选择无法更改。

哈夫曼、最小生成树的Prim算法和Kruskal算法、单源最短路径中的Dijkstra算法都是贪婪算法。

【例1-6】 假设1角、5角、1元、5元、10元的硬币分别有10、8、3、6、8枚,要用这些钱支付cost元,至少需要用多少枚硬币,采用贪婪算法编写C语言程序计算结果。

解:

```
#include"stdio.h"
int value[5]={1,5,10,50,100};
int count[5]={10,8,3,6,8};
```

```c
int main()
{
    float cost;
    int num_money=0;
    scanf("%f",&cost);
    cost=cost*10;
    for(int i=4;i>=0;i--){
        int temp;
        if((int)(cost/value[i])>count[i])
            temp=count[i];
        else
            temp=(int)(cost/value[i]);
        cost=cost-temp*value[i];
        num_money+=temp;
    if(cost>0)
        printf("No correct solution");
    else
        printf("num:%d",num_money);
}
```

算法实现过程较为简单,按 10 元、5 元、1 元、5 角、1 角顺序依次统计,每一次选择可以支付的最大面值硬币数量,直到 5 种规格的硬币都计算完为止。

1.3.3 递推法

递推法是指从已知条件出发,用若干步可重复的运算推出待解值的方法。

【例 1-7】 斐波那契数列,设它的函数为 $f(n)$,已知 $f(0)=0$, $f(1)=1$; $f(n)=f(n-2)+f(n-1)$,$(n≥3, n∈\mathbf{N})$。通过递推可知,$f(3)=f(1)+f(2)=2$,$f(4)=f(2)+f(3)=3$,…直至要求的解。采用递推算法编写 C 语言程序计算结果,输出 $f(0)$~$f(20)$ 的结果。

解:

```c
#include"stdio.h"
int main()
{
    int fib[21];
    fib[0]=0;fib[1]=1;
    for(int i=2;i<=20;i++)
        fib[i]=fib[i-1]+fib[i-2];
    for(int i=0;i<=20;i++)
        printf("%d:%d\n",i,fib[i]);
}
```

【例 1-8】 编写 C 语言程序，使用递推法求解 $n!$。

解：

```c
#include"stdio.h"
int main()
{
    long fac=1;int i,n;
    scanf("%d",&n);
    for(i=1;i<=n;i++)
        fac=fac*i;
    printf("The factorial of n is:%ld",fac);
}
```

从上述两个例子可以看出，递推法首先确定一个可重复执行的递推公式，然后使用循环重复递推过程，最后根据终止条件结束递推。

1.3.4 递归法

递归为一个过程或函数在其定义或说明中直接或间接调用自身的一种方法，在程序设计中广泛应用，它通常把一个大型复杂的问题层层转化为一个与原问题相似的规模较小的问题来求解。递归法只需少量的程序代码就可描述出解题过程所需要的多次重复操作，极大地减少了程序的代码量。在二叉树等数据结构的算法设计中，特别适合使用递归的思想来解决相关问题。

使用递归法的两个前提条件为：

1）必须具备终止条件，不用递归就能求解。

2）在递归求解过程中，必须朝向某个终止条件执行。

【例 1-9】 编写 C 语言程序，使用递归法求解 $n!$。

解：

```c
#include"stdio.h"
long n_factorial(int n)
{
    long fac;
    if(n==1||n==0)
        return 1;
    else
        return fac=n*n_factorial(n-1);
}
int main()
{
    long fac;int n;
```

```
    scanf("%d",&n);
    fac=n_factorial(n);
    printf("The factorial of n is:%ld",fac);
}
```

【例1-10】 汉诺塔问题。假设有 n 个圆盘和3个塔座，如图1-3所示。初始时所有圆盘从下往上，由大到小堆在塔1，要求把所有圆盘按照同样的顺序移到塔2。在移动圆盘时，一次只能移动一个圆盘，同时不允许较大的圆盘放在较小圆盘之上，编写算法，输出移动过程。

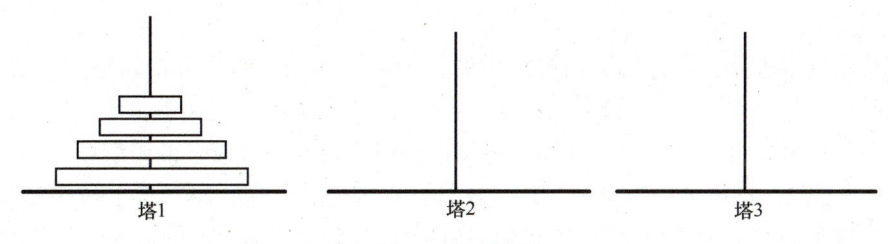

图 1-3 汉诺塔

解：这里较简单的方式就是采用递归算法，首先将除最大圆盘外的 $n-1$ 个圆盘移动到塔3，然后将最大圆盘移动到塔2，如图1-4所示。最后，将 $n-1$ 个圆盘移动到塔2。这样就将 n 个圆盘移动过程分为两个部分：一个是 $n-1$ 个圆盘的移动，一个是最大圆盘的移动。同理，对于 $n-1$ 个圆盘的处理也采用递归思想进行分解，直到圆盘都移动完为止。在移动过程中，除圆盘的原位置塔和目标位置塔外，剩余的塔作为辅助。

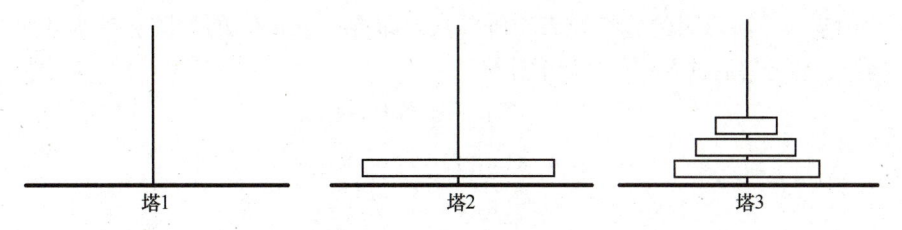

图 1-4 汉诺塔移动示意

汉诺塔问题的递归函数算法代码如下：

```
void Hanoi(int n,int h_1,int h_2,int h_3)
{
    if(n>0){
        Hanoi(n-1,h_1,h_3,h_2);
        printf("From top of tower %d to top of tower %d\n",h_1,h_2);
        Hanoi(n-1,h_3,h_2,h_1);
    }
}
```

相对于递推从已知条件逐次推出未知解的过程，递归则为从未知解开始推到已知条件，再从已知条件逐层返回未知解的过程。

1.3.5 分治法

分治算法的基本思想是将一个大规模问题分解多个小规模的子问题，这些子问题相互独立且与原问题性质相同。求出子问题的解，就可得到原问题的解。分治法为一种分目标完成的算法，简单的问题可用二分法，如对分查找算法。

【例 1-11】 有 16 个硬币，其中有一个是伪造的，并且伪造的硬币比真的硬币要轻一些。提供一台可用来比较两组硬币重量的仪器，如何借助仪器更快的找出伪造的硬币？

解：利用这台仪器，可以知道两组硬币的重量是否相同。基于分治法思想，将 16 枚硬币等分为两组，每组硬币数量为 8 枚，比较组 1 与组 2 的重量。假如组 1 比组 2 轻，则伪造硬币在组 1 内；假如组 2 比组 1 轻，则伪造硬币在组 2 内的。将较轻的组继续分为硬币数量相同的组 3 和组 4，每组硬币数量为 4 枚。比较找出较轻的一组，继续等分硬币数量为 2 的两组，按照这种方式，重复执行，最多通过 4 次比较就能判断伪币的存在并找出这一枚伪币。

【例 1-12】 矩阵乘法。

设有两个 2×2 的矩阵 A 和 B：

$$A = \begin{bmatrix} a_{11} & a_{12} \\ a_{21} & a_{22} \end{bmatrix} \quad B = \begin{bmatrix} b_{11} & b_{12} \\ b_{21} & b_{22} \end{bmatrix}$$

求矩阵 A 和 B 相乘的结果 C 矩阵。

解：采用基于分治思想的施特拉森矩阵乘法，即将一个 $n×n$ 的方阵分解为 4 个 $(n/2)×(n/2)$ 的方阵，将分解后的方阵进行如下计算：

$$k_1 = (a_{12} - a_{22})(b_{21} + b_{22})$$
$$k_2 = (a_{11} + a_{22})(b_{11} + b_{22})$$
$$k_3 = (a_{21} - a_{11})(b_{11} + b_{12})$$
$$k_4 = (a_{11} + a_{12}) × b_{22}$$
$$k_5 = a_{11} × (b_{12} - b_{22})$$
$$k_6 = a_{22} × (b_{21} - b_{11})$$
$$k_7 = (a_{21} + a_{22}) × b_{11}$$

得出：

$$c_{11} = k_1 + k_2 - k_4 + k_6$$
$$c_{12} = k_4 + k_5$$
$$c_{21} = k_6 + k_7$$
$$c_{22} = k_5 + k_3 + k_2 - k_7$$

按照上述过程可以很方便地实现矩阵相乘的算法代码。该方法将矩阵直接相乘的时间复杂度由 $O(n^3)$ 变为 $O(n^{2.81})$。

1.3.6 回溯法

回溯法也叫试探法，是一种既带有系统性又带有跳跃性的搜索算法。它在包含问题的所有解的解空间树中，按照深度优先的策略，从根结点出发搜索解空间树。算法搜索至解空间树的任一结点时，总是先判断该结点是否肯定不包含问题的解；如果肯定不包含，则跳过对以该结点为根的子树的搜索，逐层向其祖先结点回溯；否则，进入该子树，继续按深度优先的策略进行搜索。

回溯算法的基本思想是：从一条可执行路径往前试探，能进则进；不能进沿原路径逐步返回，重新换一条路径试探，直到搜索出最终结果。

【例1-13】 八皇后问题。

要求在8×8的国际象棋棋盘上摆放8个皇后，皇后之间不能互相攻击，问有多少种摆法，编写C语言程序输出正确的摆法。

解：八皇后问题是回溯法的典型应用，按照皇后之间不能处于同一列、同一行和同一斜线的规则；第一步按照顺序在第一行第一列放第1个皇后；然后在第二行按要求寻找合适的位置放第2个皇后；后续行持续放置皇后试探，如果当前行没有位置符合要求，那么就退回到前一行改变当前一行皇后的位置，重新试探，直到找到符合条件的位置，最终将所有皇后都摆放完成。

八皇后问题回溯算法代码如下：

```c
#include<stdio.h>
int board[8]={0};
int check(int cur_row,int cur_col)
{
    int pre_col;
    for(int pre_row=0;pre_row<cur_row;pre_row++){
        pre_col=board[pre_row];
        if(cur_col==pre_col)
            return 0;
        else if((pre_row+pre_col)==(cur_row+cur_col))
            return 0;
        else if((pre_row-pre_col)==(cur_row-cur_col))
            return 0;}
    return 1;
}
void place_eight_queen(int cur_row)
{
    if(cur_row==8){
        for(int row=0;row<8;row++){
            for(int col=0;col<8;col++)
```

```
                if(board[row]==col)
                    printf("Q ");
                else
                    printf(" * ");
            printf("\n"); }
        printf("\n"); }
    else
        for(int cur_col=0;cur_col<8;cur_col++){
            if(check(cur_row,cur_col)){
                board[cur_row]=cur_col;
                place_eight_queen(cur_row+1);
                board[cur_row]=0;  }
        }
}
```

回溯算法可采用递归方式实现，但回溯算法不同于递归算法，在寻找所有可能解的时候，发现当前情况不存在可能解时，就停止后续的尝试，可以理解为是穷举算法的优化。

习　　题

一、单项选择题

1. 计算机算法指的是（　　）。
A）计算方法　　　　　　　　　　B）排序方法
C）解决某一问题的有限运算序列　　D）调度方法

2. 下列时间复杂度最坏的是（　　）。
A）$O(\log_2 n)$　　B）$O(n^2)$　　C）$O(n)$　　D）$O(n\log_2 n)$

3. 下列时间复杂度最好的是（　　）。
A）$O(\log_2 n)$　　B）$O(n^2)$　　C）$O(n)$　　D）$O(n\log_2 n)$

4. 在 C 语言环境下，长度为 n 的数组中，第 i 个位置插入一个新元素算法的时间复杂度为（　　）。
A）$O(\log_2 n)$　　B）$O(n^2)$　　C）$O(n)$　　D）$O(n\log_2 n)$

5. 在一个具有 n 个结点的有序单链表中插入一个新结点，并保持有序的时间复杂度为（　　）。
A）$O(\log_2 n)$　　B）$O(n^2)$　　C）$O(n)$　　D）$O(1)$

6. 数据的物理结构指的是（　　）。
A）数据的物理特征　　　B）数据的物理类型
C）数据结构的存储表示　D）数据结构的数据存储

7. 数据在计算机存储器内表示时，物理地址与逻辑地址相同并且是连续的，称之为（　　）。
A）存储结构　　B）逻辑结构　　C）顺序存储　　D）链式存储

8. 下列数据组织形式中，（　　）的各个结点可以任意连接。
A）集合结构　　B）树结构　　C）线性结构　　D）图结构

9. 非线性结构中每个结点（　　）。
A）无直接前驱结点　　　　　　B）只有一个前驱和一个后继结点

C）无直接后继结点　　　　　　　　D）可能有多个直接前驱和后继结点

10. 数据结构中，与所使用的计算机无关的是（　　）。

A）存储结构　　　　　　　　　　　B）存储和物理结构

C）逻辑结构　　　　　　　　　　　D）物理结构

二、填空题

1. 算法的运行效率主要指_____和_____。

2. 下列程序段的时间复杂度为：_____。

```
long sum=0;
for(int i=0;i<=n;i++)
    sum=sum+i;
```

3. 下列程序段的时间复杂度为：_____。

```
long sum=0;
for(int i=0;i<=n;i++)
    for(int j=0;j<=n;j++)
        sum=sum+i*j;
```

4. 数据的_____说明了数据元素之间的前后关系，它依赖于计算机的_____。

三、设计题

1. 采用递归思想编写函数，实现 $f(x)$ 的计算，$f(0)=0$ 且 $f(x)=3f(x-1)+x^3$。

2. 采用分治算法，求取数组中元素的最大值和最小值。

3. 采用穷举法将 10 元人民币兑换为 1 元、2 元、5 角的纸币，统计共有多少种兑换方法。

4. 采用递推法输出分数序列 1，2/1，3/2，5/3，8/5，13/8，…。

5. 采用回溯算法实现 n 皇后问题。

6. 采用穷举法，输出所有水仙花数，即满足一个 3 位正整数与其个位、十位和百位的 3 次幂之和相等，如 $153=1^3+5^3+3^3$。

第 2 章 线 性 表

线性结构的特点为：在数据元素的非空集合中，存在唯一的第一个元素和唯一的最后一个元素，且其他元素均有唯一的前驱和后继元素。线性表是 n 个类型相同的数据元素有限集合，也是最简单、最常用的线性数据结构。本章主要讲解常用的线性结构及应用，要求掌握以下主要内容：

- 线性表的顺序存储和链式存储结构及基本操作实现
- 基于线性表存储结构设计计算法解决简单应用问题
- 栈和队列的存储结构及基本操作实现
- 利用栈和队列设计计算法解决简单应用问题

2.1 线性表存储及基本操作

将一组 a_1，a_2，a_3，$\cdots$，a_n 形式的数据序列定义为表，表的大小为 n，$n=0$ 的特殊表为空表。表中第一个元素为 a_1，没有前驱，后继元素为 a_2；最后一个为 a_n，没有后继，前驱元素为 a_{n-1}；元素 a_i 为表中第 i 个元素，表中元素可以是任意复杂类型。为更加清晰表明算法过程、简化程序，后续部分程序假设表中元素为基本整型。线性表在计算机内存中，基本存储方式为：顺序存储和链式存储，基于不同的存储方式需要对上述表内元素执行查找、插入和删除等基本操作。

2.1.1 顺序表及基本操作

线性表的顺序存储指用一组连续的存储单元依次存储线性表中的各个元素，利用计算机内存物理地址上的顺序，表示逻辑上的前后关系，具有随机存储特性，也叫顺序表。线性表的顺序存储在 C 语言中可以通过一维数组来实现，数组中的一个元素就是一个存储单元，数组元素下标可以用来表示线性表元素的存储位置。

线性表（a_1,a_2,a_3,a_4,a_5）的顺序存储结构如图 2-1 所示，i 为存储空间相对位置标号，从图中可以看出，顺序表中每个元素都是相邻的，如果知道线性表第一个元素的存储地址和每个元素所占存储单元的字节数，则可以计算出线性表中任意一个元素的位置。

i	内存空间
1	
2	
3	
4	a_1
5	a_2
6	a_3
7	a_4
8	a_5
9	
10	

图 2-1 线性表顺序存储结构示意图

【例 2-1】 采用顺序存储一个长度为 100 的线性表，线性表内容为学生姓名、学号及成绩，采用 C 语言定义该线性表。

解：线性表中数据元素类型的 C 语言定义如下：

```
# define List_Maxlen 100
typedef struct
{
    char name[20];
    long number;
    float automatic,linear_system,algorithm;
} ElementType;
ElementType List_array[List_Maxlen];
int List_length;
```

其中，线性表元素类型为用户自定义结构体 ElementType 类型，包含成员为姓名 name、学号 number 和各科成绩。List_Maxlen 为线性表最大长度，List_length 为线性表当前长度，初始值为 0，线性表中第 i 个元素为 List_array[$i-1$]。

使用数组实现线性表的顺序存储时，尽量将数组长度定义大一些，避免后期操作过程中发生溢出现象。

1. 查找操作

顺序表的查找可以采用穷举法，以表的一端为起点，表的另一端为终点，逐个判断查找。如在整型数组 List_array 的前 n 个单元所存储的线性表中，查找值为 x 的结点，若表中有 x，返回存储 x 元素的第一个数组元素下标 i，对应线性表中第 $i+1$ 个元素；若表中没有 x，返回一个无效下标 -1。

算法代码如下：

```
int search_Seq_List(int List_array[ ],int List_length,int x)
{
    for(int i=0;i<List_length;i++)
    if(List_array[i]==x)
        return i;
    return -1;
}
```

根据查找操作返回的数组元素下标 i，可以执行后续的插入或删除操作。

2. 插入操作

线性表的插入操作指在线性表（$a_1,a_2,a_3,\cdots,a_n$）中的第 $i-1$ 个元素和第 i 个元素之间插入值为 x 的元素，如图 2-2 所示。

在采用顺序存储结构时插入操作执行步骤如下：

Step1：判断当前线性表长度，如果表满则无法进行插入操作，返回；否则执行 Step2。

Step2：判断插入位置是否为当前表内有效长度范围内，插入时如插入位置不在表内则无法执行，返回；否则执行 Step3。

Step3：根据插入位置进行操作，由于存储位置与逻辑顺序一致，使用循环将原表中 n，$n-1,\cdots,i$ 上的元素依次后移一位，空出第 i 位置，执行 Step4。

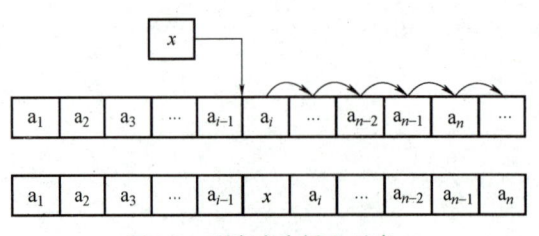

图 2-2 顺序表中插入元素 x

Step4：将 x 放入第 i 位置，并将线性表长度 *List_ length 加 1，结束。

顺序存储插入操作算法代码如下：

```
void insert_Seq_List(ElementType List_array[ ],int * List_length,
int i,ElementType x)
{
    if(*List_length==List_Maxlen){
        printf("overflow\n");
        return;}
    if(i<1||i>*List_length){
        printf("Not this element in the list\n");
        return;}
    for(int j= *List_length;j>=i;j--)
        List_array[j]=List_array[j-1];
    List_array[i-1]=x;
    *List_length= *List_length +1;
}
```

3. 删除操作

线性表的删除操作指将线性表（$a_1, a_2, a_3, \cdots, a_n$）中的第 i 个元素删除，同时将后续元素从 $i+1$ 至 n 依次向前移动一个位置，如图 2-3 所示。

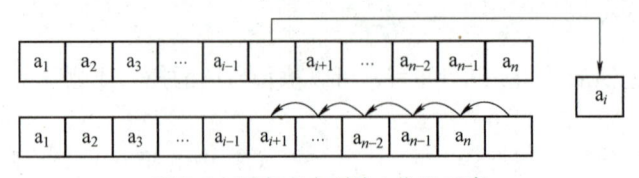

图 2-3 顺序表中删除 i 位置元素

在采用顺序存储结构时删除操作执行步骤如下：

Step1：判断当前线性表长度，如果为空表则无法进行删除操作，返回；否则执行 Step2。

Step2：判断删除位置是否为当前表内有效长度范围内，删除时如删除位置不在表内则无法执行，返回；如在表内则执行 Step3。

Step3：将被删除元素 a_i 读出，由于存储位置与逻辑顺序一致，因此需将原表中 $i+1,\cdots,n-1,n$ 位置的元素依次前移一位，并将线性表长度减 1。

顺序存储删除操作算法代码如下：

```
void delete_Seq_List(ElementType List_array[ ],int * List_length,
int i,ElementType * x)
{
    if(*List_length==0){
        printf("underflow\n");
        return;}
    if(i<1||i>*List_length){
        printf("Not this element in the list\n");
        return;}
    *x=List_array[i-1];
    for(int j=i;j<=*List_length-1;j++)
        List_array[j-1]=List_array[j];
    *List_length=*List_length-1;
}
```

由上述算法可以看出，线性表在顺序存储的情况下，插入或删除元素时主要工作在移动大量元素上，且数组大小需预先估计，容易造成空间的浪费或不足。若在类似物流货物管理的应用中采用顺序表结构，因需要频繁地输入、删除操作，会导致算法效率降低。这时可采用链式存储克服顺序存储的缺点；此外在线性表长度无法确定的场合，一般采用线性表链式存储。

2.1.2 单链表及基本操作

链式存储既可以应用在线性表，也可以应用在其他非线性结构上，每个线性表元素对应一个链式存储单元，一般称为结点。结点包含数据存储域和指针存储域，数据域用来存放线性表元素信息，指针域用来存放线性表相邻元素的存储地址，存储的顺序由各结点中指针决定。线性表链式存储可以呈现以下几种形式，单链表、循环链表和双向链表等。

单链表中每个结点由两个域组成，数据域 data 用来存放线性表数据元素信息，类型 ElementType 为用户自定义；指针域 next 用来存放线性表中后继元素的存储地址，类型 struct node 为单链表结点类型，其结点结构如图 2-4 所示。

数据域	指针域
data	next

图 2-4　单链表的结点结构

单链表结点结构体类型的 C 语言定义如下：

```
struct node
{
    ElementType data;
    struct node * next;
};
```

单链表在应用过程中，第一个结点无前驱，因此使用一个指针变量 head，指向单链表的第一个元素结点，也叫头指针。单链表中结点的实际物理地址位置不一定与逻辑关系次序一致，每个结点需通过指针域内地址确定后继结点的物理位置。

如图 2-5 所示，为单链表（a_1，a_2，a_3，$\cdots$，a_n）的逻辑结构，其中头指针 head 指向单链表逻辑上第一个结点 a_1，这里的结点 a_1 表示结点数据域内存储元素 a_1，单链表中结点的访问必须从头指针开始，单链表最后一个结点 a_n 的指针域为空（NULL），表明该结点无后继结点。

图 2-5　单链表的逻辑结构

单链表（a_1，a_2，a_3，$\cdots$，a_n）实际存储的位置如图 2-6 所示，与顺序存储相比，其位置并不连续。单链表的实现可分为动态和静态两种方式，本书实现过程均以动态方式完成。静态方式在 C 语言中可以基于数组实现。

i	data	next
1	a_3	50
2		
3	a_n	NULL
4	a_1	6
5		
6	a_2	1
⋮	⋮	⋮
49		
50	a_4	

head: 4

1. 结点的申请和释放

单链表的基本操作为查找、插入和删除，单链表的插入和删除只需要改变指针域指针指向即可完成，比顺序存储的插入、删除效率高，但访问数据元素效率低。

图 2-6　单链表存储位置示意图

单链表操作以动态方式执行时，在 C 语言中新结点可以调用函数 malloc 向系统申请。结点删除后可以调用函数 free 将其释放，系统回收结点空间。malloc 和 free 为系统库文件 stdlib.h 中标准函数。

申请结点的常用语句为

```
struct node * temp;
temp=(struct node * )malloc(sizeof(struct node));
```

该语句执行时，malloc 函数向系统申请 struct node 类型大小的动态存储区空间，并将该空间的首地址通过强制转换为 struct node 类型后赋值给指针 temp。用户可以通过指针 temp 对该结点成员进行操作，在算法设计过程中可根据单链表使用需求动态申请新结点。在申请新结点空间时，如动态存储区已用完，系统会返回一个 NULL 给指针 temp，表示申请失败。因此实际应用中，申请后需进行判断，本书假定每次申请均为成功，简化相关程序代码。

释放结点存储空间的常用语句为

```
free(temp);
```

该语句执行时，释放 temp 指针指向结点所占用的存储空间，系统将该空间回收到动态存储区，进行后续再次分配。实际应用中，应及时将不用空间释放，避免系统空间耗尽导致系统崩溃。

2. 查找操作

在非空线性单链表中查找指定元素，为方便后续的插入或删除操作，可根据需求返回查找指定元素结点的前驱或后继结点地址。如仅是查找操作，可返回指定元素结点的地址。在单链表定义过程中，数据域采用基本整型，实际操作过程中可根据需要自定义数据域结构体类型。

单链表中的结点通过头指针 head 依次查找，一般情况下为防止单链表丢失，会保持单链表的头指针不动，再定义一个与结点相同类型的指针 current，指针 current 在单链表上可通过执行 current = current->next 实现移动，移动过程中对当前结点的后继结点的数据域 current->next->data 进行比较，如图 2-7 所示。

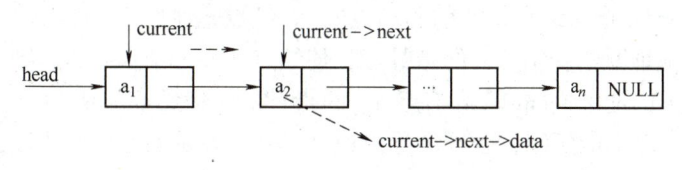

图 2-7 指针在单链表上的移动

单链表查找操作执行步骤如下：

Step1：判断单链表是否为空，如为空，返回 NULL；否则执行 Step2。

Step2：判断单链表的第一个结点数据域是否等于 x，如等于，返回第一个结点地址；否则执行 Step3。

Step3：将指针 current 指向单链表第一个结点，因需在数据域等于 x 的结点之前进行插入或删除操作，应知道该结点的前驱结点地址，因此通过指针 current 在单链表上依次判断 current->next->data 是否等于 x，如等于 x 则返回指针 current 所指向结点地址；若结点 x 不存在，则返回最后一个结点的地址。

单链表查找算法代码如下：

```
struct node
{
    int data;
    struct node * next;
};
struct node * search_Sig_List(struct node * head,int x)
{
    struct node * current;
    if(head==NULL)
        return NULL;
    if(head->data==x)
```

```
        return head;
    current=head;
    while((current->next!=NULL)&&(current->next->data!=x))
        current=current->next;
    return(current);
}
```

3. 插入操作

查找完指定结点后，即可进行插入或删除操作。设在结点 a_{i-1} 和结点 x 之间插入一个新元素 e，如图 2-8 所示，插入一个结点的执行过程如下：

1）动态申请一个结点空间，将其地址赋给指针 temp，将数据 e 输入到指针 temp 所指结点的数据域。

2）使指针 current 指向结点 x 的前驱结点 a_{i-1}，结点 x 地址为 current->next。

3）将结点 x 地址赋给新结点 e 的指针域，使结点 x 成为结点 e 的后继。

4）将新结点 e 的地址 temp 赋给结点 a_{i-1} 的指针域，使结点 e 成为结点 a_{i-1} 的后继。注意，3）与4）的次序不能颠倒，否则会导致以结点 x 为起始的后续链表断链。

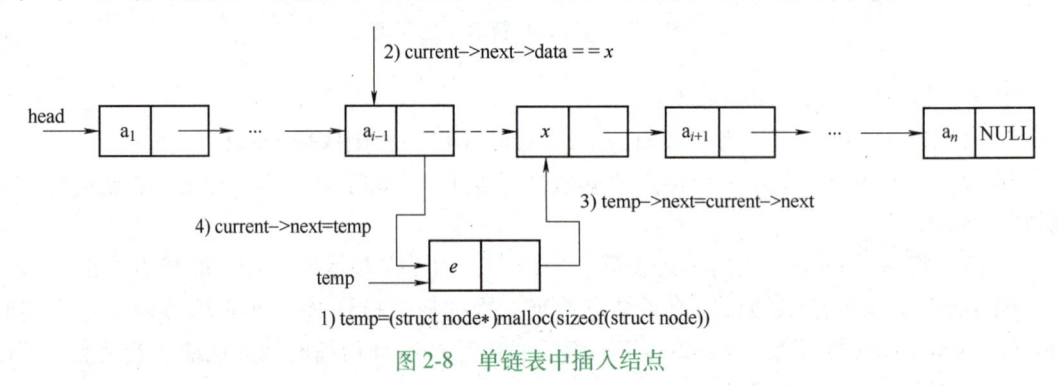

图 2-8　单链表中插入结点

设在头指针为 head 的单链表中第一次出现的结点 x 之前插入结点 e。单链表插入操作的执行步骤为

Step1：调用查找函数，将查找函数返回的地址赋予指针 current，执行 Step2。

Step2：判断指针 current 是否为空或单链表的最后一个结点。如是则结点 x 不存在，返回；否则执行 Step3。

Step3：动态申请一个结点空间，新结点地址赋给指针 temp，输入 e，执行 Step4。

Step4：判断单链表第一个结点是否为结点 x。若是，将结点 e 插入到第一个结点之前；否则执行 Step5。

Step5：将指针 temp 指向的结点 e 插入到指针 current 所指结点之后。

单链表插入操作算法代码如下：

```
void insert_Sig_List(struct node**head,int x,int e)
{
    struct node*temp,*current;
```

```
    current=search_Sig_List(*head,x);
    if(current==NULL||current->next==NULL){
        printf("No this node in the list!\n");
        return;}
    temp=(struct node *)malloc(sizeof(struct node));
    temp->data=e;
    temp->next=NULL;
    if(current==*head){
        temp->next=*head;
        *head=temp;}
    else{
        temp->next=current->next;
        current->next=temp;}
}
```

插入操作过程中，单链表的第一个结点地址可能发生改变，需通过头指针将变化后的单链表第一个结点的地址返回主调函数，因此设计插入操作函数的形参时，将 head 定义为二级指针，执行中（*head）中存放的是单链表头指针。

4. 删除操作

单链表中删除结点 x，同样需寻找到结点 x 的前驱结点地址，通过对指针域的操作，将结点 x 从单链表中脱离出来，并释放结点 x 所占的内存空间，如图 2-9 所示删除一个结点的执行过程如下：

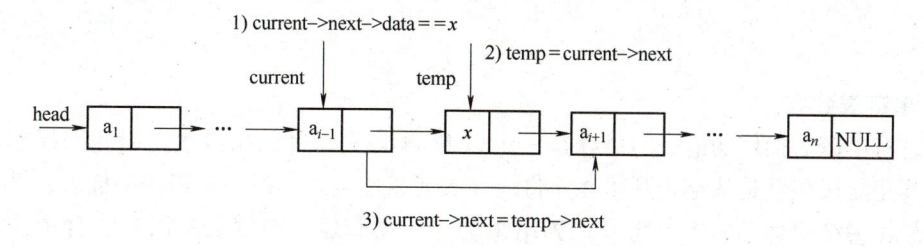

图 2-9　单链表中删除结点

1）使指针 current 指向结点 x 的前驱结点 a_{i-1}。

2）将指针 temp 指向结点 x，结点 x 地址为 current->next。

3）将结点 x 的后继结点 a_{i+1} 地址赋给结点 a_{i-1} 的指针域，使结点 a_{i+1} 成为结点 a_{i-1} 的后件。

4）释放结点 x 存储空间。

设在头指针为 head 的单链表中删除第一次出现的结点 x。单链表删除操作的执行步骤如下：

Step1：调用查找函数，将查找函数返回的地址赋予指针 current，执行 Step2。

Step2：判断指针 current 是否为空或单链表的最后一个结点，如是则结点 x 不存在，返回；否则执行 Step3。

Step3：判断单链表第一个结点是否为结点 x，若是，将指针 temp 指向结点 x，头指针 head 指向结点 x 的后继结点，释放指针 temp 所指存储空间；否则执行 Step4。

Step4：将指针 temp 指向结点 x，将结点 x 从单链表中脱离出来，并释放结点 x 所占的内存空间。

同插入操作，将形参 head 设为二级指针，单链表删除操作算法代码如下：

```c
void delete_Sig_List(struct node**head,int x)
{
    struct node*temp,*current;
    current=search_Sig_List(*head,x);
    if(current==NULL||current->next==NULL){
        printf("No this node in the list!\n");
        return;}
    if(current==*head){
        temp=*head;
        *head=temp->next;
        free(temp);
        return;}
    else {
        temp=current->next;
        current->next=temp->next;
        free(temp);}
}
```

5. 单链表建立

上述对单链表操作的前提为已存在一个以 head 为头指针的单链表，因此需提前建立单链表。其建立过程就是从空表开始逐一将线性表元素输入，同时向单链表中插入，并以一个特殊符号作为结束标志，本节将 0 作为结束标志。动态建立单链表常用方法有头插法和尾插法。

1）头插法。按照线性表逻辑顺序依次逆序输入，输入数据为 0 时结束。新结点每次插入均在单链表第一个结点之前。

算法代码如下：

```c
void creat_List_head(struct node**head)
{
    struct node*temp;int data;
    printf("Input data in reverse order:\n");
    scanf("%d",&data);
    while(data!=0){
```

```
        temp=(struct node*)malloc(sizeof(struct node));
        temp->data=data;
        temp->next=*head;
        *head=temp;
        scanf("%d",&data);}
}
```

2）尾插法。按照线性表逻辑顺序依次输入，输入结点数据为 0 时结束。新结点每次插入到单链表最后一个结点之后。

算法代码如下：

```
void creat_List_tail(struct node**head)
{
    struct node*temp,*tail;int data;
    printf("Input data:\n");
    scanf("%d",&data);
    while(data!=0){
        temp=(struct node*)malloc(sizeof(struct node));
        temp->data=data;
        temp->next=NULL;
        if(*head!=NULL)
            tail->next=temp;
        else
            *head=temp;
        tail=temp;
        scanf("%d",&data);}
}
```

6. 带头结点的单链表

单链表在插入和删除操作时无需大量移动结点，根据使用需求动态分配空间，空间不会浪费，但每个节点需设置指针域，空间利用率会有一定程度的降低。单链表插入和删除操作中空表与非空表的运算不统一。为了操作方便，可以在第一个结点之前设置一个特殊结点，称之为头结点，或表头结点。头结点的数据域可以为空，也可以存放链表长度等相关信息。单链表的头指针指向头结点，如图 2-10 所示，若单链表为空，则仅有表头结点。

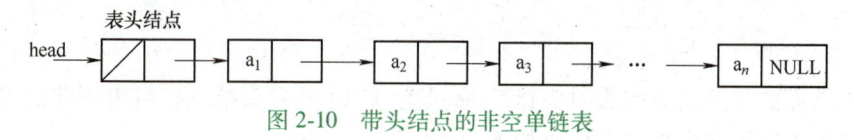

图 2-10　带头结点的非空单链表

带头结点的单链表优点如下：
1）可以用一致的方法处理空表与非空表。
2）插入和删除操作时，不需要对单链表的第一个结点和中间结点做差异性处理。

在带头结点的单链表中第一次出现的结点 x 之前插入元素 e，算法代码如下：

```c
void insert_Head_List(struct node * head,int x,int e)
{
    struct node * temp, * current;
    current=head;
    while((current->next!=NULL)&&(current->next->data!=x))
        current=current->next;
    if(current->next!=NULL){
        temp=(struct node *)malloc(sizeof(struct node));
        temp->data=e;
        temp->next=current->next;
        current->next=temp;}
}
```

由上述执行可以看出，带头结点的单链表空表状态下，头指针也有明确的指向，因此函数形参 head 为一级指针即可。同时取消空表和单链表第一个结点的差异化处理过程，优化了算法程序。

同样，删除带头结点的单链表中结点 x 的算法代码如下：

```c
void delete_Head_List(struct node * head,int x)
{
    struct node * temp, * current;
    current=head;
    while((current->next!=NULL)&&(current->next->data!=x))
        current=current->next;
    if(current->next==NULL){
        printf("No this node in the list!\n");
        return;}
    else{
        temp=current->next;
        current->next=temp->next;
        free(temp);}
}
```

不带头结点的单链表为空表时头指针 head 为 NULL，带头结点单链表创建需首先申请一个结点，将头指针指向该结点，代码如下：

```
struct node * head;
head=(struct node * )malloc(sizeof(struct node));
head->next=NULL;
```

后续元素的插入与不带头结点单链表创建过程主要步骤一致,且不需判断头指针是否为空,尾插法创建带头结点单链表算法代码如下:

```
void creat_Head_List(struct node * head)
{
    struct node * temp, * tail;int data;
    printf("Input data:\n");
    scanf("%d",&data);
    tail=head;
    while(data!=0){
        temp=(struct node * )malloc(sizeof(struct node));
        temp->data=data;temp->next=NULL;
        tail->next=temp;
        tail=temp;
        scanf("%d",&data);}
}
```

7. 静态单链表

线性表的链式存储除采用上述动态申请空间的方法外,还可以采用一片连续空间实现。设线性表{Wang, Zhang,Zhao,Li,Xian},存储结构如图 2-11 所示,该方法为静态存储,可用于无指针的高级语言。实现过程为:定义一个结构体类型数组,每个数组元素含有数据域和指示域,指示域存放后继元素的数组下标。操作与动态链表一样,不需要移动元素,只需要修改指示域即可。

	数据域	指示域
0		
1	Wang	4
2	Li	5
3		
4	Zhang	6
5	Xian	0
6	Zhao	2

图 2-11 静态单链表存储结构示意图

静态单链表数据类型 C 语言定义如下:

```
typedef struct
{
    char data[10];
    int cur;
}Static_List[100];
```

2.1.3 单向循环链表及基本操作

线性单链表在操作过程中,只能单向运行,再次执行相关操作时,需从头重新开始。将单链表最后一个结点的指针域存放头指针所指向的地址,可使所有结点构成一个环状链,称为单向循环链表。在单向循环链表上任意位置都可以访问到链表中的其他结点。单向循环链表仅是指线性表中结点的存储方式,对其逻辑结构没有影响。通常情况下,为操作方便会在单向循环链表中加入表头节点,单向循环链表为空时,可由表头结点自成循环。空循环链表和非空循环链表存储结构如图 2-12 所示。

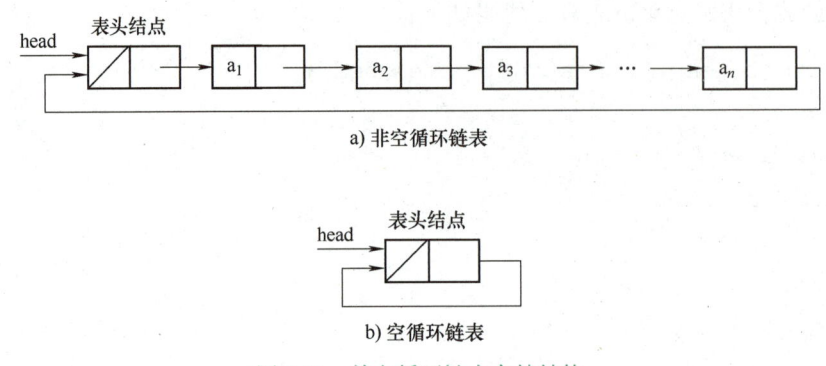

图 2-12 单向循环链表存储结构

1. 查找操作

查找头指针为 head 的单向循环链表中结点 x,单向循环链表中如存在包含数据域等于 x 的结点,返回第一次查找到结点的前驱结点地址;如不存在结点 x,返回单向循环链表最后一个结点地址。查找的基本操作与非循环带表头结点的单链表查找操作相同,仅在判断结束条件处存在区别,算法代码如下:

```
struct node * search_Cir_List(struct node * head,int x)
{
    struct node * current;
    current=head;
    while((current->next!=head)&&(current->next)->data!=x)
        current=current->next;
    return(current);
}
```

2. 删除操作

以 head 为头指针的单向循环链表中删除链表中第一次出现的数据域为 x 的结点,算法代码如下:

```
void delete_Cir_List(struct node * head,int x)
{
    struct node * temp,* current;
    current=search_Cir_List(head,x);
    if(current->next==head){
```

```
        printf("No this node in the list!\n");
        return;}
    else{
        temp=current->next;
        current->next=temp->next;
        free(temp);}
}
```

3. 插入操作

在头指针为 head 的单向循环链表结点 x 之前插入元素 e，设单向循环链表中若存在结点 x，则唯一。算法代码如下：

```
void insert_Cir_List(struct node * head,int x,int e)
{
    struct node * current,* temp;
    current=search_Cir_List(head,x);
    if(current->next==head){
        printf("No this node in the list!\n");
        return;}
    else{
        temp=(struct node * )malloc(sizeof(struct node));
        temp->data=e;
        temp->next=current->next;
        current->next=temp;}
}
```

单向循环链表创建可首先申请表头结点，将表头结点指针域指向自身，然后调用带头结点单链表创建的尾插法函数即可，代码如下：

```
head=(struct node * )malloc(sizeof(struct node));
head->next=head;
void creat_List_tail(struct node * head)
{
    struct node * temp,* tail;int data;
    printf("Input data:\n");
    scanf("%d",&data);
    tail=head;
    while(data!=0){
        temp=(struct node * )malloc(sizeof(struct node));
        temp->data=data;
```

```
            temp->next=tail->next;
            tail->next=temp;
            tail=temp;
            scanf("%d",&data);}
}
```

2.1.4　双向链表及基本操作

虽然单向循环链表能够从一个结点到达其他任意结点，但效率较低，查找过程中一旦错过，就只能再次循环一周。如果将链表结点结构中增加一个指针域，使其既能够指向后继结点也能指向前驱结点，这样就能形成两个方向不同的链，称之为双向链表。其结点结构如图 2-13 所示。

指针域	数据域	指针域
prior	data	next

图 2-13　双向链表的结点结构

双向链表结点类型的 C 语言定义如下：

```
struct dnode
{
    int data;
    struct dnode * prior;
    struct dnode * next;
};
```

其中，prior 为前驱指针域用于存放结点的前驱结点地址，next 为后继指针域用于存放结点的后继结点地址。

双向链表在应用过程中，同样使用一个指针变量 head，指向该线性链表的第一个结点。为方便使用，双向链表也可采用表头结点，同时也可构建双向循环链表。

如图 2-14 所示，为线性表（$a_1, a_2, a_3, \cdots, a_n$）的双向链表和双向循环链表逻辑结构，其中 head 为双向链表头指针。

双向链表的查找操作过程与单链表相同，但插入和删除操作涉及两个指针域，与单链表的插入和删除执行过程不同，同时直接在待查找结点 x 地址上进行操作。

1. 删除操作

当指针 current 指向双向链表中的某个结点之后，current->prior 指向其结点的前驱结点，current->next 指向其结点的后继结点，如图 2-15 所示，删除双向链表中指针 current 指向的结点 a_i。

删除一个结点的执行过程如下：

1）将 current 的后继结点地址赋给 current 的前驱结点的后继指针域。

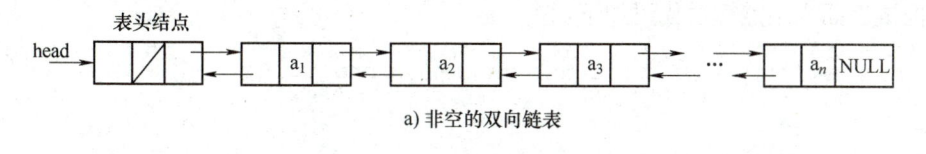

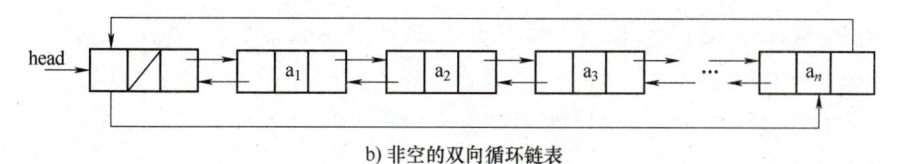

图 2-14　双向链表的逻辑结构

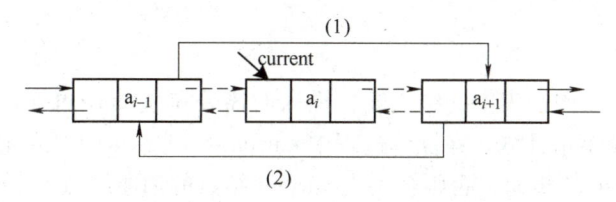

图 2-15　双向链表的删除操作

2）将 current 的前驱结点地址赋给 current 的后继结点的前驱指针域。

3）释放 current 结点存储空间。

双向链表删除结点算法代码如下：

```
void del_Dou_List(struct dnode * current)
{
    current->prior->next=current->next;
    current->next->prior=current->prior;
    free(current);
}
```

2. 插入操作

在双向链表中将指针 temp 指向的结点插入到指针 current 指向结点 a_i 之前，如图 2-16 所示。

插入一个结点的执行过程如下：

1）新申请结点 x，将地址赋给指针 temp。

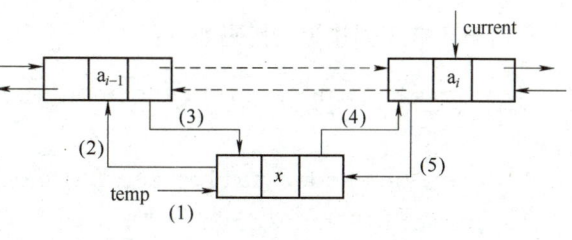

图 2-16　双向链表的插入操作

2）将结点 a_{i-1} 地址，即 current->prior 赋给结点 x 的前驱指针域 temp->prior。

3）将结点 x 的地址，即 temp 赋给结点 a_{i-1} 的后继指针域 current->prior->next。

4）将结点 a_i 地址，即 current 赋给结点 x 的后继指针域 temp->next。

5）将结点 x 的地址，即 temp 赋给结点 a_i 的前驱指针域 current->prior。

双向链表插入结点算法代码如下：

```c
void insert_Dou_List(struct dnode*current,int x)
{
    struct dnode*temp;
    temp=(struct dnode*)malloc(sizeof(struct dnode));
    temp->data=x;
    temp->prior=current->prior;
    current->prior->next=temp;
    temp->next=current;
    current->prior=temp;
}
```

指针 current 指向双向链表中的结点 a_i，插入时需要调整 current->prior、current->prior->next 和 temp 结点的两个指针域，在操作过程中 current->prior->next 没有指向 temp 结点之前，不能调整 current->prior 的指向，否则会丢失 current 结点的前驱结点 a_{i-1} 的地址，导致断链。

3. 双向循环链表建立

已有带头结点双向循环空链表，头指针为 head，按照线性表逻辑顺序依次输入，输入数据为 0 时结束。指针 temp 所指向的新结点每次插入指针 tail 所指向的双向循环链表最后一个结点之后，执行过程如图 2-17 所示，图中虚线箭头为插入操作执行前指向，实线箭头为插入操作执行后指向。第（2）步代码为 temp->prior = tail，第（5）步代码为 tail->next = temp。

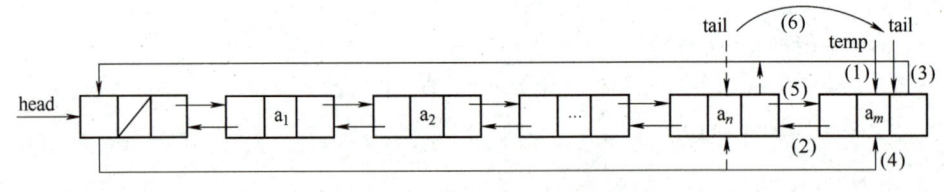

图 2-17　双向循环链表的结点插入

双向循环链表创建算法代码如下：

```c
void creat_Dou_List(struct dnode*head)
{
    struct dnode*tail,*temp;int data;
    printf("Input data:\n");
    scanf("%d",&data);
    tail=head;
    while(data!=0){
        temp=(struct dnode*)malloc(sizeof(struct dnode));
        temp->data=data;
```

```
            temp->prior=tail;
            temp->next=tail->next;
            tail->next->prior=temp;
            tail->next=temp;
            tail=tail->next;
            scanf("%d",&data);}
}
```

链接技术使我们从计算机存储器的连续性所引起的限制中解脱出来，在一些操作中提高了效率，但在某些情况下会损失一些性能。链接技术在空表处理及操作时，相关链接的处理容易发生问题，在使用中应多加注意。

2.2 线性表的应用

2.2.1 单向循环链表合并

设已有两个单向循环链表，链表内结点数据递增有序，且每个单向循环链表内结点不重复，头指针分别为 head_a，head_b。要求将两个单向循环链表合并，合并后的单向循环链表也有序且重复的元素结点只保留一个。

算法设计思想为：定义两个指针 current_a 和 current_b，分别从头结点开始扫描两个单向循环链表，依次比较，将 head_b 循环链表中的结点插入到 head_a 循环链表中正确的位置，直到 head_b 循环链表所有结点均访问一遍，插入执行规则如下：

1）如 current_a 指向结点小于 current_b 指向结点，current_a 向后移动一位，current_b 不动。

2）如 current_a 指向结点大于 current_b 指向结点，将 current_b 指向结点插入到 current_a 指向结点前驱位置，current_b 指针向后移动一位，current_a 不动。

3）如 current_a 指向结点等于 current_b 指向结点，current_b 和 current_a 指针均向后移动一位。

为方便插入和删除操作，定义指针 pre 指向 current 的前驱，算法代码如下：

```
void merge_del_clist(struct node * head_a,struct node * head_b)
{
    struct node * current_a,* current_b,* pre_a,* pre_b;
    current_a=head_a->next;current_b=head_b->next;
    pre_a=head_a;pre_b=head_b;
    while(current_b!=head_b&&current_a!=head_a){
        if(current_a->data<current_b->data){
            current_a=current_a->next;
            pre_a=pre_a->next;}
```

```
            else if(current_a->data>current_b->data){
                pre_b->next=current_b->next;
                current_b->next=current_a;
                pre_a->next=current_b;
                pre_a=current_b;
                current_b=pre_b->next;}
            else{
                current_a=current_a->next;
                pre_a=pre_a->next;
                current_b=current_b->next;
                pre_b=pre_b->next;}
        }
        if(current_a==head_a&& current_b!=head_b){
            while(current_b!=head_b){
                pre_b->next=current_b->next;
                current_b->next=current_a;
                pre_a->next=current_b;
                pre_a=current_b;
                current_b=pre_b->next;}
        }
    }
```

2.2.2 约瑟夫问题

据说著名犹太历史学家约瑟夫（Flavius Josephus）有过以下故事：在罗马人占领乔塔帕特后，一些犹太人与约瑟夫及他的朋友躲到一个洞中，这些人决定宁愿死也不要被敌人抓到，于是这些人与约瑟夫及他的朋友围成一个圆圈，由第1个人开始报数，每报数到第3人，该人出列，然后再由下一个人重新报数，并如此循环数轮，直到剩下最后一个人为止，约瑟夫及他的朋友通过选择正确的位置，获得了最后出列的结果。

上述问题可以转换为如下过程，首先进行编号，分别为 $1,2,3,4,\cdots,n$。这 n 个人按顺时针方向站成一个圆环，从编号为1的人开始循环报数，数到 m 的人出列。然后，从出列的下一个人重新开始报数，数到 m 的人又出列，如此重复出列，直到 n 个人都出列为止，得到 n 个人的出列顺序。

1. 基于顺序存储的算法实现

算法设计思想：设计一个线性表 josep_list，采用数组顺序存储。josep_list[NUM] 存放编号 1~NUM，报道第 m 个人时，设其数组下标为 pos，输出 josep_list[pos] 后删除线性表中该数据，线性表长度 len 减1，可知下一次出列位置为：(pos+m-1)%len，循环执行，直到线性表为空。

算法代码如下：

```
#define NUM 9
#define m 5
#include<stdio.h>
int main()
{
    int josep_list[NUM],pos=0;
    for(int i=0;i< NUM;i++)
        josep_list[i]=i+1;
    for(int len=NUM;len>=1;len--){
        pos=(pos+m-1)% len;
        printf("%d",josep_list[pos]);
        for(int j=pos+1;j<=len-1;j++)
            josep_list[j-1]=josep_list[j];
    }
    return 0;
}
```

2. 基于链式存储的算法实现

算法设计思想：编写函数 Josephus_creat 创建一个不带头结点的循环链表，结点数据域存放编号 1~num，定义两个指针 *current 和 *pre，分别指向当前结点和当前结点的前驱结点，计数开始时指针 *current 和 *pre 移动，报到第 m 个人时，输出并利用指针 *pre 删除 *current 指向结点，直到循环链表为空，算法结束。

算法代码如下：

```
#include<stdio.h>
#include<stdlib.h>
struct node
{
    int data;
    struct node *next;
};
struct node *Josephus_cList_creat(int num)
{
    struct node *head,*temp,*current;
    head=(struct node *)malloc(sizeof(struct node));
    head->data=1;
    head->next=head;
    current=head;
```

```
        for(int i=2;i<=num;i++){
            temp=(struct node*)malloc(sizeof(struct node));
            temp->data=i;
            temp->next=current->next;
            current->next=temp;
            current=temp;}
        return head;
}
void Josephus_cList(struct node* head,int m)
{
    struct node* pre=head;
    struct node* current=head;
    int count=1;
    while(pre->next!=head)
        pre=pre->next;
    printf("The order of output:\n");
    while(current->next!=current){
        if(count<m){
            pre=pre->next;
            current=current->next;count++;}
        else{
                printf("%d",current->data);
                pre->next=current->next;
                free(current);
                current=pre->next;
                count=1;}
    }
    printf("%d",current->data);
    free(current);
}
int main()
{
    int num=0,m=0;
    struct node* head=NULL;
    scanf("%d%d",&num,&m);
    head=Josephus_cList_creat(num);
    Josephus_cList(head,m);
    return 0;
}
```

2.2.3　多项式相加

设有如下多项式：

$$A(x) = 12x^9 + 9x^6 + 3x^2 + 10$$
$$B(x) = 4x^{13} + 5x^9 - 3x^2$$

计算 $A(x)+B(x)$ 的结果。

多项式的操作通常可以采用线性表处理，在使用过程中，常采用单链表来表示一个多项式，每一单项用一个结点表示，结点保存多项式中每个单项式的参数和指数及该单项式后继结点地址。多项式结点结构体类型 C 语言定义如下：

```c
struct poly_node
{
    int coef;
    int exp;
    struct poly_node * next;
};
```

算法设计思想：首先将第一个多项式的第一个结点指数与第二个多项式的第一个结点指数进行比较，将大的多项式当前结点作为计算结果的第一个结点，插入到新的多项式尾部，将大的多项式当前指针向后移动一位；比较结果若相等，将相同的项对应的系数相加，若和不为零则为一个新结点，插入到新的多项式尾部，然后将两个多项式的指针同时向后移动一位，依次循环直到某个多项式为空，如果另一个多项式非空则将剩余结点依次插入到新的多项式尾部。多项式链表的创建的过程与带头结点单链表创建过程相同，部分函数略作修改即可直接应用。

多项式相加部分算法代码如下：

```c
void ins_poly_node(int coef,int exp,struct poly_node * * poly_tail)
{
    struct poly_node * temp;
    temp=(struct poly_node *)malloc(sizeof(struct poly_node));
    temp->next=NULL;
    temp->coef=coef;
    temp->exp=exp;
    (*poly_tail)->next=temp;
    (*poly_tail)=(*poly_tail)->next;
}
void poly_add(struct poly_node * poly_a,struct poly_node * poly_b,struct poly_node * poly_c)
{
    struct poly_node * current_a,* current_b,* current_c;
```

```
            current_a = poly_a->next; current_b = poly_b->next; current_c =
poly_c;
        while(current_a&& current_b){
            if(current_a->exp==current_b->exp){
                if(current_a->coef+current_b->coef)
                 ins_poly_node(current_a->coef+current_b->coef,current_
a->exp,& current_c);
            current_a=current_a->next;
            current_b=current_b->next;}
            else if(current_a->exp>current_b->exp){
            ins_poly_node(current_a->coef,current_a->exp,& current_c);
            current_a=current_a->next;}
            else {
            ins_poly_node(current_b->coef,current_b->exp,& current_c);
            current_b=current_b ->next;}
        }
        while(current_a){
            ins_poly_node(current_a->coef,current_a->exp,& current_c);
            current_a=current_a->next;}
        while(current_b){
            ins_poly_node(current_b->coef,current_b->exp,& current_c);
            current_b=current_b->next;}
    }
```

2.3 栈

上一节学习了线性表的相关概念及操作，其中线性链表的操作比较灵活。接下来介绍两种特殊的线性表：栈和队列，其特点都是限制线性表的插入及删除位置，要求只能在端点进行相关操作。栈与队列在算法设计中应用较为广泛，如在程序设计中，栈用来存储程序运行过程中需要临时保存的信息。调度系统资源时，可以采用队列将进程排队等候调度等。下面分别介绍一下这两种结构的特点及相关操作。

2.3.1 栈的定义

栈是一种特殊的线性表，只允许在线性表的一端进行插入及删除操作，允许执行操作的一端称为栈顶，栈顶位置是动态变化的；另一端则称为栈底，没有元素的栈称为空栈。栈的插入操作称为入栈，栈的删除操作称为出栈。

根据栈的定义及操作的特点，每次出栈元素为最近一次的入栈元素，越先入栈的元素出栈时间越晚，如图 2-18 所示，元素以（$a_1, a_2, a_3, \cdots, a_n$）顺序依次入栈，则出栈顺序为（$a_n, a_{n-1}, a_{n-2}, a_{n-3}, \cdots, a_1$），因此栈又为先进后出（FILO）线性表或后进先出（LIFO）线性表。

通常采用指针 top 指向栈顶，入栈及出栈时移动指针 top，指针 top 始终指向当前栈顶位置。栈可以使用数组进行顺序存储，叫顺序栈；如采用链式存储，即为链式栈。

2.3.2 顺序栈

顺序栈是采用顺序存储结构建立的栈。顺序存储时，先分配多个地址连续的数据存储空间，在 C 语言中可以直接定义一维数组，通常设置一个位置指针 top 来存放栈顶元素在一维数组中的位置，栈顶指针初值为 0，表示空栈。

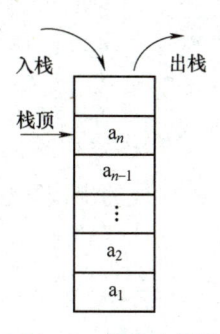

图 2-18 栈的示意图

栈的顺序存储结构 C 语言定义如下：

```
ElementType * stack;
stack=(ElementType * )malloc(Maxlen * sizeof(ElementType));
int top=0;
```

ElementType 为栈内存储数据元素类型，用户自定义，Maxlen 为申请栈空间大小，可通过宏定义预先设置。

在一个已有 $n-1$ 个元素的顺序栈中入栈 a_n 元素、出栈 a_n 和 a_{n-1} 两个元素的操作过程如图 2-19 所示。

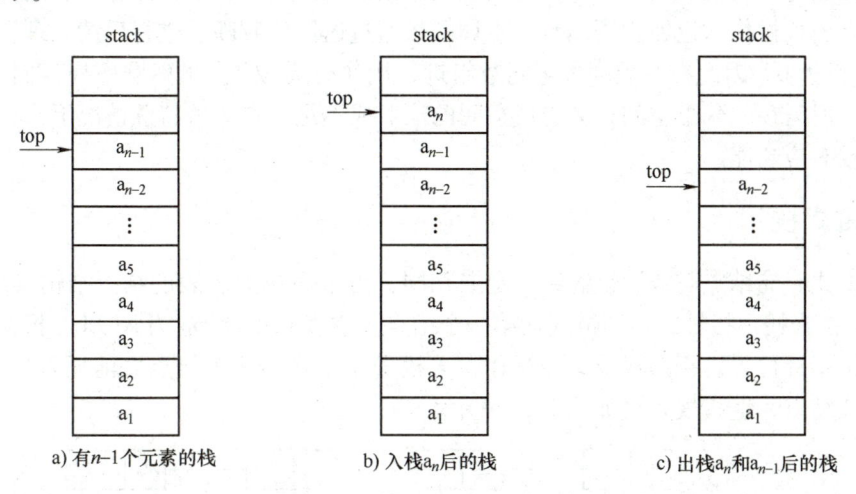

a）有 $n-1$ 个元素的栈　　b）入栈 a_n 后的栈　　c）出栈 a_n 和 a_{n-1} 后的栈

图 2-19 顺序栈的操作过程示意图

顺序栈的入栈算法代码如下：

```
int push_Stack(ElementType stack[],int len,int * top,ElementType x)
{
    if(* top==len){
        printf("stack-overflow\n");
```

37

```
            return -1;}
    *top=*top+1;
    stack[*top-1]=x;
    return 0;
}
```

顺序栈的出栈算法代码如下：

```
int pop_Stack(ElementType stack[],int *top,ElementType *y)
{
    if(*top==0){
        printf("stack-empty\n");
        return -1;}
    *y=stack[*top-1];
    *top=*top-1;
    return 0;
}
```

在顺序栈入栈或出栈之前，都需对栈内空间状态进行判断。在入栈时，如栈的存储空间已满，则无法进行入栈的后续操作，返回主调函数；在出栈时，如栈的存储空间为空，也同样无法进行出栈操作，返回主调函数。主调函数通过返回值判断后进行后续处理。栈顶指针 top 初值预设为 0，因此在对顺序栈空间数组进行操作时需减 1。虽然顺序栈存储结构简单，操作方便，但需预先分配空间，易造成空间的浪费或不足。在一些特殊情况下，也可以采用链式栈完成对应功能。

2.3.3　链式栈

栈的链式存储结点与线性链表结点定义相同，可采用单向链表的结点结构实现链式栈。将指针 top 作为栈顶指针，指向链式栈第一个结点，空表时指针 top 为 NULL。根据栈的特点只能在栈顶指针位置进行入栈及出栈操作，入栈操作为在第一个结点之前插入指针 temp 所指向的入栈结点，链式栈入栈如图 2-20 所示。

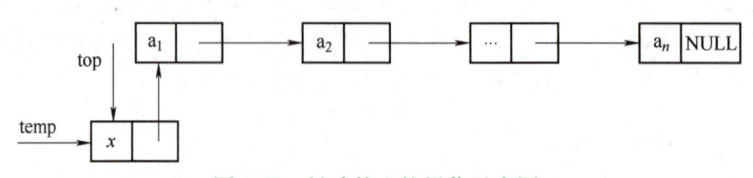

图 2-20　链式栈入栈操作示意图

链式栈入栈操作的执行步骤如下：
Step1：新申请结点地址赋给指针 temp。
Step2：将指针 top 指向结点地址赋给指针 temp 指向结点的指针域。

Step3：将指针 top 指向指针 temp 指向的结点。

链式栈入栈算法代码如下：

```
void push_Chain_Stack(struct node**top,ElementType x)
{
    struct node*temp;
    temp=(struct node*)malloc(sizeof(struct node));
    temp->data=x;
    temp->next=*top;
    *top=temp;
}
```

由于栈顶地址在函数中会发生变化，为保证栈顶指针能够在主调函数与被调函数直接传递，因此采用二级指针作为函数形参。出栈操作将栈顶指针指向第二个结点，且将第一个结点读出并释放。主调函数可根据出栈函数返回值判断出栈是否成功。链式栈出栈如图 2-21 所示。

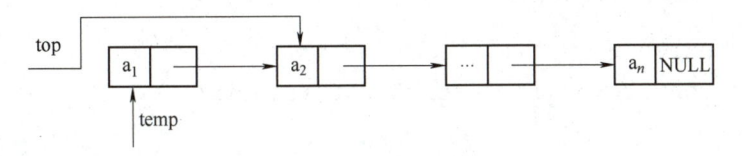

图 2-21　链式栈出栈操作示意图

链式栈出栈操作执行步骤如下：
Step1：将指针 temp 指向 top 指向的栈顶结点。
Step2：将指针 top 的指向当前栈顶结点的后继结点。
Step3：释放指针 temp 所指向的结点。

链式栈出栈算法代码如下：

```
int pop_Chain_Stack(struct node**top,ElementType*y)
{
    struct node*temp;
    if(*top==NULL){
        printf("stack-overflow\n");
        return -1;
    }
    temp=*top;
    *y=temp->data;
    *top=temp->next;
    free(temp);
    return 0;
}
```

39

2.4 栈的应用

栈由于其自身的存储特点，在计算机领域中，可用于表达式计算、行编辑及迷宫求解等回溯问题。

2.4.1 进制转换

利用栈可将十进制整数转换为二进制、八进制和十六进制。

【例 2-2】 设计算法，输入一个十进制数，分别编写函数实现进制转换，输出二进制数、八进制数和十六进制数。

解：算法设计思想：采用除留余数法进行进制转换，对输入的十进制整数分别除以 2、8 或 16，将余数入栈，直到商为 0，利用栈的先进后出特性，将栈内余数依次输出即为转换后的对应进制数值。16 进制转换时余数 10~15 需对应 A~F 输出。

十进制转换八进制算法代码如下：

```
#define Maxlen 10
void oct_conversion(int * stack,int * top,int x)
{
    while(x){
        push_Stack(stack,Maxlen,top,x%8);
        x=x/8;}
    printf("Output an octal number:");
    while(* top!=0){
        int temp;
        pop_Stack(stack,top,&temp);
        printf("%d",temp);}
    printf("\n");
}
```

十进制转换二进制算法代码如下：

```
void bin_conversion(int * stack,int * top,int x)
{
    while(x){
        push_Stack(stack,Maxlen,top,x%2);
        x=x/2;}
    printf("Output an bin number:");
    while(* top!=0){
        int temp;
        pop_Stack(stack,top,&temp);
```

```
        printf("%d",temp);}
    printf("\n");
}
```

十进制转换十六进制算法代码如下：

```
void hex_conversion(int * stack,int * top,int x)
{
    while(x){
        push_Stack(stack,Maxlen,top,x%16);
        x=x/16;}
    printf("Output an Hex number:");
    while(*top!=0){
        int temp;
        pop_Stack(stack,top,&temp);
        if(temp<10)
            printf("%d",temp);
        else{
            switch(temp){
                case 10:putchar('A');break;
                case 11:putchar('B');break;
                case 12:putchar('C');break;
                case 13:putchar('D');break;
                case 14:putchar('E');break;
                case 15:putchar('F');break;}
        }
    }
    printf("\n");
}
```

2.4.2 单面电路板布线判断

存在一个矩形单面电路板，单面板边缘有若干引脚，引脚通过单面板上电路连接，但不许交叉，忽略线路之间的距离要求，给定需要连接的引脚，确定该单面板是否可以布线。

如图 2-22a 所示，图中需要连接的引脚有 10 个，分别为 (1, 2)、(3, 4)、(5, 10)、(6, 9)、(7, 8)，布线过程中没有交叉，可以布线。如图 2-22b 所示，需要连接的引脚 (1, 3)、(2, 4) 发生交叉，因此不可以布线。

根据图 2-22 示例，能够发现当一对引脚互连时，可以将整个电路板区域分割为两个区域，如果其他需要互连的两个引脚分属两个不同区域，则该布线无法实施。基于连线不能跨区的原则，可以对分区内的引脚重复进行分割及判断。

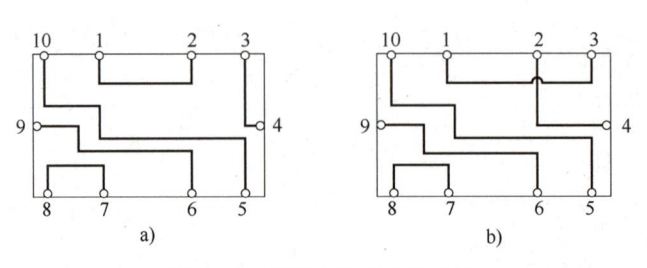

图 2-22　单面电路板布线示例

算法设计思想：按照顺时针或逆时针顺序依次访问引脚并判断该引脚标号与栈顶元素引脚标号，如栈顶元素为应互连的另一个引脚，将栈顶元素出栈，同时该引脚不入栈，如栈顶元素不是应互连的另一个引脚，该引脚入栈。以这种入栈方式结合布线能否实施的判断规则，在访问到某一个引脚时，与之互连的另一引脚将当前区域分割为两个子区域，如在当前区域内可以布线，则当前区域内的其他互连引脚均应属于同一子区域。

如图 2-23 所示，根据栈的存储特性，如引脚 x、y 互连，k、z 互连，若 (x, y) 与 (k, z) 之间可布线，则 (k, z) 两个引脚应同时位于 (x, y) 分割的两个子区间的其中一个，在按顺序访问引脚时将引脚 x 入栈，当访问到引脚 y 时，x 应为栈顶元素。若 x 不为栈顶元素，上述两对引脚之间不可布线。基于这个原则，顺序访问全部引脚后，若栈为空，则可以布线，否则不能布线。

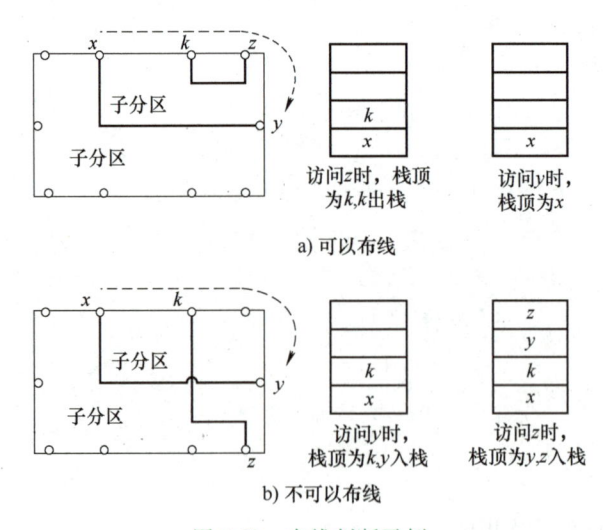

图 2-23　布线判断示例

设单面电路板边缘引脚标号为 1~pin_num，引脚 pin 连接的引脚标号在数组元素 con_pin[pin] 中存放，如图 2-22 中 a 和 b 的 con_pin[pin] 值分别为 {0,2,1,4,3,10,9,8,7,6,5} 和 {0,3,5,1,2,10,9,8,7,6,5}，其中 con_pin[0] 未用。

算法代码如下：

```
int check_Single_PCB(int con_pin[ ],int pin_num)
{
    int top=0,temp;
```

```
        int * stack;
        stack=(int *)malloc(pin_num * sizeof(int));
        for(int pin=1;pin<=pin_num;pin++){
            if(top!=0){
                if(con_pin[pin]==stack[top-1])
                    pop_Stack(stack,&top,&temp);
                else
                    push_Stack(stack,pin_num,&top,pin);}
            else
                push_Stack(stack,pin_num,&top,pin);
        }
        if(top!=0)
            return 1;
        else
            return 0;
    }
```

2.4.3 表达式计算

表达式求值是栈的一个典型应用，任何一个表达式都是由操作数和操作符组成。为方便操作，以简单算数运算表达式为例，利用栈对其进行求值。预设表达式无错误，且操作符为'+''-''*''/''%''^'和小括号，其中操作符'*'为乘号'×'，'%'为求余、'^'为幂。操作数为整型或实型数据。通过字符串结束标志'\0'判断表达式是否输入完成，编写算法计算表达式的结果。

对满足上述要求的一个简单算数表达式计算，其运算的规则是

1）计算顺序由左至右。

2）先括号内，再括号外。

3）按照操作符优先级，先幂，再乘、除、求余，最后加、减。

4）左括号及结束符#优先级最低。

算法设计思想：依照运算规则，在表达式计算过程中，设置两个栈，其中一个为操作数栈（ovs），另一个为操作符栈（ops），操作数入操作数栈，操作符入操作符栈。

首先将结束符'#'入操作符栈，再依次按照由左到右顺序扫描表达式直到遇到结束标志'\0'，其中读到操作数直接入操作数栈，读到操作符时遵循如下原则判断是否入栈：

1）如操作符优先级大于栈顶操作符，入栈。

2）如操作符优先级不大于栈顶操作符，则栈顶操作符出栈，且操作数栈依次出栈与出栈操作符需要操作数相符的元素个数，进行计算，将结果入操作数栈，操作符继续与操作符栈栈顶元素比较。

3）左括号直接入栈。

4）右括号不入栈，将操作符栈内元素依次出栈与操作数栈内元素进行计算，直到遇到

左括号为止，最后将左括号出栈。

5）当表达式扫描到字符串结束标志'\0'时，将操作符栈及操作数栈内元素依次出栈并计算，直到操作符栈顶元素为结束符'#'时，表达式求值计算结束。

【例 2-3】 使用栈计算表达式 12×2+6×(5−9/3) 的值，描述实现过程。

解：如图 2-24 所示，使用栈计算表达式的执行过程如下：

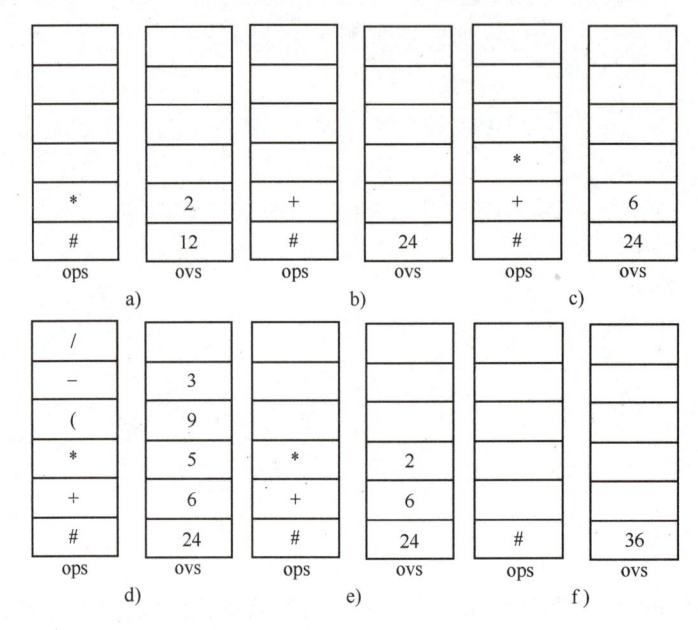

						*			
*	2	+	24	+	6				
#	12	#	24	#	24				
ops	ovs	ops	ovs	ops	ovs				
a)		b)		c)					

/									
−	3								
(	9								
*	5	*	2						
+	6	+	6						
#	24	#	24	#	36				
ops	ovs	ops	ovs	ops	ovs				
d)		e)		f)					

图 2-24 表达式 12×2+6×(5−9/3) 计算过程

首先将结束标志'#'入 ops 栈，从左到右开始扫描表达式：

1）如图 2-24a 所示，操作数 12 入 ovs 栈，操作符 * 优先级大于结束标志#，入 ops 栈，操作数 2 入 ovs 栈。

2）如图 2-24b 所示，操作符+优先级不大于 ops 栈顶操作符 * 优先级，不入栈；将 ops 栈顶操作符 * 出栈，同时 ovs 中操作数 2 和 12 出栈，进行计算，将计算结果 24 入 ovs 栈。操作符+继续与 ops 栈顶操作符#进行比较，优先级大，入 ops 栈。

3）如图 2-24c 所示，操作数 6 入 ovs 栈，操作符 * 优先级大于 ops 栈顶操作符+优先级，入 ops 栈。

4）如图 2-24d 所示，左括号直接入 ops 栈，操作数 5 入 ovs 栈；操作符−优先级大于 ops 栈顶操作符（，直接入 ops 栈；操作数 9 入 ovs 栈，操作符/优先级大于 ops 栈顶操作符−，直接入 ops 栈；操作数 3 入 ovs 栈。

5）如图 2-24e 所示，右括号不入栈，将 ops 中操作符依次出栈，同时 ovs 中操作数同时出栈进行计算，将计算结果入 ovs 栈，上述过程直到遇到左括号为止，最后将左括号出栈。

6）如图 2-24f 所示，表达式扫描到字符串结束标志'\0'，将 ops 栈中操作符和 ovs 栈中操作数依次出栈，进行计算，直到遇到 ops 栈底的结束符'#'，这时 ovs 栈中的操作数即为最终结果。

上述数值计算时，表达式的操作符位于两个操作数之间，这种表示法也称为中缀表达式。通过计算过程可以看出，中缀表达式并非按运算符出现的自然顺序来执行其中的各部分运算，而是根据运算符间的优先级来确定运算的次序。因此，使用计算机完成中缀表达式计算需通过两个栈辅助完成，波兰逻辑学家 J. Lukasiewicz 于 1929 年提出了后缀表达式法，即运算符在操作数后，这种表达式无须使用括号来指示运算顺序，可以按照输入顺序进行计算，编程上易于实现，后缀表达式也称为逆波兰表达式。在实际操作过程中，也可以利用栈这种数据结构来将中缀表达式转换为后缀表达式。

中缀表达式转换为后缀表达式过程与表达式计算过程相似，均是依次读入中缀表达式的操作数及操作符。当读到操作数的时候，立即把它放到输出中，操作符先存入栈中。后续操作符入栈前，先与栈顶元素进行优先级比较，如果不大于则不入栈，将当前栈顶元素出栈输出，再与栈顶元素比较，重复进行直到表达式读取完成后将栈内操作符依次出栈，栈空为止。当有括号时，左括号也入栈，见到右括号时将栈顶元素出栈输出，直到遇到左括号，左括号出栈但不输出。

【例 2-4】 使用栈将表达式 a+b×c+(d×e+f)×g 转换为后缀表达式，描述实现过程并编写算法程序，其中 a，b，c，d，e，f，g 代表整型或实型数值操作数，实际运算时应替换为具体数字。

解： 如图 2-25 所示，利用栈转换将表达式转换为后缀表达式的过程如下：

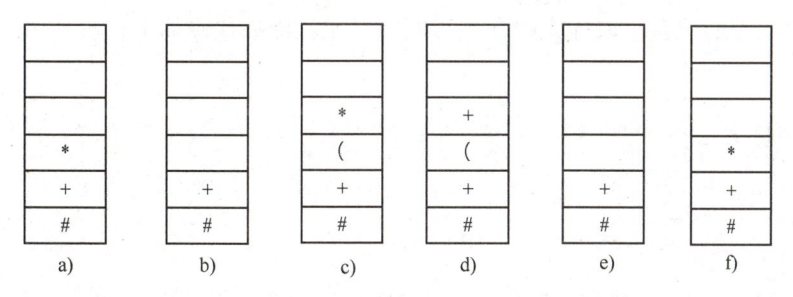

图 2-25 表达式 a+b×c+(d×e+f)×g 转换过程

首先将结束符 '#' 入栈，再依次扫描表达式，其中读到操作数直接输出，读到操作符根据根据规则判断处理。

1) 如图 2-25a 所示，输出 a，操作符+入栈，输出 b，操作符*优先级大于栈顶操作符+，入栈，输出 c。

2) 如图 2-25b 所示，操作符+优先级不大于栈顶操作符*，栈顶操作符*出栈输出，操作符+优先级不大于栈顶操作符+，栈顶操作符+出栈，操作符+入栈。

3) 如图 2-25c 所示，操作符（入栈，输出 d，操作符*优先级大于栈顶操作符（，入栈，输出 e。

4) 如图 2-25d 所示，操作符+号优先级不大于栈顶操作符*，栈顶操作符*出栈，操作符+入栈。

5) 如图 2-25e 所示，输出 f，读到操作符），栈顶操作符+出栈，栈顶操作符（出栈但不输出。

6) 如图 2-25f 所示，操作符*优先级大于栈顶操作符+，入栈，输出 g，表达式读完，将栈内剩余元素依次输出直到#为止，输出栈内操作符*和+，最终后缀表达式输出为：

abc×+de×f+g×+。

设操作数位数为 1 位整型数据，中缀表达式存入字符数组 str 中，判断读取字符是操作数还是操作符函数代码如下：

```c
int decide_oper(char c)
{
    if(c>='0'&&c<='9')
        return 1;
    return 0;
}
```

预先将操作符及其优先级编号存储在二维数组 oper_prio 内，其中优先级最低为编号 1，最高为编号 4。

```c
char oper_prio[8][2]={'#','1','(','1','+','2','-','2','*','3','/','3','%','3','^','4'};
```

例如 oper_prio[1][0]中存放字符 '('，oper_prio[1][1]存放字符 '(' 的优先级 1，这样可通过查表的方式查找操作符，即分别将两个操作符与数组 oper_prio 中存储的操作符逐一对比，再根据操作符的位置读取优先级并进行判断，比较函数代码如下：

```c
int compare_oper(char c1,char c2)
{
    int c1_s,c2_s;
    for(int i=0;i<8;i++){
        if(c1==oper_prio[i][0])c1_s=oper_prio[i][1];
        if(c2==oper_prio[i][0])c2_s=oper_prio[i][1];}
    if(c1_s>c2_s)
        return 1;
    else
        return 0;
}
```

转换后的后缀表达式存储在以 Post_exp 为首地址的存储空间，操作符栈采用链式存储，转换算法的执行过程与例 2-4 一致，中缀表达式转换为后缀表达式算法代码如下：

```c
char *Convert_Expression(char str[])
{
    struct node *top=NULL,*p;char out;char *Post_exp;int j=0,k;
    Post_exp=(char *)malloc(100*sizeof(char));
    push_Chain_Stack(&top,'#');
    for(int i=0;str[i]!='\0';i++){
```

```
            if(decide_oper(str[i])){
                Post_exp[j]=str[i];
                j++;}
            else {
                if(str[i]=='(')
                    push_Chain_Stack(&top,str[i]);
                else if(str[i]==')'){
                    while(top->data!='('){
                        pop_Chain_Stack(&top,&out);
                        Post_exp[j]=out;
                        j++;}
                    pop_Chain_Stack(&top,&out);
                }
                else if(compare_oper(str[i],top->data)>0)
                    push_Chain_Stack(&top,str[i]);
                else {
                    while(compare_oper(str[i],top->data)==0){
                        pop_Chain_Stack(&top,&out);
                        Post_exp[j]=out;
                        j++;}
                    push_Chain_Stack(&top,str[i]);}
            }
        }
        while(top->data!='#'){
            pop_Chain_Stack(&top,&out);
            Post_exp[j]=out;
            j++;}
        Post_exp[j]='\0';
        return Post_exp;
}
```

主函数代码如下:

```
#include "stdio.h"
#include "stdlib.h"
int main()
{
    char str[100],*str_1;
    gets(str);
```

```
        str_1=Convert_Expression(str);
        puts(str_1);
    }
```

表达式转换为后缀表达式后，可直接进行计算，算法执行过程中依次扫描后缀表达式，通过栈存储操作数，当扫描到操作符时，将操作数出栈计算后再入栈，直到表达式扫描结束。通过上述过程可以看出，一次采用两个栈计算表达式与先将表达式转换为后缀表达式后再计算的本质相同。

与表达式转换过程中操作符判断的过程相似，可以利用栈结构检查程序中的简单语法错误。例如检验花括号或是注释符是否成对出现，可依次读入字符直到文件尾。如果字符是左括号（大、中、小），直接入栈；如果是右括号（大、中、小）则与栈顶符号进行判断，当栈空或栈顶符号不是对应级别的左括号时报错，正确后栈顶符号出栈，执行到文件尾后，栈非空报错。

2.4.4 迷宫求解

在解决迷宫问题过程中，可以采用回溯算法设计思想，不断探索前进的路径。但需要记住在每个岔路口的选择方向，这样在探索失败的时候才能正确返回并试探其他方向的路径，这种解决方法也叫深度优先搜索，在后续的图结构介绍中还会详细讲解。基于这种方式进行迷宫求解时，一般采用栈作为辅助结构用于保存当前所选择的路径，利用栈的先进后出原则，在探索失败的时候，可以原路返回并再次进行其他方向的试探，最终得到可行路径，但采用这种方式得到的路径可能不是最优路径。

设迷宫为 ROWNUM 行、COLNUM 列，利用二维数组 maze[ROWNUM][COLNUM] 进行存储，其中 maze[x][y]=0 或 1，0 表示通路，1 表示障碍或墙。当从某点进行试探时，中间点有 4 个方向可以试探，而四个角有 2 个方向，其他边缘点有 3 个方向，为方便算法执行，采用二维数组 maze[ROWNUM+2][COLNUM+2] 表示迷宫，这时将迷宫的四周的值全部预置为 1，使每个点的试探方向均为 4 个，这样可以不用再判断当前点的位置，同时将迷宫周围全设为墙壁。

如图 2-26 所示的迷宫是一个 6×8 的迷宫，将周围设置为墙后，迷宫规模变为 8×10，入口在左上角，坐标为（1，1），出口在右下角，坐标为（6，8）。坐标位置与存储迷宫的二维数组元素下标对应。

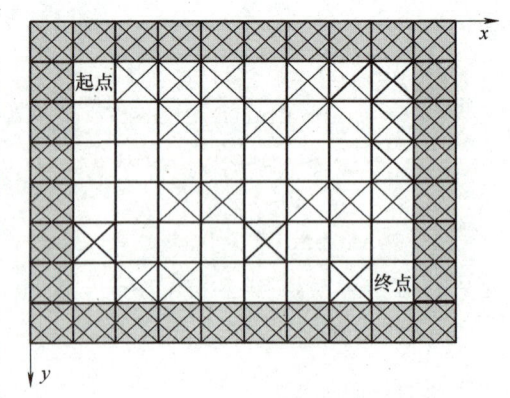

图 2-26 用 maze[ROWNUM+2][COLNUM+2] 表示的迷宫

迷宫的 C 语言定义如下：

```
#define ROWNUM 6
#define COLNUM 8
int maze[ROWNUM+2][COLNUM+2];
```

在上述方式表示迷宫的情况下，每个点有 4 个方向去试探，如当前点位置坐标为 (x, y)，与其相邻的 4 个点位置坐标都可根据与该点的相邻方位而得到。设置试探顺序规定为：从当前点向下一步试探的方向为从正东沿顺时针方向进行。为了方便求出新试探点的位置坐标，用 0、1、2、3 表示东、南、西、北，将从正东开始沿顺时针进行的 4 个方向坐标增量放在一个结构体类型的数组 move 中，move 数组的每个元素有两个成员，其中，row_off 为横坐标增量，col_off 为纵坐标增量。

move 数组元素的结构体类型 C 语言定义如下：

```
struct move_dir
{
    int row_off;
    int col_off;
};
```

move 数组的四个元素中的值分别为 (0, 1)、(1, 0)、(0, −1) 和 (−1, 0)。这样通过 move 数组会很方便地求出从某点位置（cur_row, cur_col）按某一方向 cur_dir(0≤cur_dir≤3) 到达的试探点的位置坐标为：pro_row = cur_row+move[cur_dir].row_off，pro_col = cur_col+ move[cur_dir].col_off，如图 2-27 所示。

当到达了某点而无路可走时需返回前一点，再从前一点开始向下一个方向继续试探。因此，压入栈中的数据不仅要记录当前到达点的位置坐标，还要记录当前点的下一步试探方向，即每走一步，栈中记下的内容为（行、列、试探的方向）。对于图 2-26 所示迷宫，依次入栈为顺序如图 2-28 所示。

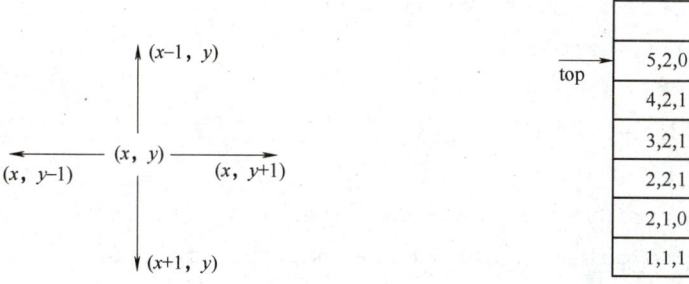

图 2-27　点 (x, y) 相邻点的坐标　　　图 2-28　迷宫探索路径

对于图 2-26 所示迷宫，走的路线为：(1,1,1)→(2,1,0)→(2,2,1)→(3,2,1)→(4,2,1)→(5,2,0)→…→(5,8,1)，最后到达终点 (6,8)。当无路可走时，出栈退回前一步点的位置，沿下一个方向继续试探。

存放路径的栈结点的数据域由行、列、试探方向三个成员组成，栈结点数据域的结构体类型的 C 语言定义如下：

```
typedef struct
{
    int x,y,direc;
}loctype;
```

链式栈结点结构体类型 C 语言定义如下：

```c
typedef struct node
{
    loctype data;
    struct node * next;
}Stack;
```

为防止重复到达某点发生死循环，另外设置一个标志数组 mark[ROWNUM + 2][COLNUM+2]，它的所有元素都初始化为 0，一旦到达了某一点位置（cur_row,cur_col）之后，使 mark[cur_row][cur_col] 置-1，表明该点已访问过。

迷宫求解算法代码如下：

```c
int maze_path(int maze[ROWNUM+2][COLNUM+2],struct move_dir * move)
{
    Stack * top=NULL;
    int mark[ROWNUM+2][COLNUM+2]={0};
    loctype temp;
    int cur_row,cur_col,pro_row,pro_col,cur_dir;
    temp.x=1;temp.y=1;temp.direc=-1;
    push_maze_Stack(&top,temp);
    while(top!=NULL){
        pop_maze_Stack(&top,&temp);
        cur_row=temp.x;
        cur_col=temp.y;
        cur_dir=temp.direc+1;
        while(cur_dir<4){
            pro_row=cur_row + move[cur_dir].row_off;
            pro_col=cur_col + move[cur_dir].col_off;
            if((maze[pro_row][pro_col]==0)&&(mark[pro_row][pro_col]==0)){
                temp.x=cur_row;
                temp.y=cur_col;
                temp.direc=cur_dir;
                push_maze_Stack(&top,temp);
                cur_row=pro_row;
                cur_col=pro_col;
                mark[cur_row][cur_col]=-1;
                if(cur_row==ROWNUM&&cur_col==COLNUM){
                    printf("Output stack data:");
```

```
                    while(top!=NULL){
                        pop_maze_Stack(&top,&temp);
                        printf("%d,%d,%d\n",temp.x,temp.y,temp.direc);}
                    printf("\n");
                    return 1;}
                else
                    cur_dir=0;}
            else
                cur_dir++;
        }
    }
    return 0;
}
```

入栈及出栈程序可在链栈的入栈、出栈操作函数上直接修改,按图 2-26 所示迷宫对存储迷宫的数组直接赋初值,主程序代码如下:

```
int main()
{
    struct move_dir move[4]={{0,1},{1,0},{0,-1},{-1,0}};
    int maze[ROWNUM+2][COLNUM+2]={{1,1,1,1,1,1,1,1,1,1},
                {1,0,1,1,1,0,1,1,1,1},
                {1,0,0,1,0,1,1,1,1,1},
                {1,0,0,0,0,0,0,0,1,1},
                {1,0,0,1,1,0,1,1,1,1},
                {1,1,0,0,0,1,0,0,0,1},
                {1,0,1,1,0,0,0,1,0,1},
                {1,1,1,1,1,1,1,1,1,1}};
    maze_path(maze,move);
}
```

2.5 队列

2.5.1 队列的定义

队列也是一种特殊的线性表,只允许在一端进行插入且在另一端进行删除,允许插入操作的一端称为队尾,另一端允许删除操作的称为队头,队列的插入操作称为入队,队列的删除操作称为出队。一般使用两个指针 front 和 rear 分别指向队头和队尾。入队时移动队尾指针，出队时移动队头指针。通过队列的定义及操作的特点可知，队列与我们日常生活中的排队类似，如图 2-29 所示，元素以（$a_1, a_2, a_3, \cdots, a_n$）顺序依次入队，则出队顺序为（$a_1, a_2, a_3, \cdots, a_n$），因此队列又称为先进先出（FIFO）线性表或后进后出（LILO）线性表。

图 2-29 队列示意图

2.5.2　循环队列

队列采用数组顺序存储时，设置队头指针指向队列第一元素的前一个位置、队尾指向队列最后一个元素，其入队和出队操作后队头及队尾指针移动方向相同，初始状态为 front=0，rear=0。

队列顺序存储创建过程的 C 语言描述如下：

```
ElementType * queue;
queue=(ElementType*)malloc(Len*sizeof(ElementType));
int front=0,rear=0;
```

ElementType 为队列内存储数据元素类型，为用户自定义，Len 为申请队列空间大小，可通过宏定义预先设置。

【例 2-5】　设一个顺序队列中已有 6 个元素（$a_1, a_2, a_3, a_4, a_5, a_6$），执行出队 a_1 和入队 a_7 的操作，描述实现过程。

解：顺序队列的出队及入队操作过程如图 2-30 所示。

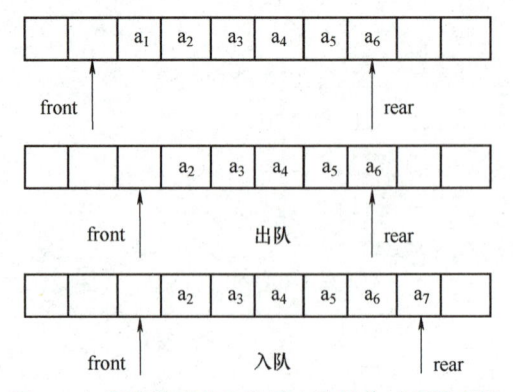

图 2-30　顺序队列的出队及入队操作过程示意图

在顺序队列操作时，队尾指针指向数组最后一个元素时，即 rear==Len；认为队列已满。若出队后队头指针与队尾指针相同时，即 front==rear；认为队列为空。但随着队头与队尾位置的动态变化，当队尾与队头同时指向数组最后一个元素时，发现条件 rear==Len 和 front==rear 同时成立，队列状态变为即空又满，这种现象称为"假溢出"。为避免该问题，可将数组的首尾连接，即构造循环队列。

循环队列存储还采用数组的方式，这时的循环并不是物理意义上的循环，而是通过算法实现，当队尾指针 rear 或队头指针 front 运行到数组最后一个元素后，能够返回到数组的第一个元素，循环执行，从而避免"假溢出"的出现，循环队列结构如图 2-31 所示。

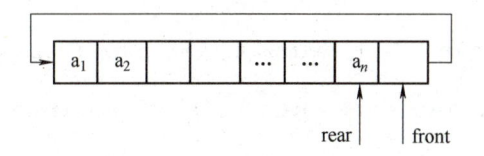

图 2-31　循环队列结构示意图

循环队列运行时需判断队列是否已满，可以采用以下三种方法中的一种：

1）设置标志位 sign，sign==0 时队列为空，sign==1 且 rear==front 时队列为满。

2）(rear+1) mod Len==front 时队列满。

3）设置一个计数器，当计数器为 Len 时，队列满。

其中，采用第二种方法队列不能完全存满，在满的状态下会有一个空间无法利用。同时第一、三种方法需额外申请空间存放标志位或计数器，在算法设计中，需对其进行单独处理。

【例 2-6】　在一个存储空间为 10，已有 8 个元素的循环队列（$a_1,a_2,a_3,a_4,a_5,a_6,a_7,a_8$）中出队 a_1 元素，入队 a_9，a_{10} 两个元素，描述采用第二种方法的操作过程。

解：循环队列的出队及入队操作过程如图 2-32 所示。

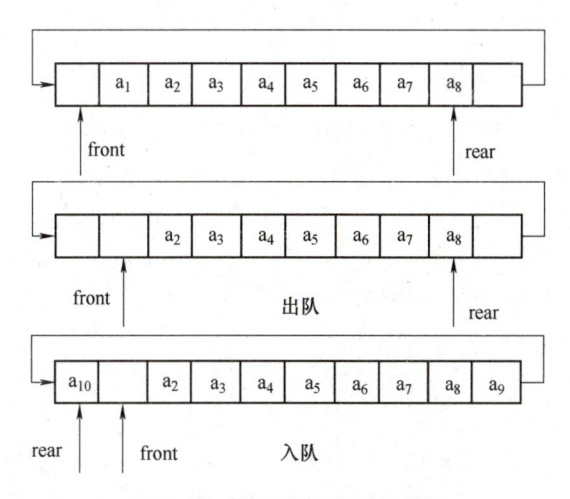

图 2-32　循环队列操作示意图

循环队列在入队 a_9，a_{10} 两个元素后队列已满，此时继续入队操作不能执行，但实质上队列中的 front 指针所指向空间未用。

在循环队列中，数组本身并没有首尾相连，为保证队头指针 front 和队尾指针 rear 能够正确循环移动，可通过如下两种方式之一来完成操作：

1）rear=(rear+1) mod Len;

　　front=(front+1) mod Len;

2）if(rear>len) rear=1;

　　if(front>len) front=1;

采用第一种判断队列是否已满的方法，循环队列创建过程的 C 语言描述如下：

```
queue=(ElementType*)malloc(Len*sizeof(ElementType));
int front=Len,rear=Len,sign=0;
```

其中，Len 为循环队列最大存储空间，循环队列入队元素 x 的算法代码如下：

```
int add_queue(ElementType queue[ ],int len,int *front,int *rear,int *sign,ElementType x)
    {
    if((*sign==1)&&(*front==*rear)){
        printf("queue overflow\n");
        return -1;}
    (*rear)++;
    if(*rear>len)
        *rear=1;
    queue[*rear-1]=x;
    *sign=1;
    return 1;
    }
```

循环队列的出队算法代码如下：

```
int del_queue(ElementType queue[],int len,int *front,int *rear,int *sign,ElementType *y)
    {
    if(*sign==0){
        printf("queue_underflow\n");
        return -1;}
    (*front)++;
    if(*front>len)
        *front=1;
    *y=queue[*front-1];
    if(*front==*rear)
        *sign=0;
    return 1;
    }
```

在循环队列入队或出队之前，都需对队列内空间状态进行判断。在入队时，如队列的存储空间已满，则无法进行入队的后续操作，返回主调函数；在出队时，如队的存储空间为空，也同样无法进行出队操作，返回主调函数；主调函数通过返回值判断进行后续处理。队头和队尾指针初值均为队列长度，因此在对队列空间数组进行操作时需减 1。

基于所讲述基本数据结构，如栈和队列的定义，在算法设计和编程实现过程中，可以根据个人习惯及应用需求，灵活实现其操作过程。如下面的另一种循环队列操作方式，将循环队列存储数组，队头、队尾指针及第三种判断队列是否已满的计数器，定义为一个结构体类型 CQueue，C 语言定义如下：

```
typedef struct
{
    ElementType data[Len];
    int front,rear;
    int num;
}CQueue;
```

创建一个空的循环队列算法代码如下：

```
CQueue * init_SeQueue( )
{
    CQueue * queue;
    queue=(CQueue * )malloc(sizeof(CQueue));
    queue->front=queue->rear=Len-1;queue->num=0;
    return queue;
}
```

其中，Len 为循环队列最大存储空间，循环队列的入队元素 x 算法代码如下：

```
int add_CQueue(CQueue * queue,ElementType x)
{
    if(queue->num==Len){
        printf("queue overflow\n");
        return -1;}
    queue->rear=(queue->rear+1)%Len;
    queue->data[queue->rear]=x;
    (queue->num)++;
    return 1;
}
```

循环队列的出队算法代码如下：

```
int del_CQueue(CQueue * queue,ElementType * y)
{
    if(queue->num==0){
        printf("queue_underflow\n");
        return -1;}
```

```
    queue->front=(queue->front+1)%Len;
    *y=queue->data[queue->front];
    (queue->num)--;
    return 1;
}
```

除判断队列是否已满或空的条件不同外,其他过程均与第一种方式相同。

2.5.3 链式队

队列链式存储操作与链式栈相似,只要有内存空间可以利用,就可以进行入队操作,将队头指针 front 指向链式队列的第一个结点,队尾指针 rear 指向链式队列的最后一个结点。当队列为空时指针 front 和 rear 均为 NULL。根据队列的特点只能在队尾指针位置进行入队操作,入队操作为在队尾指针 rear 后插入指针 temp 所指向的入队结点。链式队列入队过程图 2-33 所示。

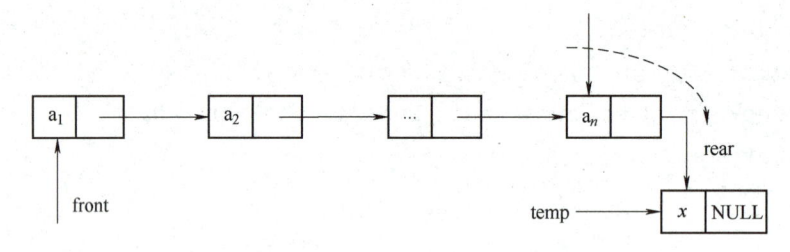

图 2-33　链式队列入队操作过程示意图

如链式队列为空,则将队尾指针 rear 直接指向入队结点,同时也将队头指针指向入队结点,链式队列入队算法代码如下:

```
    void add_Chain_queue(struct node * * rear,struct node * * front,ElementType x)
    {
        struct node * temp;
        temp=(struct node *)malloc(sizeof(struct node));
        temp->data=x;
        temp->next=NULL;
        if(* rear==NULL){
            * rear=temp;
            * front=* rear;
            return;}
        (* rear)->next=temp;
        * rear=temp;
    }
```

出队操作将队头指针 front 指向第二个结点元素，并将第一个结点读出并释放。可根据出队函数输出状态判断出队是否成功。链式队列出队过程图 2-34 所示。

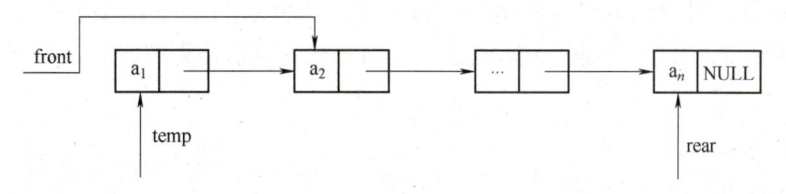

图 2-34 链式队列出队操作过程示意图

如出队后，队头指针为空，则需将队尾指针也赋值为 NULL，链式队列出队算法代码如下：

```
void del_Chain_queue(struct node * * rear,struct node * * front,ElementType * y)
{
    struct node * temp;
    if(*front==NULL){
        printf("queue_underflow");
        return;}
    *y=(*front)->data;
    temp=*front;
    *front=temp->next;
    if(*front==NULL)
        *rear=*front;
    free(temp);
}
```

由于队头和队尾指针在入队和出队过程中均有可能发生变化，为保证队头和队尾指针能够在主调函数与被调函数间传递，因此采用二级指针作为函数形参。

2.6 队列的应用

队列的主要作用是用于处理某种先后顺序的问题，如作业的调度，打印任务的调度，工业过程仿真模拟等。

2.6.1 模拟键盘输入循环缓冲区

在多任务操作系统中，系统检测到用户输入内容后，可先将其存入系统缓冲区内，在当前进程结束后，系统从缓冲区中取出输入的字符，并进行处理。这里输入缓冲区可采用循环队列模拟，队列特性能够保证输入字符先键入、先保存、先处理，循环队列也可以有效限制缓冲区大小。

模拟缓冲的算法设计思想：设计一个函数模拟一个任务进程运行，运行过程为输出固定字符，同时从键盘输入其他字符但不显示，其输入数据存入循环队列中，模拟系统缓冲区过程，当输入句号'.'时，结束程序的运行，将输入但不显示的字符从系统缓冲区内，即循环队列中读取并显示，其中，kbhit 为库函数，作用是检测键盘是否有输入，位于 conio.h 头文件中。

算法代码如下：

```c
#include "stdio.h"
#include "conio.h"
int main()
{
    char in_ch,out_ch;
    char queue[100];int front=0,rear=0,sign=0;
    int state,count=0;
    while(1){
        while(1){
            if(kbhit()){
                in_ch=getch();
                if(in_ch=='.')break;
                state=add_queue(queue,100,&front,&rear,&sign,in_ch);
                if(state==-1)   break;
                printf("#");}
        }
        printf("\n input %d:\n",count);
        while(sign!=0){
            del_queue(queue,100,&front,&rear,&sign,&out_ch);
            putchar(out_ch);}
        break;
    }
    return 0;
}
```

2.6.2 货运火车车厢调度

一列货运火车有 n 节车厢，为提高货运效率，根据途经车站的顺序，需对 n 节车厢进行重新排列。重新排列过程在转轨站上进行，转轨站有一个驶入轨道、一个驶出轨道和多个缓冲轨道，缓冲轨道采用循环队列方式模拟，如图 2-35 所示，所有车厢按箭头方向单向行驶。

根据算法设计需要，对货运火车车厢进行编号，编号为 $1\sim n$，原货运火车车厢编号无序。按照重新调度要求经转轨站重新排列后，货运火车车厢按 $1\sim n$ 编号顺序驶出转轨站。将缓冲轨道设为队列，根据队列先入先出的特性，对驶入转轨站的编号为 x 的车厢进行如下操作：

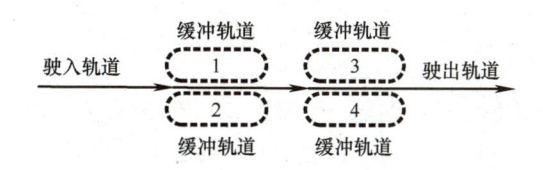

图 2-35 转轨站示意图

1）判断 x 车厢是否可以直接进入驶出轨道。如可以，在 x 车厢进入驶出轨道后，依次判断当前缓冲轨道队头车厢编号是否符合驶出要求；如符合要求，依次进入到驶出轨道，直到没有符合要求编号的车厢为止。

2）如 x 车厢不能直接进入驶出轨道，则按轨道顺序判断未满的缓冲轨道上队尾车厢编号是否小于 x，如小于则驶入对应的缓冲轨道；否则按序寻找一个空的缓冲轨道驶入。若上述条件均不满足，则无法进行后续调度。

3）继续分配后续车厢进入转轨站，执行 1）或 2），直到全部车厢均驶出为止。

如有 8 节货运车厢，初始顺序为 3、4、1、7、2、6、8、5，设转轨站内缓冲轨道数量为 3，每个缓冲轨道能够停留 3 个车厢，车厢在转轨站内的调配过程如下：3 号车厢进入缓冲轨道 1，4 号车厢进入缓冲轨道 1，1 号车厢进入驶出轨道但缓冲轨道中没有 1 号车厢的直接后序车厢，7 号车厢进入缓冲轨道 1，2 号车厢进入驶出轨道，3 号车厢、4 号车厢依次从缓冲轨道 1 进入驶出轨道，6 号车厢编号小于 7 号车厢进入缓冲轨道 2，8 号车厢进入缓冲轨道 1，5 号车厢进入驶出轨道，6 号车厢从缓冲轨道 2 进入驶出轨道，7 号和 8 号车厢从缓冲轨道 1 进入驶出轨道。

设缓冲轨道数量及深度满足转轨最低要求，同时采用循环队列 Buff_Track[i] 模拟缓冲轨道，采用第三种方式判断循环队列是否已满，MAXSIZE_Track 为缓冲轨道最大深度，NUM_Track 为缓冲轨道数量，NUM_carriage 为车厢数量，数组 carriage_number 中存放车厢初始顺序，count 存放当前应该驶出的车厢编号，算法代码如下：

```c
#include<stdio.h>
#include<stdlib.h>
#define NUM_Track 3
#define MAXSIZE_Track 3
#define NUM_carriage 8
int carriage_number[NUM_carriage]={3,4,1,7,2,6,8,5};
typedef struct
{
    int data[MAXSIZE_Track];
    int front,rear;
    int num;
}CQueue;
CQueue * Buff_Track[NUM_Track];
void   Init_SeQueue()
```

```c
{
    for(int i=0;i<NUM_Track;i++){
        Buff_Track[i]=(CQueue*)malloc(sizeof(CQueue));
        Buff_Track[i]->front=Buff_Track[i]->rear=MAXSIZE_Track-1;
        Buff_Track[i]->num=0;}
}
int main()
{
    int count=1,out_Buff_Track;
    Init_SeQueue();
    for(int i=0;i<NUM_carriage;i++){
        if(carriage_number[i]==count){
            printf("out of carriage no. : %d\n",carriage_number[i]);
            count++;
            for(int j=0;j<NUM_Track;j++){
                int temp=(Buff_Track[j]->front+1)%MAXSIZE_Track;
                if((Buff_Track[j]->num!=0)&&(Buff_Track[j]->data[temp]==count)){
                    del_CQueue(Buff_Track[j],&out_Buff_Track);
                    printf("out of carriage no. : %d\n",out_Buff_Track);
                    count++;j=-1;}
            }
        }
        else {
            int j=0;
            for(;j<NUM_Track;j++){
                int temp=Buff_Track[j]->data[Buff_Track[j]->rear]<carriage_number[i];
                if(Buff_Track[j]->num!=MAXSIZE_Track&&temp){
                    add_CQueue(Buff_Track[j],carriage_number[i]);
                    break;}
                else if(Buff_Track[j]->num==0){
                    add_CQueue(Buff_Track[j],carriage_number[i]);
                    break;}
            }
            if(j==NUM_Track){
                printf("Unable to schedule.");
                break;}}
```

```
        }
    }
```

2.6.3 农夫过河问题

一名农夫带着一只狼、一只羊和一棵白菜，需要通过一条仅能容下他和一件物品的小船将狼、羊和白菜送到河的对岸，同时不能将狼和羊或者羊和白菜单独留在岸边，使用队列设计可行的过河算法。

根据算法设计需要，将农夫、狼、羊和白菜的位置状态 status 存储在一个 4 位的二进制数中，其中 0 和 1 分别表示河的两岸，如 0110 表示农夫与羊位于河的一侧，而狼和白菜位于河的对岸，如图 2-36 所示。

农夫	狼	白菜	羊
0	1	1	0

图 2-36 农夫过河位置状态

位置状态 status 初始为 0000，表示农夫、狼、羊和白菜都位于河的一边。可以通过状态 status 中农夫、狼、羊和白菜的对应位是否为 1，判断他们所处的位置，例如：定义 goat=((status&0x01)!=0) 为判断羊的状态，如 goat 为 1 说明羊在对岸，若为 0 则羊在初始状态的岸边。可通过 (goat==gabbage)&&(goat!=farmer) 判断羊与白菜的状态是否安全，若为真，可知羊与白菜在一起，且农夫不在，这种情况是不安全的，应避免。安全判断算法代码如下：

```
int status_safe(int status)
{
    int wolf=((status&0x04)!=0);
    int goat=((status&0x01)!=0);
    int gabbage=((status&0x02)!=0);
    int farmer=((status&0x08)!=0);
    if((goat==gabbage)&&(goat!=farmer))
        return 0;
    if((goat==wolf)&&(goat!=farmer))
        return 0;
    return 1;
}
```

农夫携带狼、羊和白菜过河的动作可用如下代码模拟 status^(0x08|flag[i])，其中 flag[0]~[3] 内数值 {1,2,4,8} 内对应羊、白菜、狼和农夫在状态 status 中的位置，例如当前 status 中状态为 1110，说明白菜、狼和农夫在对岸，这时如农夫要带狼返回，则可以执行 status^(0x08|flag[2])，结果为 0010，这时农夫、狼和羊在河岸一侧，白菜单独在对岸。

算法设计思想：基于广度优先搜索策略得到过河方案，即首先搜索下一步的所有可能状态，然后再进一步判断是否可行并执行更后面的动作。例如初始状态 status 的下一步可能的状态 temp_status 为：1001（农夫和羊）、1010（农夫和白菜）、1100（农夫和狼）、1000（农夫单独），但后三种方式均不可行，只有 1001（农夫和羊）为下一步可行状态。使用队列

queue 作为辅助结构保存下一步所有可行状态，再顺序取出分别进行其后续的可能状态处理。处理过程中把更下一步的可行状态同样存储在队列 queue 和 status_path 中，status_path 为状态路径，下一步可行状态路径 status_path[temp_status]中存储当前状态 status，说明 temp_status 状态是由状态 status 执行后得到。队列为空或农夫将狼、羊和白菜都送到对岸时，再从 status_path 中的最终状态（1111）对应的来源状态回溯到初始状态（0000），得到过河的可行方式。

采用循环队列 queue 存储所有可行状态，同时采用第一种方式判断循环队列是否已满，入队及出队函数为 2.5.2 节中定义循环队列代码。

农夫过河算法代码如下：

```c
#include<stdio.h>
#include<stdlib.h>
#define LEN 10
int main()
{
    int queue[20]={0},front=0,rear=0,sign=0;
    int flag[4]={1,2,4,8};
    int status_path[16]={0};
    int status,temp_status;
    int *stack=(int *)malloc(LEN*sizeof(int));
    int top=0;
    for(int i=1;i<16;i++)
        status_path[i]=-1;
    add_queue(queue,20,&front,&rear,&sign,0x00);
    while((sign!=0)&&(status_path[15]==-1)){
        del_queue(queue,20,&front,&rear,&sign,&status);
        for(int i=0;i<=3;i++){
            if(((status&0x08)!=0)==((status&flag[i])!=0)){
                temp_status=status^(0x08|flag[i]);
                if((status_safe(temp_status))&&(status_path[temp_status]==-1)){
                    status_path[temp_status]=status;
                    add_queue(queue,20,&front,&rear,&sign,temp_status);}
                }
            }
        }
    if(status_path[15]!=-1){
        printf("farmer、wolf、gabbage、goat\n");
```

```
        for(int i=15;i>0;i=status_path[i])
            bin_conversion(stack,&top,i);
    bin_conversion(stack,&top,status_path[0]);}
}
```

为更直观体现过河过程，输出时调用函数 bin_conversion 将状态中的十进制转换为二进制，转换算法代码如下：

```
void bin_conversion(int * stack,int * top,int x)
{
    for(int i=0;i<4;i++){
        push_Stack(stack,LEN,top,x%2);
        x=x/2;}
    printf("Output an octal number:");
    while(*top!=0){
        int temp;
        pop_Stack(stack,top,&temp);
        printf("%d",temp);}
    printf("\n");
}
```

2.6.4　迷宫求解

在解决迷宫问题过程中，除了利用栈采用深度优先搜索的方法外，也可以利用图的广度优先搜索思想设计算法。与农夫过河问题相似，同样采用队列作为辅助结构用于保存下一步所有可行的搜索点位置，再顺序取出分别进行处理，处理过程中把更下一步的搜索点位置全部存储在这个队列中，直到搜索到出口位置，然后再从出口位置回溯到入口位置，最终得到迷宫的可行路径。

采用图 2-26 所示的 6×8 迷宫完成搜索，将迷宫设为 ROWNUM 行 COLNUM 列，利用二维数组 maze[ROWNUM+2][COLNUM+2] 存储迷宫，其中 maze[row][col]=0 或 1，0 表示通路，1 表示障碍或墙，入口坐标为 (1, 1)，出口坐标为 (6, 8)。

在到达某点位置，将可行的下一点的位置坐标入队，入队时既要记录下一点位置坐标，还需记录当前点位置在队列中的存储下标，之后从当前队列队头内存储点的位置坐标开始继续搜索，重复上述过程后队头指针向下移动，直到达到出口点位置。

队列中元素是一个由搜索点位置行和列坐标、来源点所在队列位置的下标组成的三元组，队列元素结点结构体类型 C 语言定义如下：

```
typedef struct
{
    int x ,y ,pre;
```

```
}datatype;
```

循环队列结构体类型 C 语言定义如下：

```
typedef struct
{
    datatype data[MaxSize];
    int front;
    int rear;
    int sign;
}Queue;
```

对于图 2-26 迷宫，入队的内容为如图 2-37 所示。

0	1	2	3	4	5	6	7	8	9	10	11	12	13	14	15	16	17	18	…	22	23
1	2	2	3	3	4	3	4	5	3	2	5	3	4	5	3	6	6	…		5	6
1	1	2	1	2	1	3	2	4	2	5	4	3	6	5	4	7	4	5	…	8	8
-1	0	1	1	2	3	4	4	6	7	8	8	9	9	10	10	12	13	15	…	17	21	22

图 2-37　队列中的迷宫搜索路径

搜索完成后，沿出口坐标根据来源位置回溯即可得到迷宫可行路径的倒序，搜索到的可行路径倒序为：$(6,8,22) \to \cdots \to (6,5,17) \to (6,4,15) \to (5,4,12) \to (5,3,9) \to (5,2,7) \to \cdots \to (2,1,0) \to (1,1,-1)$。

习　题

一、单项选择题

1. 数据的（　　）包括查找、插入、删除、更新、排序等操作。
　A）存储结构　　　　　　　　　　B）逻辑结构
　C）算法描述　　　　　　　　　　D）基本操作
2. 下面关于线性表的叙述正确的是（　　）。
　A）线性表中的元素之间是线性关系
　B）线性表中至少有一个元素
　C）线性表中任何一个元素有且仅有一个直接前驱
　D）线性表中任何一个元素有且仅有一个直接后继
3. 在一个长度为 n 的顺序存储的线性表中，向第 i 个元素（$1 \leq i \leq n+1$）位置插入一个新元素时，需要从后向前依次后移（　　）元素。
　A）$n-i$　　　　　　　　　　　　B）$n-i+1$
　C）$n-i-1$　　　　　　　　　　　D）i
4. 在以 LH 为头指针的带头结点的循环链表中，链表为空的条件为（　　）。
　A）LH->next == LH;　　　　　　B）LH == NULL;
　C）LH->next == NULL;　　　　　D）LH == LH;
5. 设指针 q 指向非空单链表中某个结点，p 指向新申请结点，先将 p 结点插入到单链表 q 结点之后，下列算法段能够完成上述要求的是（　　）。
　　A）p->next=q->next；q->next=p；　　B）p->next=q；q->next=p->next；
　　C）q->next=p->next；p->next=q；　　D）p=q；q->next=p；
6. 在单链表中，指针 P 指向 x 结点，删除 x 结点后第二个结点的语句为（　　）。
　　A）P=P->next；　　B）P->next->next=P->next->next->next；
　　C）P->next=P->next->next；　　D）P->next=P->next->next->next；
7. 设指针 head 为带头结点的非空单链表的头指针，删除头结点后第一个结点的算法段为（　　）。
　　A）head->next=NULL　　B）head=head->next
　　C）head->next=head->next->next　　D）head->next=head
8. 以下程序功能是实现带头结点的单链表数据结点逆序连接，请完善（　　）。

```
void reverse(struct node * h)
{
    struct node * p, * q;
    p=h->next;
    h->next=NULL;
    while(){
        q=p;
        p=p->next;
        q->next=h->next;
        h->next=q;}
}
```

　　A）p!=NULL　　B）q!=NULL
　　C）p=NULL　　D）p->next!=NULL
9. 删除双向链表中指针 s 所指结点的操作为（　　）。
　　A）s->prior->next=s->prior；　s->next->prior=s->next；
　　B）s->prior->next=s->next；　s->next->prior=s->prior；
　　C）s->next=s->prior->next；　s->prior=s->next->prior；
　　D）s->prior=s->prior->next；　s->next=s->next->prior；
10. 在双向链表指针 p 的结点后插入一个指向指针为 s 的结点，操作是（　　）。
　　A）p->next=s；s->prior=p；p->next->prior=s；s->next=p->next；
　　B）s->prior=p；p->next=s；p->next->prior=s；s->next=p->next；
　　C）s->prior=p；s->next=p->next；p->next->prior=s；p->next=s；
　　D）以上都不对
11. 若进栈序列为 1，2，3，4，则（　　）不可能是一个出栈序列（不一定全部进栈后再出栈）。
　　A）1，2，3，4　　B）3，4，1，2
　　C）1，3，4，2　　D）4，3，2，1
12. 若栈采用顺序存储方法存储，栈空间为 V[1..m]，初始栈顶指针 top 为 m+1，则下面 x 进栈的正确操作是（　　）。
　　A）top=top+1；V[top]=x；　　B）V[top]=x；top=top+1；
　　C）top=top-1；V[top]=x；　　D）V[top]=x；top=top-1；
13. 若有一顺序栈，元素 a、b、c、d、e、f 依次进栈，如果元素出栈的顺序为 b、c、d、f、e、a，则栈的容量至少应该是（　　）。

A) 2   B) 3   C) 4   D) 5

14. 假定一个链栈的栈顶指针用 top 表示，退栈时所进行的指针操作为（　　）。
A) top->next = top
B) top = top->data
C) top = top->next
D) top->next = top->next->next

15. 表达式 8+3+2-14/7 求值过程中，当扫描到 14 时，操作数栈和运算符栈分别为（　　）。
A) 8，3，2 和；++-
B) 13 和；-
C) 8，5 和；+-
D) 11，2 和；+-

16. 表达式 a/(b-d)+c×e 的后缀表示式为（　　）。
A) abdce/-+×
B) abd-/c+e×
C) abd-/ce×+
D) ×+-/abdce

17. 当两个栈共享一个存储区时，栈利用一维数组 stack(0,n) 表示，两个栈顶指针分别为 top[1] 和 top[2]，当栈都为空时，两个栈顶指针分别为（　　）。
A) 0 和 $n+1$ B) -1 和 $n+1$ C) -1 和 n D) 0 和 n

18. 若用一个大小为 8 的数组实现循环队列，当前 front 和 rear 的值分别为 3 和 0，当从队列中删除两个元素，再加入两个元素后，front 和 rear 的值分别为（　　）。
A) 3 和 0   B) 1 和 2   C) 5 和 2   D) 2 和 6

19. 一个队列以链式存储，队头及队尾指针分别为 front、rear，将指针 P 所指向的结点入队的操作是（　　）。
A) rear->next = P；rear = P；
B) P->next = rear；rear = P；
C) front->next = P；front = P；
D) P->next = front；front = P；

20. 设栈 S 和队列 Q 的初始状态为空，元素 e1、e2、e3、e4、e5 和 e6 依次通过栈 S，一个元素出栈后即进入队列 Q，若 6 个元素出队的序列是 e2、e4、e3、e6、e5、e1，则栈 S 的容量至少应该是（　　）。
A) 6   B) 4   C) 3   D) 2

21. 设栈 s 和队列 q 均为空，先将 a、b、c、d 依次进队列 q，再将队列 q 中顺次出队的元素进栈 s，则不可能的出栈序列是（　　）。
A) dcba   B) abcd   C) cabd   D) acdb

22. 设队列中有 A、B、C、D、E 这 5 个元素，其中队首元素为 A，如果对这个队列重复执行下列 4 步操作：①输出且不删除队首元素；②把与队首元素相同的值插入到队尾；③删除队首元素；④再次删除队首元素；直到队列成为空队列为止，得到输出序列为（　　）。
A) ACECC
B) ACE
C) ACECCC
D) ACEC

二、设计题

1. 设有一线性表，采用顺序存储，线性表中存储数据均为整型，要求编写程序统计该表中值小于 x 的元素个数。

2. 存在一个以 head 为头指针的循环链表，其结点中数据为整型数据，按照由小到大的规则有序存放，设计算法采用最少的内存空间将线性表内数据按照由大到小顺序存放。

3. 使用双向链表编写算法实现设计题 2 的操作算法。

4. 编写算法，统计带表头结点的单链表中结点数据域为 x 的结点个数。

5. 设有一个带头结点的有序循环链表，其结点值均为整数。编写算法，将该循环链表分解到两个已有的空循环链表中，其中一个链表中的结点值均为正数，顺序不变，而另一个链表中的结点值均为负数，逆序存放。

6. 设有一个带头结点的单链表，编写算法，写出在其值 x 结点后插入 n 个结点的算法。

7. 编写算法，创建一个单链表，要求随机输入数据后，单链表结点有序排列。

8. 编写算法，实现在双向循环链表指针 current 所指结点（中间结点）的后面之后插入新结点 temp 的操作。

9. 若栈采用顺序存储，并且两个栈共享空间 stack_arr[0..MAXSIZE-1]，栈 1 的底在 stack_arr[0]，栈 2 的底在 stack_arr[MAXSIZE-1]，top$i$ 为第 i 个栈顶，设计两个栈关于入栈及出栈的操作算法。

10. 设单链表中存放一个字符串，编写算法，判断该字符串是否中心对称，例如 aabaa、abcba。

11. 编写算法实现简单的算术运算，算术表达式采用后缀表达式方式，并已存入字符串 str 中。

12. 编写算法判断表达式中括号是否缺失。

13. 使用栈结构设计转轨站，编写算法完成 2.6.2 中的货运火车车厢重新排列。

第 3 章　线性表扩展

本章主要讲解对象为扩展的线性数据结构：特殊矩阵和字符串。包含：①解决当数组为多维且待存储元素大部分为 0 时，进行的压缩存储及应用；②对基本存储符号为字符的线性结构进行操作，要求掌握以下主要内容：
- 特殊矩阵的压缩存储
- 稀疏矩阵压缩存储及在此基础上的简单运算算法实现
- 字符串的基本操作及模式匹配算法

3.1　数组及特殊矩阵

数组是一种扩展的线性数据结构，可以看作下标和数值组成的序对集合。很多高级语言都支持其结构，线性表的顺序存储大多数都由数组来支持完成。在数值计算应用中，矩阵常用二维数组来进行存储，本节先介绍一下数组的存储，再介绍特殊矩阵的压缩存储及应用。

3.1.1　一维数组的顺序存储

对于数组，一旦指定长度及数组元素所占空间大小，则该数组内各元素位置固定。设数组第 1 个元素的存储地址是 $\text{Loc}(a_1)$，若每个数组元素占 k 个存储单元，则下标为 i 的数组元素的存储地址见式（3-1）。

$$\text{Loc}(a_i) = \text{Loc}(a_1) + (i-1) \times k \tag{3-1}$$

3.1.2　二维数组的顺序存储

计算机内部存储器结构均为一维，二维数组映射到一维存储空间时有两种排列次序，一种是按行存储，另一种是按列存储。绝大多数高级语言支持按行存储，如 Pascal、C、Basic 等。

如二维数组 $A_{m \times n}$ 为

$$A_{m \times n} = \begin{bmatrix} a_{11} & a_{12} & \cdots & a_{1n} \\ a_{21} & a_{22} & \cdots & a_{2n} \\ \vdots & \vdots & & \vdots \\ a_{m1} & a_{m2} & \cdots & a_{mn} \end{bmatrix}$$

以行为主顺序存储的存储形式如图 3-1 所示。

图 3-1　二维数组按行存储内存结构

如第 1 行第 1 列元素存储地址是 Loc(a_{11})，每个数组元素占 l 个存储单元，则第 i 行 j 列元素存储地址见式（3-2）

$$\text{Loc}(a_{ij}) = \text{Loc}(a_{11}) + ((i-1) \times n + (j-1)) \times l \qquad (3\text{-}2)$$

以列为主顺序存储的存储形式如图 3-2 所示。

Loc(a_{11})									
	a_{11}	a_{21}	...	a_{m1}	a_{12}	a_{22}	...	a_{m2}	

第一列 m 个元素　　　　第二列 m 个元素

图 3-2　二维数组按列存储内存结构

如第 1 行第 1 列元素存储地址是 Loc(a_{11})，每个数组元素占 l 个存储单元，则第 i 行 j 列元素存储地址见式（3-3）

$$\text{Loc}(a_{ij}) = \text{Loc}(a_{11}) + [(j-1) \times m + (i-1)]l \qquad (3\text{-}3)$$

对于 C 语言下的二维数组 A[m][n] 下标从 0 开始，每个数组元素占 l 个存储单元，则元素 a[i][j] 存储地址见式（3-4）

$$\text{Loc}(a[i][j]) = \text{Loc}(a[0][0]) + (i \times n + j)l \qquad (3\text{-}4)$$

3.1.3　特殊矩阵的压缩存储

在计算机处理中，矩阵通常用二维数组来表示。如果矩阵中的每个元素都需存储或用来处理应用信息，那么该矩阵元素必须全部存储。但如果矩阵具有很多相同的元素或零元素时，若仍存储全部元素值，势必会造成空间的浪费。此时可采用压缩存储的方式来节省存储空间，压缩的基本原理是值相同的多个元素，只分配一个存储空间，零元素不分配存储空间。如矩阵中存在大量值相同的元素或零元素，且其分布具有一定规律，则此矩阵为特殊矩阵，如下三角矩阵、上三角矩阵、对称矩阵和三对角矩阵等。针对特殊矩阵，可以利用这种特殊的规律性，压缩存储有效元素，提高存储空间的利用率。

下面介绍几种特殊矩阵的压缩存储方式。

1. 下三角矩阵

下三角矩阵 $A_{n \times n}$ 中元素 a_{ij}，当 $i < j$ 时，即对角线上方元素值全为 0；当 $i \geq j$ 时，对角线及其下方元素为任意值。

如下三角矩阵 $A_{n \times n}$ 为

$$A_{n \times n} = \begin{bmatrix} a_{11} & 0 & \cdots & 0 \\ a_{21} & a_{22} & \cdots & 0 \\ \vdots & \vdots & & \vdots \\ a_{n1} & a_{n2} & \cdots & a_{nn} \end{bmatrix}$$

采用按行顺序压缩存储时，只需存储对角线及其下方的非零元素，零元素不存储。由矩阵可知，第 1 行存储 1 个元素、第 2 行存储 2 个元素，依次类推，存储空间大小共需 $1+2+\cdots+n = n \times (n+1)/2$ 个，可将这些非零元素按顺序存储到一维数组 cmpr[$1,\cdots,n \times (n+1)/2$] 中，存储形式如图 3-3 所示。

```
cmpr  cmpr  cmpr  cmpr  cmpr  cmpr                        cmpr
 [1]   [2]   [3]   [4]   [5]                           [n(n+1)/2]
| a₁₁ | a₂₁ | a₂₂ | a₃₁ | a₃₂ | a₃₃ | a₄₁ | a₄₂ | a₄₃ | ... | ... | aₙₙ |
```

图 3-3　下三角矩阵按行压缩存储形式

根据下三角矩阵的规律性，在按行存储的情况下，第 1 行存储 1 个元素，第 2 行存储 2 个元素，第 $i-1$ 行存储 $i-1$ 个元素，矩阵 $A_{n \times n}$ 中的非零值 a_{ij}，存储在一维数组 cmpr 中的下标位置 k 为

$$k=(1+i-1) \times (i-1)/2+j$$
$$=i \times (i-1)/2+j$$

可以得出下三角矩阵中，在采用按行顺序压缩存储的情况下，cmpr$[1 \cdots n \times (n+1)/2]$ 数组下标为 k 的元素和矩阵元素 a_{ij} 的对应关系如式（3-5）所示：

$$a_{ij}=\begin{cases} \text{cmpr}[i \times (i-1)/2+j] & i \geq j \\ 0 & i < j \end{cases} \tag{3-5}$$

采用按列顺序压缩存储时，由矩阵 $A_{n \times n}$ 可知，第 1 列存储 n 个元素、第 2 列存储 $n-1$ 个元素，依次类推，存储空间大小共需 $n+n-1+\cdots+1=n \times (n+1)/2$ 个，可将这些非零元素按顺序存储到一维数组 cmpr$[1 \cdots n \times (n+1)/2]$ 中，存储形式如图 3-4 所示。

```
cmpr cmpr cmpr cmpr cmpr cmpr                         cmpr
 [1]  [2]  [3]  [4]  [5]                           [n(n+1)/2]
| a₁₁ | a₂₁ | ... | aₙ₁ | a₂₂ | ... | aₙ₂ | a₃₃ | ... | aₙ₃ | ... | aₙₙ |
```

图 3-4　下三角矩阵按列压缩存储形式

根据下三角矩阵的规律性，在按列存储的情况下，主对角线下的第 j 列有 $n-j+1$ 个元素，矩阵 $A_{n \times n}$ 中的非零值 a_{ij} 前有 $j-1$ 列非零元素，数量为

$$n+n-1+\cdots+n-(j-1)+1$$

在第 i 行、第 j 列的非零元素 a_{ij} 存储在一维数组 cmpr 中的下标位置 k 为

$$k=(j-1) \times (n+n-(j-1)+1)/2+i-j+1$$
$$=(j-1) \times (2n-j+2)/2+i-j+1$$

可以得出下三角矩阵中，在采用按列顺序压缩存储的情况下，cmpr$[1 \cdots n \times (n+1)/2]$ 数组下标为 k 的元素和矩阵元素 a_{ij} 的对应关系如式（3-6）所示：

$$a_{ij}=\begin{cases} \text{cmpr}[(j-1) \times (2n-j+2)/2+i-j+1] & i \geq j \\ 0 & i < j \end{cases} \tag{3-6}$$

注意，在 C 语言环境下，数组下标从 0 开始，a_{ij} 与位置 k 的对应关系应根据算法设计需求做相应调整。

2. 上三角矩阵

上三角矩阵 $A_{n \times n}$ 中元素 a_{ij}，当 $i>j$ 时，即对角线下方元素值全为 0；当 $i \leq j$ 时，对角线及其上方元素为任意值。

如上三角矩阵 $A_{n\times n}$ 为

$$A_{n\times n} = \begin{bmatrix} a_{11} & a_{12} & \cdots & a_{1n} \\ 0 & a_{22} & \cdots & a_{2n} \\ \vdots & \vdots & & \vdots \\ 0 & 0 & \cdots & a_{nn} \end{bmatrix}$$

由上三角矩阵的存储形式可以看出，上三角矩阵的按行存储与下三角矩阵的按列存储方式一致。同样，上三角矩阵的按列存储与下三角矩阵的按行存储方式一致。因此，仅需在下三角矩阵的存储对应规则上，将行列下标互换即可。

上三角矩阵采用按行顺序压缩存储时，存储形式如图 3-5 所示。

cmpr[1]	cmpr[2]	cmpr[3]	cmpr[4]	cmpr[5]	...	cmpr[n(n+1)/2]
a_{11}	a_{12}	...	a_{1n}	a_{22}	a_{23}	...	a_{2n}	a_{33}	...	...	a_{nn}

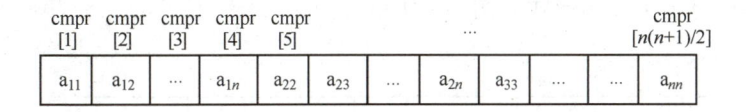

图 3-5 上三角矩阵按行压缩存储形式

上三角矩阵在采用按行顺序压缩存储的情况下，cmpr$[1\cdots n\times(n+1)/2]$ 数组下标为 k 的元素和矩阵元素 a_{ij} 的对应关系如式（3-7）所示：

$$a_{ij} = \begin{cases} \text{cmpr}[(i-1)\times(2n-i+2)/2+j-i+1] & j \geq i \\ 0 & j < i \end{cases} \tag{3-7}$$

采用按列顺序压缩存储时，存储形式如图 3-6 所示。

cmpr[1]	cmpr[2]	cmpr[3]	cmpr[4]	cmpr[5]	...	cmpr[n(n+1)/2]
a_{11}	a_{12}	a_{22}	a_{13}	a_{23}	a_{33}	a_{14}	a_{24}	a_{34}	...	...	a_{nn}

图 3-6 上三角矩阵按列压缩存储形式

上三角矩阵在按列存储的情况下，cmpr$[1\cdots n\times(n+1)/2]$ 数组下标为 k 的元素和矩阵元素 a_{ij} 的对应关系如式（3-8）所示：

$$a_{ij} = \begin{cases} \text{cmpr}[j\times(j-1)/2+i] & j \geq i \\ 0 & j < i \end{cases} \tag{3-8}$$

3. 对称矩阵

对称矩阵 $A_{n\times n}$ 中的元素，由于沿主对角线对称相等，满足 $a_{ij}=a_{ji}$，因此可以只保存一半，即上三角或下三角矩阵。

将对称矩阵 $n\times n$ 个元素，压缩存储到数组 cmpr$[1\cdots n\times(n+1)/2]$ 中，cmpr 数组下标为 k 的元素和矩阵元素 a_{ij} 的对应关系如式（3-9）所示：

$$a_{ij} = \begin{cases} \text{cmpr}[j\times(j-1)/2+i] & j > i \\ \text{cmpr}[i\times(i-1)/2+j] & j \leq i \end{cases} \tag{3-9}$$

4. 三对角矩阵

三对角矩阵 $A_{n\times n}$ 中元素，分布在主对角线为中心的带状区域内。

如三对角矩阵 $A_{n\times n}$ 为

$$A_{n\times n} = \begin{bmatrix} a_{11} & a_{12} & & & & \\ a_{21} & a_{22} & a_{23} & & & \\ & a_{32} & a_{33} & a_{34} & & \\ & & a_{43} & a_{44} & a_{45} & \\ & & & \cdots & \cdots & \cdots \\ & & & & a_{nn-1} & a_{nn} \end{bmatrix}$$

三对角矩阵 $A_{n\times n}$ 中元素 a_{ij} 在 $j+1=i$，$j=i$，$j-1=i$，$1\leqslant i\leqslant n$，$1\leqslant j\leqslant n$ 时非零，其他位置元素均为零。三对角矩阵 $A_{n\times n}$ 除第 1 行和第 n 行非零元素为 2 个外，其他行非零元素均为 3 个，非零元素共 $3\times(n-2)+2+2$ 个，因此可将矩阵压缩存储到一维数组 cmpr$[1\cdots 3n-2]$ 之中。

三对角矩阵以行为主存储形式如图 3-7 所示。

cmpr[1]	cmpr[2]	cmpr[3]	cmpr[4]	cmpr[5]							Cmpr[3n-2]
a_{11}	a_{12}	a_{21}	a_{22}	a_{23}	a_{32}	a_{33}	a_{34}	a_{43}	...	...	a_{nn}

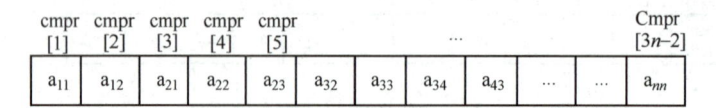

图 3-7 三对角矩阵按行压缩存储形式

根据三对角矩阵的数据存储特性，按行存储时，第 i 行之前共有 $2+3\times(i-2)$ 个元素，可以得出：在第 i 行、第 j 列的非零元素 a_{ij} 存储在一维数组 cmpr 中的下标位置 k 为

$$k = 2+3\times(i-2)+j-i+2$$
$$= 2\times(i-1)+j$$

将三对角矩阵压缩存储到一维数组 cmpr$[1\cdots 3\times n-2]$ 中下标为 k 的元素和矩阵元素 a_{ij} 的对应关系如式（3-10）所示：

$$a_{ij} = \begin{cases} \text{cmpr}[2\times(i-1)+j] & i-1\leqslant j\leqslant i+1 \\ 0 & j<i-1 \text{ 或 } j>i+1 \end{cases} \quad (3-10)$$

三对角矩阵以列为主存储形式如图 3-8 所示。

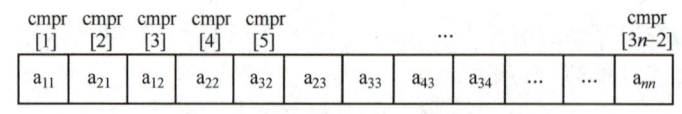

cmpr[1]	cmpr[2]	cmpr[3]	cmpr[4]	cmpr[5]	cmpr[6]						cmpr[3n-2]
a_{11}	a_{21}	a_{12}	a_{22}	a_{32}	a_{23}	a_{33}	a_{43}	a_{34}	...	...	a_{nn}

图 3-8 三对角矩阵按列压缩存储形式

根据三对角矩阵的数据存储特性，按列存储时，第 j 列之前共有 $2+3\times(j-2)$ 个元素，可以得出：在第 i 行、第 j 列的非零元素 a_{ij} 存储在一维数组 cmpr 中的下标位置 k 为

$$k = 2+3\times(j-2)+i-j+2$$
$$= 2\times(j-1)+i$$

将三对角矩阵压缩存储到一维数组 cmpr$[1\cdots 3\times n-2]$ 中的下标为 k 的元素和矩阵元素 a_{ij} 的对应关系如式（3-11）所示：

$$a_{ij} = \begin{cases} \text{cmpr}[2\times(j-1)+i] & i-1\leqslant j\leqslant i+1 \\ 0 & j<i-1 \text{ 或 } j>i+1 \end{cases} \quad (3-11)$$

5. 特殊矩阵压缩及输出

使用 C 语言完成特殊矩阵压缩时，通常会采用二维数组存储特殊矩阵，一维数组存储压缩后的特殊矩阵元素，数组下标表示矩阵元素对应的位置。C 语言中数组下标从 0 开始，在采用上述对应关系公式时应注意调整，不同的特殊矩阵压缩存储及输出算法实现过程基本相同。这里以下三角矩阵按行压缩为例，下三角矩阵 $A_{n×n}$ 按行存放非零元素于一维数组 cmpr 中，矩阵元素 $a_{row,col}$ 在 cmpr 数组对应位置元素为

$$a_{row,col} = cmpr[row×(row+1)/2+col]$$

算法代码如下：

```c
#include<stdio.h>
#include<stdlib.h>
#define MAX_SIZE 10
int main()
{
    int size,matrix[MAX_SIZE][MAX_SIZE],*cmpr,row,col,index=0;
    printf("Input matrix size : ");
    scanf("%d",&size);
    printf("Input matrix elements:\n");
    for(int i=0;i< size;i++)
        for(int j=0;j< size;j++)
            scanf("%d",&matrix[i][j]);
    cmpr=(int *)malloc((size*(size+1)/ 2) * sizeof(int));
    for(int i=0;i< size;i++)
        for(int j=0;j<=i;j++)
            cmpr[index++]=matrix[i][j];
    printf(" enter the ith row and jth column(0~%d) : ",size-1);
    scanf("%d%d",&row,&col);
    printf("%d\n ",cmpr[row * (row+1)/2+col]);
    free(cmpr);
    return 0;
}
```

3.2 稀疏矩阵及压缩存储

一般稀疏矩阵是指矩阵元素绝大多数为 0，非零元素很少的特殊矩阵，如矩阵 **A**、**B**

$$A_{n×n} = \begin{bmatrix} 0 & 0 & 0 & 0 & 0 & -2 \\ 0 & 0 & 0 & 8 & 0 & 0 \\ 0 & 0 & 0 & 0 & 0 & 0 \\ 7 & 0 & 0 & 0 & 0 & 9 \\ 0 & 0 & 0 & 0 & -7 & 0 \\ 0 & 0 & 0 & 0 & 4 & 0 \end{bmatrix} \quad B_{n×n} = \begin{bmatrix} 0 & 0 & 0 & 0 & 0 & 0 \\ 0 & 13 & 0 & 0 & 0 & 0 \\ 0 & 0 & 6 & 0 & 0 & 0 \\ 0 & -1 & 0 & 0 & 0 & 0 \\ 0 & 0 & 2 & 0 & 7 & 0 \\ 0 & 0 & 0 & 0 & 0 & 0 \end{bmatrix}$$

可以看出矩阵 A、B 中元素大部分为 0，在存储稀疏矩阵的时候通常采用压缩存储，只存储非零值。由于稀疏矩阵元素分布没有规律，因此在存储过程中除了存储非零值，还必须记录其行号和列号，这种方式称为稀疏矩阵三元组表示法。

在稀疏矩阵压缩存储过程中，每一个非零元素对应一个三元组（row，col，val），其中 row 为行号，col 为列号，val 为非零值，全部非零值的三元组组成三元组表，用一个一维数组顺序存储，数据存储形式如下：

$$A_{n\times n} = \begin{bmatrix} 0 & 0 & 0 & 0 & 0 & -2 \\ 0 & 0 & 0 & 8 & 0 & 0 \\ 0 & 0 & 0 & 0 & 0 & 0 \\ 7 & 0 & 0 & 0 & 0 & 9 \\ 0 & 0 & 0 & 0 & -7 & 0 \\ 0 & 0 & 0 & 0 & 4 & 0 \end{bmatrix} \Rightarrow \begin{matrix} 1 & 6 & -2 \\ 2 & 4 & 8 \\ 4 & 1 & 7 \\ 4 & 6 & 9 \\ 5 & 5 & -7 \\ 6 & 5 & 4 \end{matrix}$$

三元组结构体类型 C 语言定义如下：

```
struct triple
{
    int row;
    int col;
    int Value;
};
```

struct triple 为三元组结构体类型，成员为稀疏矩阵非零元素所在行、列及非零值。三元组表结构体类型 C 语言定义如下：

```
typedef struct
{
    int rn,cn,tn;
    struct triple data[Maxsize];
}Tmatrix;
```

Tmatrix 为稀疏矩阵对应的三元组表结构体类型，成员为稀疏矩阵的行数、列数、非零值个数及存放三元组的一维数组。为便于操作，在构造三元组表的时候，将其按元素行号由小到大，同行列号由小到大顺序存储。

虽然稀疏矩阵的三元组表示法节省了存储空间，但相对于矩阵元素全部存储于二维数组结构，其增加了矩阵相关运算的算法设计难度。

在对稀疏矩阵操作过程中，通常会用到两个辅助向量 **Pos**(k) 和 **Num**(k)。其中，**Pos**(k) 为稀疏矩阵中第 k 行第 1 个非零元素在三元组表中的行号；**Num**(k) 为稀疏矩阵中第 k 行非零元素的个数。

例如：稀疏矩阵 $A_{6\times 7}$ 为例，对应的辅助向量 **Pos**(k) 和 **Num**(k) 计算如图 3-9 所示：

图 3-9 中稀疏矩阵 $A_{6\times 7}$ 的行列下标从 1 开始，对应的三元组表内存储的下标也从 1 开始，为与上述过程保持一致，k 初值值设为 1。在 C 语言实现过程中，辅助向量 **Pos**(k) 和

Num(k)下标为 0 的数组元素不用，在申请 **Pos**(k) 和 **Num**(k) 向量存储空间时，需在稀疏矩阵行数基础上加 1，算法执行步骤如下：

$$A_{6\times 7}=\begin{bmatrix} 0 & 4 & 0 & 0 & 0 & 0 & 0 \\ 0 & 0 & 0 & -3 & 0 & 0 & 1 \\ 8 & 0 & 0 & 0 & 0 & 0 & 0 \\ 0 & 0 & 0 & 5 & 0 & 0 & 0 \\ 0 & 0 & 0 & 0 & 0 & 2 & 0 \\ 0 & -7 & 0 & 6 & 0 & 0 & 0 \end{bmatrix} \Rightarrow \begin{matrix} (1,2,4) \\ (2,4,-3) \\ (2,7,1) \\ (3,1,8) \\ (4,4,5) \\ (5,6,2) \\ (6,2,-7) \\ (6,4,6) \end{matrix} \Rightarrow \begin{matrix} k & 1 & 2 & 3 & 4 & 5 & 6 \\ \mathbf{Pos}(k) & 1 & 2 & 4 & 5 & 6 & 7 \\ \mathbf{Num}(k) & 1 & 2 & 1 & 1 & 1 & 2 \end{matrix}$$

图 3-9 **Pos**(k) 和 **Num**(k) 计算

Step1：初始化 **Num** 向量为 0。

Step2：依次访问稀疏矩阵所对应的三元组表各行，统计每行非零元素的个数，存储 Num 向量中。

Step3：按照式（3-12）完成 **Pos** 向量计算。

$$\begin{cases} \mathbf{Pos}[1]=1 \\ \mathbf{Pos}[k]=\mathbf{Pos}[k-1]+\mathbf{Num}[k-1] \end{cases} \quad k\geq 2 \tag{3-12}$$

稀疏矩阵的 **Pos** 和 **Num** 向量计算的算法代码如下：

```
void posnum(Tmatrix triple_a,int *pos,int *num)
{
    int row_num,nonzero_num;
    row_num=triple_a.rn;
    nonzero_num=triple_a.tn;
    for(int k=1;k<=row_num;k++)
        num[k]=0;
    for(int k=1;k<=nonzero_num;k++)
        num[triple_a.data[k].row]=num[triple_a.data[k].row]+1;
    pos[1]=1;
    for(int k=2;k<=row_num;k++)
        pos[k]=pos[k-1]+num[k-1];
}
```

稀疏矩阵的 **Pos** 和 **Num** 向量统计函数 posnum 形参 Tmatrix triple_a，int * pos，int * num 需由主调函数中定义的三元组表和辅助向量数组地址赋值。

以图 3-9 稀疏矩阵 $A_{6\times 7}$ 为例，ROWSIZE 存放矩阵 $A_{6\times 7}$ 的行数，COLSIZE 存放矩阵 $A_{6\times 7}$ 的列数。在主调函数中，首先，定义 pos[ROWSIZE+1] 和 num[ROWSIZE+1]，使用辅助向量数组空间的 1~ROWSIZE+1 元素。其次，使用双重循环扫描稀疏矩阵，同时给三元组表 triple_a 赋值。最后调用函数 posnum 生成 **Pos** 和 **Num** 向量。主函数算法代码如下：

```c
#include<stdio.h>
#define Maxsize 100
#define ROWSIZE 6
#define COLSIZE 7
int main()
{
    int Matrix_a[ROWSIZE][COLSIZE];
    int k=1;
    int pos[ROWSIZE+1],num[ROWSIZE+1];
    Tmatrix triple_a;
    triple_a.rn=ROWSIZE;triple_a.cn=COLSIZE;triple_a.tn=0;
    for(int row=0;row<ROWSIZE;row++)
        for(int col=0;col<COLSIZE;col++)
            scanf("%d",&Matrix_a[row][col]);
    for(int row=0;row<triple_a.rn;row++)
        for(int col=0;col<triple_a.cn;col++)
            if(Matrix_a[row][col]!=0){
                triple_a.data[k].row=row+1;
                triple_a.data[k].col=col+1;
                triple_a.data[k].Value=Matrix_a[row][col];
                k++;
                triple_a.tn++;}
    for(k=1;k<=triple_a.tn;k++)
        printf("%5d,%5d,%5d\n",triple_a.data[k].row,triple_a.data[k].col,triple_a.data[k].Value);
    posnum(triple_a,pos,num);
    for(k=1;k<=ROWSIZE;k++)
        printf("POS(%d): %5d,NUM(%d): %5d\n",k,pos[k],k,num[k]);
}
```

读者也可在上述算法的基础上略作调整，根据设计需求另行定义 **Pos** 和 **Num** 向量下标 k 的开始位置，使之与 C 语言的二维数组下标描述一致。

3.3 稀疏矩阵压缩存储的应用

与用二维数组存储矩阵相比较，用三元组表压缩存储不仅节约了空间，而且使矩阵的某些运算效率比采用二维数组存储时还高。

3.3.1 稀疏矩阵的转置

矩阵的转置就是将矩阵的行列互换，例如存在一个矩阵 $A_{3\times5}$，将其转置后变为矩阵 $B_{5\times3}$，矩阵 $A_{3\times5}$ 中元素 a_{ij} 与转置后矩阵 $B_{5\times3}$ 中元素 b_{ji} 相等。

采用二维数组存储稀疏矩阵时，转置过程如图 3-10 所示。

$$\begin{bmatrix} 0 & 14 & 0 & 0 & -5 \\ 0 & -7 & 0 & 0 & 0 \\ 36 & 0 & 0 & 28 & 0 \end{bmatrix} \Rightarrow \begin{bmatrix} 0 & 0 & 36 \\ 14 & -7 & 0 \\ 0 & 0 & 0 \\ 0 & 0 & 28 \\ -5 & 0 & 0 \end{bmatrix}$$

图 3-10 矩阵转置

稀疏矩阵非压缩存储，转置算法代码如下：

```
void tran_Matrix(int matrix_a[ROWSIZE][COLSIZE],int matrix_b[COL-SIZE][ROWSIZE])
{
    for(int row=0;row< ROWSIZE;row++)
        for(int col=0;col< COLSIZE;col++)
            matrix_b[col][row]=matrix_a[row][col];
}
```

上述算法实现简单，但由于稀疏矩阵存在大量 0 元素，导致转置过程中存在大量的无效赋值。在稀疏矩阵压缩存储的前提下，可直接对三元组表进行操作，矩阵转置的本质为将矩阵 A 的第 row 行、第 col 列的元素，换到新矩阵 B 的第 col 行、第 row 列上。但仅仅简单交换三元组表内成员行和列的数值，就必须重新对转置后的稀疏矩阵 B 三元组表进行排序，以保证新的稀疏矩阵 B 三元组表按行优先存放，排序算法可能会花费更多的时间。因此，可以直接对稀疏矩阵 A 三元组表内的列进行扫描，为与经典转置方法对应，这里变更之前描述的矩阵下标起始位置，改为从 0 开始，即先寻找列号为 0 的三元组元素，将其逐一按顺序赋值到转置后的稀疏矩阵 B 所对应的三元组表中，再寻找列号为 1 的稀疏矩阵 A 的三元组元素，依次进行，直到所有列搜索完毕，这样所得的转置矩阵 B 的三元组表必然按行优先存放。

采用三元组表实现稀疏矩阵的转置过程如图 3-11 所示。

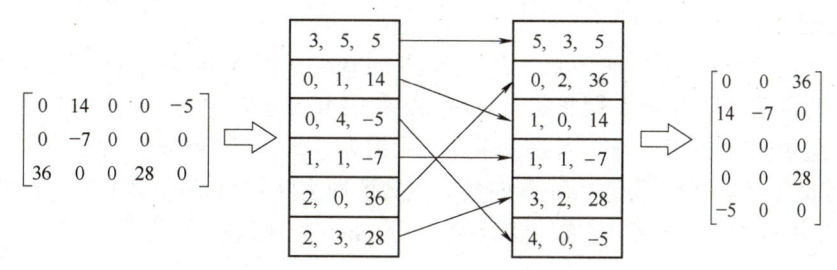

图 3-11 稀疏矩阵的转置（三元组表存储）

算法执行过程为：按从 0~triple_a.cn-1 的列号顺序逐一查找待转置矩阵 **A** 全部非零元素的三元组中的列成员，依次判断是否与待寻找的列号相同，部分代码如下：

```
for(int a_col=0;a_col<triple_a.cn;a_col++)
    for(int a_count=0;a_count<triple_a.tn;a_count++)
        if(triple_a.data[a_count].col==a_col)
```

将三元组表 triple_a 中列号为 a_col 的元素依次赋给 triple_b 中元素，得到转置后矩阵 **B** 的三元组表 triple_b。采用三元组表压缩存储稀疏矩阵的转置算法代码如下：

```
void Trans_TMatrix(Tmatrix triple_a,Tmatrix * triple_b)
{
    int b_count=0;
    triple_b->rn=triple_a.cn;
    triple_b->cn=triple_a.rn;
    triple_b->tn=triple_a.tn;
    if(triple_b->tn==0)
        printf("The Matrix_a=0\n");
    else {
        for(int a_col=0;a_col<triple_a.cn;a_col++)
            for(int a_count=0;a_count<triple_a.tn;a_count++)
                if(triple_a.data[a_count].col==a_col) {
                    (triple_b->data[b_count]).row=triple_a.data[a_count].col;
                    (triple_b->data[b_count]).col=triple_a.data[a_count].row;
                    (triple_b->data[b_count]).Value=triple_a.data[a_count].Value;
                    b_count++;}
    }
}
```

上述算法的时间主要消耗在双重循环的列搜索中，如能够按照待转置稀疏矩阵 **A** 三元组表 triple_a 的行顺序依次进行转置，将元素直接放到转置后稀疏矩阵 **B** 的三元组表 triple_b 中对应的位置上，则效率会得到极大提高，即稀疏矩阵的快速转置方法。

采用三元组表实现稀疏矩阵的快速转置过程如图 3-12 所示。

快速转置方法包含预处理和转置两个部分：

1. 预处理

通过三元组表 triple_a 生成三元组表 triple_b 的 **pos_b** 和 **num_b** 向量，其中 **pos_b** 向量内容为转置后稀疏矩阵 **B** 第 k 行非零元素在三元组表 triple_b 中的起始位置。这里的第 k 行为待转置稀疏矩阵 **A** 的第 k 列，因此，通过三元组表 triple_a 的列成员，统计待转置稀疏矩阵 **A** 的每列非零元素个数计入 **num_b** 向量，该数值即为转置后稀疏矩阵 **B** 每行的非零元素个数。然后，按照式（3-13）完成转置后稀疏矩阵 **pos_b** 向量的计算

第 3 章
线性表扩展

$$\begin{bmatrix} 0 & 14 & 0 & 0 & -5 \\ 0 & -7 & 0 & 0 & 0 \\ 36 & 0 & 0 & 28 & 0 \end{bmatrix}$$

| 3, 5, 5 |
| 0, 1, 14 |
| 0, 4, −5 |
| 1, 1, −7 |
| 2, 0, 36 |
| 2, 3, 28 |

| 5, 3, 5 |
| 0, 2, 36 |
| 1, 0, 14 |
| 1, 1, −7 |
| 3, 2, 28 |
| 4, 0, −5 |

$$\begin{bmatrix} 0 & 0 & 36 \\ 14 & -7 & 0 \\ 0 & 0 & 0 \\ 0 & 0 & 28 \\ -5 & 0 & 0 \end{bmatrix}$$

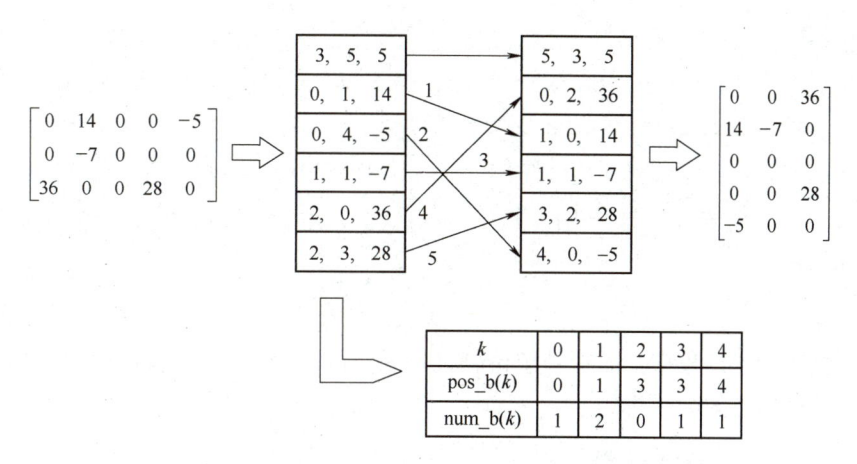

k	0	1	2	3	4
pos_b(k)	0	1	3	3	4
num_b(k)	1	2	0	1	1

图 3-12　稀疏矩阵的快速转置（三元组表存储）

$$\begin{cases} \mathbf{pos\_b}[0]=0 \\ \mathbf{pos\_b}[k]=\mathbf{pos\_b}[k-1]+\mathbf{num\_b}[k-1] \quad k\geqslant 1 \end{cases} \tag{3-13}$$

2. 转置

对稀疏矩阵 A 的三元组表 triple_a 进行二次扫描，依次读取每个三元组的列号 a_col = triple_a. data[a_count]. col，由列号 a_col 通过 **pos_b** 向量找到所对应的转置后稀疏矩阵 B 的 a_col 行在三元组表 triple_b 中的位置 b_loc = **pos_b**[a_col]。然后，将三元组表 triple_a 中的内容复制到三元组表 triple_b 中对应的位置中，注意行列号互换。最后将转置后的稀疏矩阵 B 对应 **pos_b**[a_col] 自加 1，为三元组表 triple_a 中相同列的后续元素标明正确位置。

采用三元组表压缩存储稀疏矩阵的快速转置算法代码如下：

```
void FastTransMatrix(Tmatrix triple_a,Tmatrix * triple_b)
{
    int num_b[COLSIZE],pos_b[COLSIZE]={0};
    triple_b->rn=triple_a.cn;
    triple_b->cn=triple_a.rn;
    triple_b->tn=triple_a.tn;
    if(triple_b->tn==0)
        printf("The Matrix A=0\n");
    else{
        for(int col=0;col<triple_a.cn;++col)
            num_b[col]=0;
        for(int k=0;k<triple_a.tn;++k)
            ++num_b[triple_a.data[k].col];
        for(int col=1;col<triple_a.cn;++col)
            pos_b[col]=pos_b[col-1]+num_b[col-1];
        for(int a_count=0;a_count<triple_a.tn;++a_count){
            int a_col=triple_a.data[a_count].col;
```

```
            int b_loc=pos_b[a_col];
            (triple_b->data[b_loc]).row=triple_a.data[a_count].col;
            (triple_b->data[b_loc]).col=triple_a.data[a_count].row;
            (triple_b->data[b_loc]).Value=triple_a.data[a_count].Value;
            ++pos_b[a_col];}
    }
}
```

在执行快速转置过程中，需额外申请辅助向量空间，因此，快速转置在时间上的节省是以耗费更多的存储空间为代价的。

3.3.2 稀疏矩阵的乘法运算

两个矩阵相乘是矩阵的一种常用运算，如矩阵 $M_{3×4}$ 与矩阵 $N_{4×2}$ 相乘后得到矩阵 $Q_{3×2}$，数学中计算方法如式（3-14）所示：

$$Q[i][j] = \sum_{k=1}^{4} M[i][k] \times N[k][j] \tag{3-14}$$

根据上述公式，传统矩阵相乘算法代码如下：

```
void multiply_M(int M_M[RSIZE][KSIZE],int M_N[KSIZE][CSIZE],int M_Q[RSIZE][CSIZE])
{
    for(int row=0;row<RSIZE;row++)
        for(int col=0;col<CSIZE;col++){
            M_Q[row][col]=0;
            for(int k=0;k<KSIZE;k++)
            M_Q[row][col]+=M_M[row][k]*M_N[k][col];}
}
```

传统矩阵相乘算法中，矩阵中所有元素均需要进行乘法运算。实际上，为 0 的元素没有必要进行计算，仅需将非零元素进行相乘即可。当稀疏矩阵采用三元组表示时，依然根据公式（3-14）原理进行相乘并相加，但由于三元组表内仅存储非零值，因此算法设计过程略有变化，设矩阵 **M**、**N**、**Q** 的三元组表分别 triple_M、triple_N、triple_Q，其相乘算法执行步骤如下：

Step1：设置 M_count 和 Q_count 用于记录 triple_M 和 triple_Q 访问位置，初值为 0。同时，通过三元组表 triple_N 生成 **pos_N** 向量。

Step2：从 0 至 triple_M.rn-1 依次访问矩阵 **M** 的行 row，如果访问未完成执行 Step3；否则执行 Step6。

Step3：判断矩阵 **M** 三元组表中第 M_count 个矩阵元素行号是否等于 row，如等于执行 Step4；否则执行 Step5。

Step4：读取矩阵 **M** 三元组表中第 M_count 个元素列号 k，第 M_count 元素行号为 row。通过 **pos_N** 向量，找出矩阵 **N** 第 k 行在三元组表中的起始位置 pos_N[k]和终止位置N_row_ end-1，将上述位置内元素分别与矩阵 M 三元组表中第 M_count 个的矩阵元素相乘，并自加到 temp[col]中，即执行如下过程：

$$temp[col] += M[row][k] \times N[k][col]$$

其中 col 为 triple_N 中矩阵元素第 k 行所有非零元素的列号。M_count 自加 1，返回 Step3。

Step5：Step3 和 Step4 执行过程等同于计算矩阵 Q 的第 row 行所有 col 列非零元素，并存于数组 temp 中。依次将 temp 中非零值存储于 triple_Q 三元组表中，row 自加 1 返回 Step2，继续计算矩阵 Q 的下一行所有列值。

Step6：结束。

算法代码如下：

```
Tmatrix Mul_Matrix(Tmatrix triple_M,Tmatrix triple_N)
{
    Tmatrix triple_Q;
    int N_row_end=0,M_count=0,Q_count=0;
    int pos_N[triple_N.rn],num_N[triple_N.rn];
    int temp[triple_N.cn];
    triple_Q.rn=triple_M.rn;
    triple_Q.cn=triple_N.cn;
    triple_Q.tn=0;
    for(int row=0;row<triple_N.rn;row++)
        num_N[row]=0;
    for(int N_count=0;N_count<triple_N.tn;N_count++)
        num_N[triple_N.data[N_count].row]++;
    pos_N[0]=0;
    for(int k=1;k<triple_N.rn;k++)
        pos_N[k]=pos_N[k-1]+num_N[k-1];
    for(int row=0;row<triple_M.rn;row++){
        for(int col=0;col<triple_N.cn;col++) temp[col]=0;
        while(row==triple_M.data[M_count].row){
            int k=triple_M.data[M_count].col;
            if(k<triple_N.rn-1)  N_row_end=pos_N[k+1];
            else N_row_end=triple_N.tn;
            for(int i=pos_N[k];i<N_row_end;i++){
                int col=triple_N.data[i].col;
                temp[col]+=triple_M.data[M_count].Value * triple_N.data[i].Value;}
            M_count++;
        }
        for(int col=0;col<triple_N.cn;col++){
            if(temp[col]!=0){
```

```
                triple_Q.data[Q_count].row=row;
                triple_Q.data[Q_count].col=col;
                triple_Q.data[Q_count].Value=temp[col];
                Q_count++;}
        }
    }
    triple_Q.tn=Q_count;
    return triple_Q;
}
```

使用三元组在进行矩阵相加、相减或相乘时，非零元素的个数与位置会发生变化，使三元组表空间预估困难。为了避免上述问题，可以采用十字链表存储稀疏矩阵。链式存储可以很方便地在矩阵运算过程中插入和删除矩阵元素。

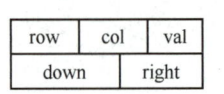

图 3-13 十字链表结点结构示意图

十字链表结点结构如图 3-13 所示。

十字链表结点结构体类型 C 语言定义为：

```
typedef struct Orth_node
{
    int row,col;
    ElementType val;
    struct node * dowm, * right;
};
```

其中，right 指向同一行的下一个非零元素结点，每行的非零结点按列号从小到大由 right 指针链成一个带表头结点的单链表；down 指向同一列的下一个非零元素结点，每列的非零结点按列号从小到大由 down 指针链成一个带表头结点的单链表。十字链表由行链表和列链表组合而成，每个非零元素占有一个存储结点，有两组表头指针，一个存放所有行链表的头指针，一个存放所有列链表的头指针。十字链表的结构如图 3-14 所示。

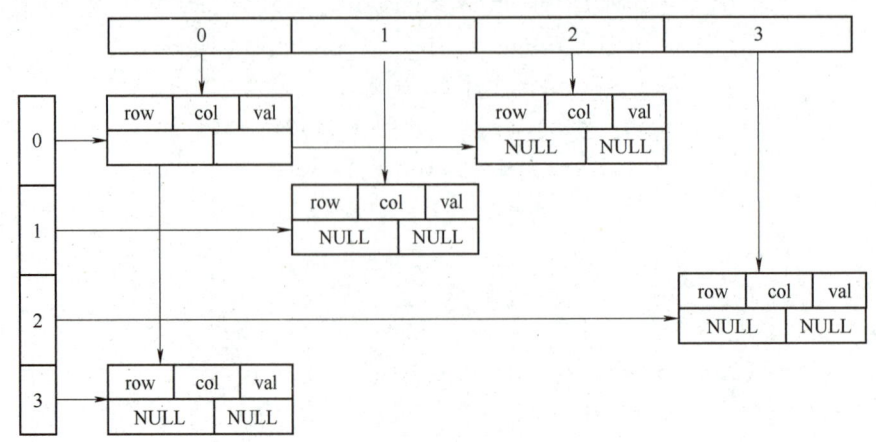

图 3-14 十字链表结构图

3.4 字符串

3.4.1 基本概念

字符串是计算机处理的最基本的非数值数据。由零个或多个任意字符组成的字符序列，一般记作 $str_1 =$ "$a_1 a_2 a_3 a_4 \cdots a_n$"。其中，$a_i$ 为字符串的元素，n 为字符个数，称为字符串长度，空串通常记为 Φ。

字符串中任意连续的字符组成的子序列称为该字符串的子串，包含子串的串为主串。例如：定义一个字符串 $str_1 =$ "zifuchuan"，从中选取任意连续个字符，如 $str_2 =$ "fuc"，则 str_2 为字符串 str_1 的一个子串，str 为主串。

字符串可以采用顺序存储和链式存储两种方式。

1. 顺序存储

字符串顺序存储用一组地址连续的存储单元存储字符串中的字符序列。在 C 语言中可以采用如下方式定义：

```
#define MAXSIZE 256
char str[MAXSIZE];
```

其中，MAXSIZE 为字符串存储空间大小，字符串存储于该空间时，通常情况下不会一次性全部使用完该空间。为方便使用，这时需标注字符串长度，标注字符串长度的几种常用方法如下：

1）采用一个指针或标识符指向字符串的最后一个字符位置，如结构体成员 curlen。

```
例如: typedef struct{
    char str[MAXSIZE];
    int curlen;
}Str_type;
```

2）在字符串尾加入特殊字符，如 '\0'，表示字符串的结尾，C 语言库函数操作字符串时会自动在字符串结尾添加 '\0'。

3）用 str[0] 存放串的实际长度，串值存放在 str[1]~str[MAXSIZE] 中。

2. 链式存储

字符串链式存储可以采用单链表的形式，链表中的每个结点存储一个字符，虽然这种方法便于对字符串进行插入和删除，但由于一个字符就需要一个指针域，导致其空间利用率降低。为提高空间利用率，可以在链表的每个结点中存储多个字符，例如以行为单位，每行对应一个存储节点，字符在结点内是顺序存储，相当于顺序存储和链式存储的混合存储。

1）定长结点链式存储结构的 C 语言定义如下：

```
#define MAXSIZE 80
struct str_node {
```

```
    char line[MAXSIZE];
    int count;
    struct str_node * next;
};
```

其中，MAXSIZE 为链式存储结点能够顺序存储字符的最大个数，count 为当前存储字符的数量，指针 next 指向字符串链表的下一个结点。

2）变长结点链式存储结构的 C 语言定义如下：

```
struct str_node {
    char * str_line;
    int str_max;
    int count;
    struct str_node * next;
};
```

其中，指针 str_line 为存储多个字符的空间首地址；int str_max 为链式存储结点能够存储字符的最大数量，count 为当前存储字符的数量，指针 next 指向字符串链表的下一个结点。

在使用链式存储时，结点的大小会直接影响字符串的处理效率，结点存储的字符少，运算方便，但空间利用率降低；结点存储的字符多，空间利用率高，但运行效率会降低。在实际应用中，所要考虑的因素要复杂得多，因此应根据需求合理确定字符串链式存储结点空间的大小及方式。

3.4.2 字符串的基本操作

通常情况下高级语言都会提供字符串的常用处理函数，如 C 语言中提供了求串长、串比较、串复制、串连接等库函数，下面是字符串顺序存储的部分基本操作。

1. 求串长

求字符串 str 的长度并返回，在顺序存储字符串过程中如采用方式 1、3 标识字符串长度，可直接返回当前长度，如采用方式 2，求字符串长度算法代码如下：

```
int str_Length(char * str)
{
    int len=0;
    for(int i=0;str[i]!='\0';i++)
        len++;
    return len;
}
```

2. 串连接

将字符串 str_2 连接到字符串 str_1 后，生成一个新的字符串，设字符串 str_1 = "abc"，str_2 = "def"。连接后的字符串为 str_1 = "abcdef"，采用字符串尾的 '\0'，作为字符串结束标志，后续算法均按此方法执行。字符串连接时，需保证字符串 str_1 的存储空间能够存放字符串 str_2，MAXSIZE 为字符串 str_1 存储空间长度。

首先，找到字符串 str_1 结束标志位 '\0'；然后，将字符串 str_2 中字符按顺序依次复制到字符串 str_1 结束标志位 '\0' 为起始的后续空间中，扫描到字符串 str_2 标志位 '\0' 时复制结束；最后，在新的字符串 str_1 结尾存入 '\0'。两个字符串连接算法代码如下：

```
int str_Connect(char * str_1,char * str_2)
{
    int str_1_loc,str_2_loc;
    if((str_Length(str_1)+str_Length(str_2))>=MAXSIZE){
        printf("not enough space\n");
        return -1;}
    for(str_1_loc=0;str_1[str_1_loc]!='\0';str_1_loc++);
    for(str_2_loc=0;str_2[str_2_loc]!='\0';str_2_loc++){
        str_1[str_1_loc]=str_2[str_2_loc];
        str_1_loc++;}
    str_1[str_1_loc]='\0';
    return 1;
}
```

3. 串插入

向字符串 str_1 中 pos 位置之前插入字符串 str_2。设字符串 str_1 = "abc"，str_2 = "def" 将字符串 str_2 插入到 str_1 的 1 位置之前，插入后的字符串为 str_1 = "adefbc"，MAXSIZE 为字符串 str_1 存储空间长度。

首先，判断 pos 是否合法及字符串 str_1 剩余空间是否允许插入；然后，采用顺序表插入元素的方式，移动字符串 str_1 中 pos 位置及之后字符为字符串 str_2 留出空间；最后，将字符串 str_2 依次复制到 str_1 预留的空间中。字符串插入算法代码如下：

```
int str_Insert(char * str_1,int pos,char * str_2)
{
    int len=0;
    len=str_Length(str_2);
    if(pos<0||pos>=MAXSIZE){
        printf("wrong position");
        return -1;}
    if(len+str_Length(str_1)>=MAXSIZE){
        printf("not enough space\n");
        return -1;}
    for(int i=str_Length(str_1);i>=pos;i--)
        str_1[i+len]=str_1[i];
```

```
        for(int i=0;i<len;i++)
            str_1[pos+i]=str_2[i];
        return 1;
}
```

4. 串复制

将字符串 str_2 复制到字符串 str_1 中，设 str_1 = "abc"，str_2 = "def"。将字符串 str_2 复制到 str_1 中，复制后的字符串为 str_1 = "def"。

首先，判断字符串 str_1 的存储空间能够存放字符串 str_2，MAXSIZE 为字符串 str_1 存储空间长度。然后，从起始位置开始，逐一将字符串 str_2 中字符复制到字符串 str_1 对应位置。

字符串复制算法代码如下：

```
int str_Copy(char * str_1,char * str_2)
{
    if(str_Length(str_2)>=MAXSIZE){
        printf("not enough space\n");
        return -1;}
    for(int i=0;str_2[i]!='\0';i++)
        str_1[i]=str_2[i];
    return 1;
}
```

5. 子串删除

将字符串 str 中 pos 位置开始的 num 个字符删除，设 str = "abcdef"，将字符串 str 中第 2 个位置开始的 2 个字符删除，删除后的字符串为 str = "abef"。其执行过程与顺序表删除类似。

首先，判断 pos 位置是否正确，及存在删除的 num 个字符。然后，依次将 pos+num 位置为开始的字符向前移动 num 位，直到字符串结束。字符串删除算法代码如下：

```
int str_Delete(char * str,int pos,int num)
{
    if(pos<0||pos>=str_Length(str)-num){
        printf("wrong position");
        return -1;}
    for(int i=pos+num;i<=str_Length(str);i++)
        str[i-num]=str[i];
    return 1;
}
```

6. 输出子串

将字符串 str_1 中 pos 位置起始的 num 个字符复制到字符串 str_2 中，设字符串

str_1="abcdef"，将字符串 str_1 中第 2 个位置开始的两个字符输出，输出后的字符串为 str_2 = "cd"，字符串输出时，需保证 pos 位置正确，及存在输出的 num 个字符。字符串输出子串算法与字符串复制算法相似，代码如下：

```
int str_Substr(char * str_1,int pos,int num,char * str_2)
{
    int i;
    if(pos<0||pos>=str_Length(str_1)-num||num<1){
        printf("wrong position");
        return -1;}
    for(int i=0;i< num;i++)
        str_2[i]=str_1[i+pos];
    str_2[i]='\0';
    return 1;
}
```

7. 串比较

字符串 str_1 和 str_2 中的字符逐个比较，若两个字符串等长且字符均相同则返回 0；若比较过程中字符串 str_1 中字符的 ASCII 码不等于字符串 str_2 中字符 ASCII 码，则返回 ASCII 码差值。字符串比较算法代码如下：

```
int str_Compare(char * str_1,char * str_2)
{
    int i;
    for(i=0;str_1[i]!='\0'&&str_2[i]!='\0';i++)
        if(str_1[i]!=str_2[i])
            return str_1[i]-str_2[i];
    return str_1[i]-str_2[i];
}
```

3.5 字符串的模式匹配

对字符串的操作过程中，会有定位操作。如在字符串 str 中查找是否存在字符串 p。如果存在，返回字符串 p 第一次在字符串 str 中出现的位置，这里字符串 str 也称为主串，字符串 p 称为子串或模式串，在主串 str 中查找子串 p 的过程称为模式匹配。如果在主串 str 中找到 p 子串，则称匹配成功，返回 p 在 str 中首次出现的存储位置，否则返回-1。字符串模式匹配应用较为广泛，如搜索引擎、拼音输入法、编译器等数据处理场合。字符串模式匹配有很多效率不同的算法，本节主要讲解：简单匹配算法、KMP 匹配算法、Sunday 算法和 Shift-And 算法。

3.5.1 简单匹配算法

简单匹配算法设计思想为：从主串的第 1 个字符开始与模式串的第 1 个字符进行比较，如相等再逐个比较后续字符，如果遇到不相等的情况，返回主串第 2 个字符与模式串第 1 个字符进行比较，重复上述过程，直到主串中的一个连续子串与模式串序列中字符均相等，返回模式串在主串中的起始位置，否则匹配不成功，返回-1。

设主串 str = "acabaabaabcacaaabc"，模式串 p = "abaabcac"，简单匹配算法执行过程如下：

（第一趟） acabaabaabcacaaabc
　　　　　 ab

（第二趟） acabaabaabcacaaabc
　　　　　　a

（第三趟） acabaabaabcacaaabc
　　　　　　 abaabc

（第四趟） acabaabaabcacaaabc
　　　　　　　a

（第五趟） acabaabaabcacaaabc
　　　　　　　 ab

（第六趟） acabaabaabcacaaabc
　　　　　　　　abaabcac

如上执行过程，主串 str 第 1 个字符与模式串 p 的第 1 个字符相等，则主串和模式串均向后滑动进行比较，第 2 个字符不相等，发生失配；主串 str 移动到第 2 个字符，模式串 p 返回第 1 个字符进行比较，失配；主串 str 移动到第 3 个字符，模式串 p 返回第 1 个字符进行比较，相等，主串和模式串向后逐一比较，直到失配；主串 str 返回移动到第 4 个字符，模式串 p 返回第一个字符进程比较，失配；当主串 str 移动到第 6 个字符时，后续字符与模式串 p 中字符均相等，则匹配成功，返回位置6。在使用 C 语言完成上述功能时，数组下标对应字符串中字符位置。

简单模式匹配算法代码如下：

```c
int StrIndex_BF(char str[],int str_len,char pattern[],int p_len)
{
    int str_start,s_loc,p_loc;
    for(str_start=0;str_start<str_len- p_len;str_start++)
    {
        for(s_loc=str_start,p_loc=0;p_loc<p_len;p_loc++,s_loc++){
            if(str[s_loc]!=pattern[p_loc])
                break;
            if(p_loc==p_len-1)
                return str_start+1;}
```

```
        }
        return -1;
}
```

算法中，主串字符存储到数组 str 中，模式串字符存储到数组 pattern 中，str_start 记录主串每趟的起始位置，s_loc 记录主串的比较位置，p_loc 记录模式串的比较位置，由于数组下标起始为 0，因此返回匹配位置加 1。

3.5.2　KMP 算法

在字符串简单匹配算法中，每次匹配失败，主串都要返回上次开始位置的下一个字符，重新与模式串进行匹配，效率非常低。

设主串 str = "abcabbaabcac"，模式串 p = "abcac"，存放字符串的数组从下标为 1 的元素开始，0 位置数组元素暂时不用，匹配过程如图 3-15 所示。

	1	2	3	4	5	6	7	8	9	10	11	12
str	a	b	c	a	b	b	a	a	b	c	a	c
p	a	b	c	a	c							
	1	2	3	4	5							

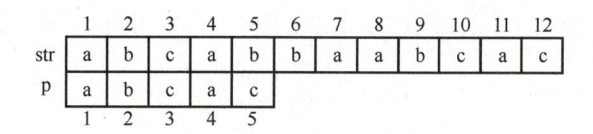

图 3-15　主串 str 与模式串 p 匹配

若采用简单匹配算法，str[5] ≠ pattern[5] 时，后续需从主串 str[2] 开始与模式串 pattern[1] 进行逐一对比，这时 pattern[1] 与 str[2] 和 str[3] 失配，与 str[4] 相等，对比后发现简单匹配算法在重新比较过程中，大部分比较是多余的。

如果在发生失配时，主串和模式串比较位置不回退或部分回退，这样就能够减少比较次数，提高算法的整体效率。基于该思想，D. E. Knuth、J. H. Morris 和 V. R. Pratt 提出 KMP 算法，该算法利用得到的部分匹配信息，使主串 str 直接从失配位置起，继续向右试探，进行匹配尝试，模式串 p 需从失配位置回退，但也不是必须退回到起始位置。

根据上述匹配过程，可以知道失配点 str[5] 前的 str[4] = pattern[4]，并且 pattern[1] 与 pattern[4] 相同，因此可直接将 pattern[1] 跳到 str[4] 处进行对比，中间省去多余的比较。KMP 算法对于模式串 p 中的每个字符，若存在一个整数 k，使得模式串 p 中前 $k-1$ 个字符依次与比较位置 p_loc 的前 $k-1$ 个字符相同，那么在主串与模式串匹配过程中，如在模式串 p_loc 位置处发生失配，模式串可不用回溯，直接将 pattern[k] 与主串 str 失配位置 str[s_loc] 字符进行比较。

设主串 str = "…ebcabaabcac"，模式串 p = "ebcac…"，匹配过程中 pattern[1] 与 pattern[2:p_loc-1] 中的字符都不同，则 pattern[1] 可以跳过 str[s_loc-p_loc+1:s_loc-1]，将模式串 p 直接右移 p_loc-1 个位置，与 str[s_loc] 进行比较适配，如图 3-16 所示（这里 p_loc = 5, s_loc = 6）。

设主串 str = "…ebebbaabcac"，模式串 p = "ebebc…"，已匹配段 pattern[1:p_loc-1] 中，首部有一段与失配点 p_loc 前的一段相同，即 pattern[1:k-1] = pattern[p_loc-k+1:p_loc-1]。可将模式串 pattern[1] 右移至 str[s_loc-k+1] 处，使 pattern[k] 对准失配点 str[s_loc]，与

str[s_loc]进行比较适配，其中pattern[1]~pattern[k-1]位与str[s_loc-k+1]~str[s_loc-1]位相同，不用比较为免配段。如图3-17所示，这里s_loc=6，p_loc=5，k=3。

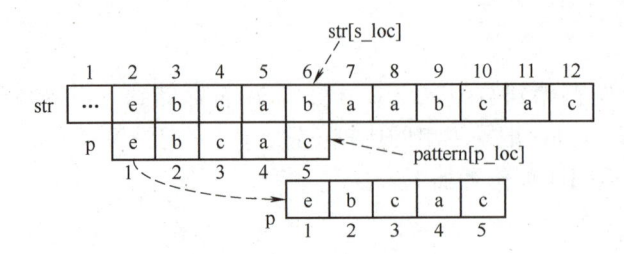

图3-16 KMP算法匹配示例1

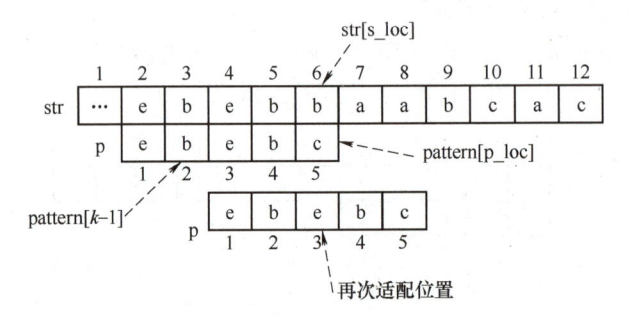

图3-17 KMP算法匹配示例2

为避免匹配过程中发生遗漏，免配段长度 k 在小于模式串长度的前提下应最长，模式串中每个字符的免配段长度 k 与模式串本身有关，与主串无关。模式串中每个字符的免配段长度的匹配信息 k 由函数 next 给出，next 函数定义如式（3-15）所示：

$$\text{next}[p\_loc] = \begin{cases} 0 & p\_loc = 1 \\ k & 1 < k < p\_loc \\ 1 & \text{其他情况} \end{cases} \tag{3-15}$$

其中 k 满足 pattern[1:k-1]=pattern[p_loc-k+1:p_loc-1] 的最大 k。

如有模式串 p="abacabacba"，其 next 函数内的匹配信息见表3-1。

表3-1 next 函数匹配信息

p_loc	1	2	3	4	5	6	7	8	9	10
模式串	a	b	a	c	a	b	a	c	b	a
next[p_loc]	0	1	1	2	1	2	3	4	5	1

1）next[p_loc]=1 时，可以认为模式串第 p_loc 个字符之前无符合 pattern[1:k-1]=pattern[p_loc-k+1:p_loc-1] 的免配段。当比较到 pattern[p_loc]位置发生失配时，模式串 p 回溯到 pattenr[1]与主串 str 失配点 str[s_loc]开始比较。

2）next[p_loc]=k 且大于 1 时，可以认为模式串第 p_loc 个字符之前存在 k-1 个与 pattern[1:k-1] 相同的免配段。当比较到 pattern[p_loc]位置发生失配时，模式串 p 回溯到 pattern[k]与主串 str 失配点 str[s_loc]开始比较。

next 函数值计算是将模式串作为主串与模式串自身进行匹配的过程。模式串长度保存在 len 中，next[0]暂时不用，next[1]赋初值为 0，算法设计中 pattern[s_loc]为主串，pattern[k]为模式串，s_loc 初值赋为 1，匹配主串 pattern[s_loc]的过程中给对应的 next[s_loc+1]赋值，算法执行步骤如下：

Step1：判断 s_loc 是否到主串结尾，若未到执行 Step2；否则执行 Step4。

Step2：若主串 pattern[s_loc]与模式串 pattern[k]失配并且 $k>0$，则根据 next[k]内存储的 k 值进行回溯，跳过免配段，重新进行匹配；否则执行 Step3。

Step3：当 $k=0$，说明模式串 pattern[k]回溯到起始位置，主串 pattern[s_loc+1]之前无符合要求的免配段，将 1 赋给 next[s_loc+1]；或者 pattern[s_loc]=pattern[k]，说明主串 pattern[s_loc+1]前 k 个字符与 pattern[1:k]能够匹配，将 $k+1$ 赋给 next[s_loc+1]。s_loc 向后移动一位，返回 Step1。

Step4：结束。

计算模式串 next 函数值的算法代码如下：

```
void Get_Next(char pattern[],int next[],int len)
{
    int k=0;
    next[1]=0;
    for(int s_loc=1;s_loc<len;s_loc++){
        while(k>0&&pattern[s_loc]!=pattern[k])
            k=next[k];
        if(k==0||pattern[s_loc]==pattern[k]){
            k++;
            next[s_loc+1]=k;}
    }
}
```

根据模式串 p 生成的 next 函数值执行 KMP 算法，执行过程与 next 函数值生成过程类似。这里主串为 str，模式串为 p，根据 next 函数值进行匹配。算法执行步骤如下：

Step1：判断主串或模式串是否到结尾，若未到执行 Step2；否则执行 Step5。

Step2：模式串匹配位置 p_loc=0 或者模式串 p_loc 位置与主串 s_loc 位置字符相同执行 Step3；若均不满足，执行 Step4。

Step3：模式串与主串匹配位置均自加 1，执行 step1。

Step4：主串 s_loc 与模式串 p_loc 位置失配，同时模式串没有返回到起点，则根据 next[p_loc]内存储的数值进行回溯，跳过免配段，同时返回 Step1。

Step5：如果模式串扫描到结尾返回匹配位置；否则返回-1。

KMP 算法代码如下：

```
int Str_KMP(char str[],char pattern[],int pos,int next[])
{
```

```
        int s_loc=pos,p_loc=1;
        int str_len=str_Length(&str[1]);
        int p_len=str_Length(&pattern[1]);
        while(s_loc<=str_len && p_loc<=p_len){
            if(p_loc==0||str[s_loc]==pattern[p_loc]){
                p_loc++;
                s_loc++;}
            else
                p_loc=next[p_loc];
        }
        if(p_loc >p_len)
            return s_loc-p_len;
        else
            return -1;
    }
```

KMP算法主函数代码如下：

```
int main()
{
    char str[100],pattern[12];
    int next[11];
    int index;
    gets(&str[1]);
    gets(&pattern [1]);
    Get_Next(pattern,next,str_Length(&pattern[1]));
    index=Str_KMP(str,pattern,1,next);
    if(index==-1)
        printf("unsuccessful ");
    else
        printf("success,position:%d",index);
    return 0;
}
```

3.5.3 Sunday 算法

Sunday 算法设计思想是在匹配失败时关注主串 str 中参加匹配的最末位字符的下一位字符。如果该字符没有在模式串 p 中出现，则直接跳过，即移动步长=模式串长度+1；否则，移动步长=模式串中最右端的该字符到末尾的距离+1。

设主串 str="…abcahaacfbc…"，模式串 p="acfb"，主串 str 长度为 str_len，模式串 p 长度为 p_len，存储字符串数组下标从 0 开始匹配，当匹配到主串的第 s_loc+1 位置字符时失配，如图 3-18 所示。

```
                 s_loc         s_loc+p_len
str  ···  | a | b | c | a | h | a | a | c | f | b | c | c |
          | p   a   c   f   b |  → 移动p_len+1
```

图 3-18 Sunday 算法匹配示例 1

主串的 str[s_loc+1]字符'b'与模式串的 pattern[1]字符'c'不相等，同时主串与模式串的 pattern[p_len-1]对应位置字符的后一个 str[s_loc+p_len]字符'h'没有出现在模式串中，这时模式串整体向右移动 p_len+1，移动后如图 3-19 所示。

```
                             s_loc     s_loc+p_len
str  ···  | a | b | c | a | h | a | a | c | f | b | c | c |
                      | p   a   c   f   b | → 移动1
```

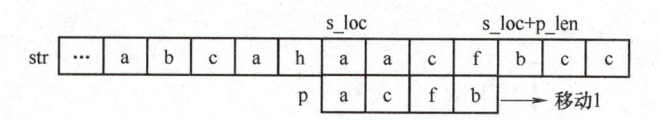

图 3-19 Sunday 算法匹配示例 2

主串的 str[s_loc+1]字符'a'与模式串的 pattern[1]字符'c'不相等，但主串与模式串的 pattern[p_len-1]对应位置字符的后一个 str[s_loc+p_len]字符'b'出现在模式串 pattern[p_len-1]位置处。这时模式串整体向右移动 0+1，移动后如图 3-20 所示。至此，匹配成功。

```
                                 s_loc     s_loc+p_len
str  ···  | a | b | c | a | h | a | a | c | f | b | c | c |
                              | p   a   c   f   b |
```

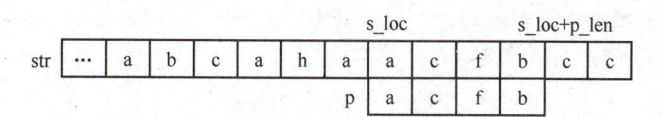

图 3-20 Sunday 算法匹配示例 3

由上述匹配过程可以看出，Sunday 算法执行中发生失配时，模式串移动距离由主串字符 str[s_loc+p_len]在模式串中出现的最后位置决定，定义线性表 dis_table 用于存储主串中字符的移动距离，表 dis_table 大小为 128，字符 ASCII 码对应表 dis_table 的数组下标。设模式串 p="acfb"，主串 str="···abcahaacfbc···"，主串中字符对应的移动距离见表 3-2。

表 3-2 线性表 dis_table

主串字符	a	b	c	d	e	f	g	h	···	···
移动距离	3	0	2	4	4	1	4	4	···	···

其中'a''b''c''f'字符在模式串中出现过，移动距离为其距离模式串最后一个字符'b'的距离，未在模式串中出现的主串字符移动距离为模式串长度 p_len。当发生失配时，仅需要查找主串对应位置的字符在表 dis_table 中数值，将其加 1，生成模式串移动距离。

Sunday 算法执行步骤为：

Step1：使用循环依次对具有 128 个字符的移动距离表 dis_table 赋初值，初值为模式串长度 p_len，执行 Step2。

Step2：依次扫描模式串中字符 pattern[p_loc]，p_loc 从 0~p_len-1，对模式串中出现字符将其在表 dis_table 中对应位置赋值移动距离 p_len-p_loc-1，如果模式串中有相同字符，则保留最后出现的距离，执行 Step3。

Step3：主串从位置 s_loc 开始依次与模式串内字符逐一比较，直到模式串结尾，期间如全部相等返回匹配位置；否则读取失配时主串 s_loc+p_len 位置字符的 dis_table 表中移动距离，将移动距离加到主串当前位置 s_loc 上，得到新的主串起始地址。重复 Step3 过程，直到主串访问位置 s_loc 等于 str_len-p_len，结束匹配，返回-1。

Sunday 算法代码如下：

```
int Str_Sunday(char * str,char * pattern)
{
    int p_len,str_len;
    int dis_table[128]={0};
    if(str==NULL||pattern==NULL)
        return -1;
    p_len=str_Length(pattern);
    str_len=str_Length(str);
    for(int i=0;i<128;i++)
        dis_table[i]=p_len;
    for(int p_loc=0;p_loc< p_len;p_loc++){
        int temp=pattern[p_loc];
        dis_table[temp]=p_len- p_loc-1;}
    for(int s_loc=0;s_loc<=str_len- p_len;){
        int p_loc=0;
        while(p_loc<p_len){
            if(str[s_loc+p_loc]!=pattern[p_loc])    break;
            p_loc++;}
        if(p_loc==p_len)   return s_loc+1;
        else {
            int temp=str[s_loc+p_len];
            s_loc+=dis_table[temp]+1;}
    }
    return -1;
}
```

3.5.4 Shift-And 算法

Shift-And 算法设计思想是根据模式串 p 内字符预先进行编码，再根据这种编码形式通过位运算去与主串 str 内字符进行匹配。

设主串 str="fababcabeeg"，模式串 p="abcabe"，主串 str 长度为 str_len，模式串 p 长度

为 p_len，存储字符串数组下标从 0 开始匹配。根据字符在模式串中从左到右出现的位置进行编码，p_loc 的 0 位为最低位，编码宽度为模式串的长度。如字符'a'出现在长度为 6 的模式串中的第 0 位和第 3 位，编码为 001001；字符'b'出现在长度为 6 的模式串中的第 1 位和第 4 位，编码为 010010。未在模式串中出现的字符编码均为 0，如字符'd'未在模式串中出现，因此编码为 000000。字符编码部分结果见表 3-3。

表 3-3 部分字符编码的二进制表示

模式串	a	b	c	a	b	e
p_loc	0	1	2	3	4	5
code[a]	1	0	0	1	0	0
code[b]	0	1	0	0	1	0
code[c]	0	0	1	0	0	0
code[d]	0	0	0	0	0	0
code[e]	0	0	0	0	0	1

编码完成后存储于数组 code 中。主串与模式串匹配过程中，通过匹配状态码 p_state 反映匹配状态，匹配状态码与主串字符在数组 code 中的编码以二进制形式进行位操作。依次扫描主串内字符时，持续更新匹配状态码。

如主串 str="fababcabeeg"扫描到字符 str[2]='b'时，上一字符'a'对应的匹配状态码 p_state 为 000001，继续判断 str[2] 与模型串中字符'b'的位置是否匹配，字符'b'编码 code 为 010010，采用（p_state<<1 | 1）&code[str[s_loc]] 操作更新匹配状态码，得匹配状态码为 000010，表示主串字符 str[2] 位置能和模式串 p="abcabe"中的"ab"完全匹配，如主串与模式串内字符能够逐一匹配，那么匹配状态码 p_state 内为 1 的最高位会依次向左移动。如匹配状态码的第 p_len-1 位为 1 时，说明模式串与主串匹配成功，返回 s_loc-(p_len-1)+1，其中 s_loc 为主串扫描到的当前位置，p_len 为模式串长度。

还以主串 str="fababcabeeg"，模式串 p="abcabe"为例，具体的匹配过程如图 3-21 所示。

图 3-21 Shift-And 算法匹配过程

算法代码如下：

```c
#include<stdio.h>
#include<string.h>
int Str_shift_and(char * str,char * pattern)
{
    int code[256]={0};
    int p_loc,p_len,str_len;
    p_len=str_Length(pattern);
    str_len=str_Length(str);
    for(p_loc=0;p_loc< p_len;++p_loc)
        code[pattern[p_loc]] |=(1<< p_loc);
    int p_state=0;
    for(int s_loc=0;s_loc< str_len;s_loc++){
        p_state=(p_state<< 1 |1)& code[str[s_loc]];
        if(p_state &(1<<(p_len-1)))
            return s_loc-(p_len-1)+1;}
    return -1;
}
```

3.5.5 字符串模式匹配应用

如有一篇英文短文，需要检索其中某个单词在该短文中出现的位置和次数，设该单词不是短文中出现的其他单词的一部分，可将该短文存储于字符数组 str 中，设为主串。需检索的单词存储于数组 pattern，设为模式串。变量 count 记录出现的次数，数组 loc 记录每次匹配的位置。采用上述模式匹配方法即可完成该功能，这里采用 Sunday 算法。

算法代码如下：

```c
#include<stdio.h>
#include<string.h>
int main()
{
    char str[100],pattern[10],count=0,loc[10]={0};
    int index;
    gets(str);
    gets(pattern);
    int start=0;
    while(1){
        index=Str_Sunday(&str[start],pattern);
        if(index!=-1){
```

```
            count++;
            loc[count]=index+loc[count-1];
            start=loc[count];}
        else
            break;
    }
    for(int i=1;i<=count;i++)
        printf("index:%d,position:%d\n",i,loc[i]);
    return 0;
}
```

习　　题

一、单项选择题

1. 在 C 语言中，int a[8][12]定义了一个二维数组 a，每个整型元素占用 4 个存储单元，假定该数组的首地址为 2350，则数组元素 a[6][10]的字节地址为（　　）。

　　A）2678　　　　　B）2682　　　　　C）2654　　　　　D）2650

2. 有一个 5×5 的下三角矩阵 A[1…5，1…5]，若采用按行顺序进行存储，每个元素占用 8 个字节，A_{22}地址为 2000，则 A_{32}元素的字节地址为（　　）。

　　A）2008　　　　　B）2016　　　　　C）2024　　　　　D）2032

3. 设有一个 10 阶的对称矩阵，采用压缩存储方式，以行序为主存储，A[0][0]为第一元素，其存储地址为 1，每个元素占一个地址空间，则 A[7][4]的地址为（　　）。

　　A）13　　　　　　B）18　　　　　　C）33　　　　　　D）40

4. 已知上三角矩阵 A[1…8，1…8]的每个元素占 2 个单元，现将其按列存放在一维数组 B[1…36]中，B[1]地址为 2000，则 A[3,4]的地址为（　　）。

　　A）2014　　　　　B）2016　　　　　C）2018　　　　　D）2020

5. 设模式串 p＝"abcdabcd"，则 KMP 算法中 next[k] 数组值为（j≥1）（　　）。

　　A）00123412　　　B）01111234　　　C）01232412　　　D）11213412

6. 设有两个字符串 str 和 p，求 p 在 str 中首次出现的位置的运算是（　　）。

　　A）串复制　　　　B）串连接　　　　C）输出子串　　　D）模式匹配

7. 设目标字符串 str＝"abccdcdccbaa"，模式串 p＝"cdcc"，采用 KMP 算法第（　　）次匹配成功。

　　A）4　　　　　　　B）5　　　　　　　C）6　　　　　　　D）7

8. 采用 Sunday 算法进行模式匹配，设主串 str＝"abcegafabacfbgsbaa"，模式串 p＝"acfb"，主串中字符 abcefgs，所对应的移动距离分别为（　　）。

　　A）2013233　　　　B）3024144　　　C）1234567　　　D）4135255

9. 在执行简单的串匹配算法时，最好的情况为每次匹配比较不等的字符出现的位置均（　　）。

　　A）模式串的最末字符　　　　　　　B）主串的第一个字符
　　C）模式串的第一个字符　　　　　　D）主串的最末字符

10. 若字符串 str＝"abcdefghef"，其字符串长度为（　　）。

　　A）1　　　　　　　B）10　　　　　　C）11　　　　　　D）无法统计

11. 两个字符串相等的意思是字符串的（　　）相等。

A）长度 B）对应位置字符
C）存储空间 D）A 和 B 均满足

12. 在执行简单的串匹配算法时，最坏的情况为每次匹配比较不等的字符出现的位置均（　　）。

A）模式串的最末字符 B）主串的第一个字符
C）模式串的第一个字符 D）主串的最末字符

13. 设模式串 p = "aaabaaaaac"，则 KMP 算法中 next 数组值为（　　）。

A）0123123444 B）0112123423
C）0123123423 D）0112123444

14. 采用 Shift-And 算法进行模式匹配，设主串 str = "saefbaefbafbafca"，模式串 p = "aefbaf"，则字符 f 的编码为（　　）。

A）001001 B）100010 C）100100 D）010001

二、问答题

1. 某稀疏矩阵如下所示：

（1）用三列二维数组表示该矩阵（假设数组下标从 1 开始）。

（2）写出对应的 **Pos** 与 **Num** 向量，填入表中。

$$\begin{bmatrix} 1 & 3 & 0 & 0 & 0 & -7 \\ 0 & 0 & 2 & 0 & 0 & 0 \\ 0 & 4 & 0 & 0 & 0 & 0 \\ 0 & 0 & 6 & 0 & 10 & 0 \\ 0 & 0 & 0 & 0 & 0 & 0 \\ 0 & 7 & 0 & 5 & 0 & 0 \end{bmatrix}$$

k	1	2	3	4	5	6
Pos（k）						
Num（k）						

2. 某稀疏矩阵如下所示：

（1）用三列二维数组表示该矩阵（假设数组下标从 1 开始）。

（2）写出对应的 **Pos** 与 **Num** 向量，填入表中。

$$\begin{bmatrix} 0 & 0 & -2 & 0 & 4 & 0 \\ 0 & 0 & 0 & 0 & 0 & 0 \\ 0 & -1 & 0 & 0 & 3 & 0 \\ 4 & 0 & 0 & 0 & 0 & 12 \\ 0 & 0 & 0 & 5 & 0 & 0 \\ 0 & 0 & 9 & 0 & 0 & 0 \end{bmatrix}$$

k	1	2	3	4	5	6
Pos（k）						
Num（k）						

三、设计题

1. 设计算法，实现上三角矩阵压缩存储并输出上三角矩阵的第 k 行非零元素。

2. 设计算法，两个稀疏矩阵采用三元组表方式压缩存储，在此基础上求两个矩阵之和。
3. 设计算法，两个稀疏矩阵采用三元组表方式压缩存储，在此基础上求两个矩阵之差。
4. 设计算法，实现字符串的逆序存储，要求不申请额外的存储空间。
5. 设计算法，求字符串 str 中出现的一个最长重复子串及其位置，字符串采用顺序存储。
6. 设计算法，统计模式串 p 在主串 str 中出现的次数。
7. 设计算法，删除字符串中所有值等于指定字符的字符。

第 4 章　树和二叉树

第 2、3 章介绍的都是线性结构，但在现实生活中，大部分事物之间的关系都是非常复杂的，有的是一对一的关系、有的是一对多的关系，例如家族的族谱、公司的组织结构关系、文件系统等。树结构通常用来描述一对多的关系，本章主要讲解树和二叉树的结构及应用，要求掌握以下主要内容：

- 树及二叉树的性质和存储方式
- 二叉树的创建、遍历及基本操作
- 线索二叉树的创建和遍历
- 二叉树的应用及相关算法实现

4.1　树

4.1.1　树的定义和基本术语

树是将结点按照层次结构组织起来的数据结构，为非线性结构。具有层次性的数据对象描述都可以用树来构造。

树是一个或多个结点的有限集合，该有限集合满足如下条件：

1）每一个结点直接相连的前驱结点称为**父结点**，即每个结点的唯一前件；没有前件的结点称为**根结点**，根结点具有唯一性；

2）其余结点被分为多个互不相交的集合，其中每个集合都是一颗树。

树的逻辑结构如图 4-1 所示。

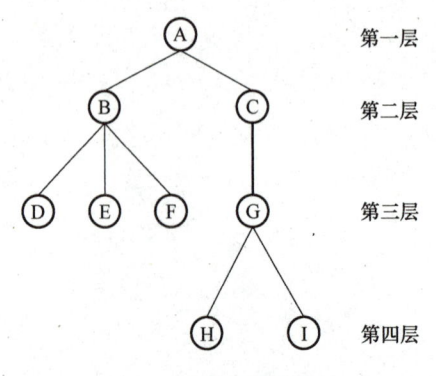

图 4-1　树逻辑结构

该树形结构中，A 结点为根结点，D、E、F、H、I 结点为叶子结点，B 结点为 D、E、

F 结点的父结点，D、E、F 结点为 B 结点的子结点，D、E、F 结点互为兄弟结点。

介绍树的过程中涉及部分树的术语，树的基本术语如下：

子结点：结点的后继结点。如图 4-1 中 B 的子结点为 D、E、F。

叶子结点：没有后继子结点的结点，也称终端结点。如图 4-1 中 D、E、F、H、I 均为叶子结点。

兄弟结点：同一父结点的子结点之间互称为兄弟结点。如图 4-1 中 D、E、F 互为兄弟结点，H、I 互为兄弟结点。

结点的度：树中一个结点所拥有后继结点个数为该结点的度。如图 4-1 中 A 结点的度为 2，B 结点的度为 3。

树的度：结点中最大的度为树的度。如图 4-1 树中的结点度最大的为 B，其结点的度是 3，因此树的度为 3。

树的层次：从根开始定义，根为第一层，根的子结点为第二层，以此类推为树的层。如图 4-1 中 D、E、F、G 为第三层，H、I 为第四层。

树的深度（高度）：树的最大层次为树的深度或高度。如图 4-1 中树的高度为 4。

简单路径：为一个依次连接的不重复结点序列，在路径中任意两个相邻结点，互为父子关系。如图 4-1 中 ABD 为一路径。

路径长度：从一个结点到另一个结点所经过的分支数量。如图 4-1 中 ABD 路径长度为 2。

有序树和无序树：树中各结点的子结点按照一定次序排列，这样树为有序树。反之，为无序树。

森林：由 $m(m \geq 0)$ 棵互不相交的树的集合称为森林。

4.1.2 树的存储方法

树的逻辑结构为层次结构，树在内存中可采用不同的存储方式。以图 4-2 所示树结构形式为例，采用不同的存储形式进行分析。

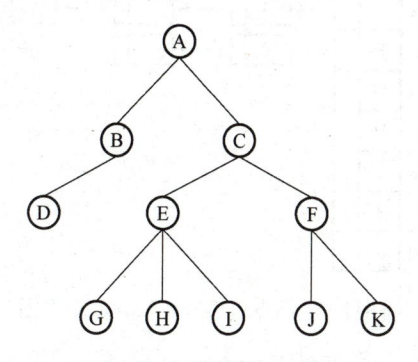

图 4-2 树结构形式示例

1. 双亲表示法

双亲表示法实现过程为用一个一维数组存储每个结点的信息及其父结点在该数组中的位置。树中所有结点存放顺序为从上到下、从左到右。每个数组元素的第一个成员为结点信息，第二个成员为该结点的父结点在一维数组中的下标，根结点无父结点，对应的数组下标为-1。这种存储方法寻找每一个结点的父结点很容易，但寻找结点的子结点困难，需要遍历整个数组。如图 4-3 所示为双亲表示法存储示意图。

A	B	C	D	E	F	G	H	I	J	K
-1	0	0	1	2	2	4	4	4	5	5

图 4-3　双亲表示法存储示意图

双亲表示法存储类型的 C 语言定义如下：

```
#define MAXSIZE 80
typedef struct
{
    ElementType data;
    int parent_pos;
}Parent_TreeNode;
Parent_TreeNode tree_element[MAXSIZE];
```

2. 子结点链表表示法

子结点链表表示法实现过程为将树中每个结点按从上到下、从左到右的顺序依次存放在一维数组中。同时每个结点的子结点采用单链表方式存储并链接起来。每个结点的子结点链表的头指针，存放在该结点所在的一维数组元素内。子结点链表表示法便于实现对子结点的操作，不便于父结点的操作。如图 4-4 所示为子结点链表表示法存储示意图。

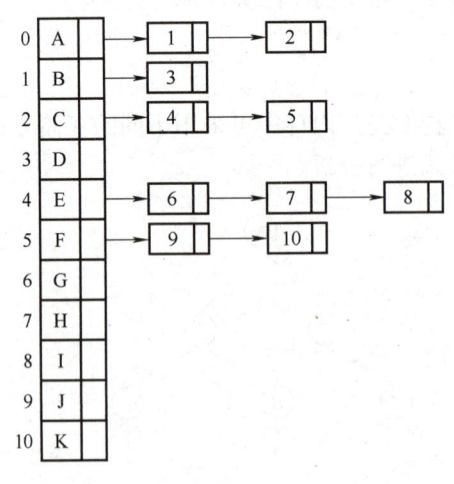

图 4-4　子结点链表表示法存储示意图

子结点链表表示法存储类型的 C 语言定义如下：

```
#define MAXSIZE 9
struct childnode
{
```

```
        int child_pos;
        struct childnode * next_child;
    };
typedef struct
{
    ElementType data;
    struct childnode * firstchild;
}Child_Treenode;
Child_Treenode Tree_Head_Node[MAXSIZE];
```

子结点单链表结点结构体类型为 struct childnode，其中成员 child_pos 存储该子结点在顺序表中的位置，成员 *next_child 指向下一个子结点。顺序表结点结构体类型为 Child_Treenode，其中成员 data 存储结点信息，成员 *firstchild 为指向子结点链表的头指针。顺序表 Tree_Head_Node 存放每个结点的信息及该结点子结点单链表的头指针。

3. 二叉链表表示法

二叉链表表示法以二叉链表作为树的存储结构。每个结点有一个数据域和两个指针域，结点结构如图 4-5 所示。

二叉链表表示法结点结构体类型的 C 语言定义如下：

子结点	数据域	右兄弟
firstchild	data	rightsibling

图 4-5　二叉链表表示法的结点结构

```
struct tree_node
{
    ElementType data;
    struct tree_node * firstchild;
    struct tree_node * rightsibling;
};
```

链表中结点的二个指针域，其中 *firstchild 指向该结点的左边第一个子结点，*rightsibling 指向该结点的右边最近的兄弟结点，指针域内为空（NULL）用 0 表示。采用二叉链表表示法的存储结构如图 4-6 所示。

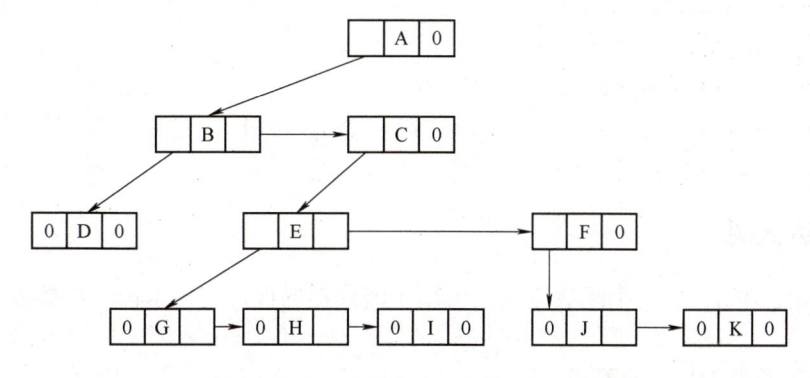

图 4-6　二叉链表表示法存储结构示意图

4.1.3 树的性质

性质 1：非空树中的结点总数等于树中所有结点度的和加 1。

证明：由树的表现形式可以看出，除根结点外，每一个结点对应一个分支，可以得出结点数=分支总数+1，而每个结点的后继结点个数为度，其与该结点的后继分支数一致，因此可以得出性质 1 的结论。

性质 2：度为 k 的非空树的第 i 层最多有 k^{i-1} 个结点。

证明：采用归纳法证明：

1）当 $i=1$ 时，只有一个根结点，$k^0=1$。

2）当 $i=2$ 时，由树的度为 k 可知，每个结点的度最多为 k，因此第 2 层最多有 $k^1=k$ 个结点。

3）那么，第 $i-1$ 层至多有 k^{i-2} 个结点。

因此，第 i 层上最大结点数是第 $i-1$ 层的 k 倍，即 $k \times k^{i-2} = k^{i-1}$。故证明性质成立。

性质 3：深度为 h 的 k 叉树最多有 $(k^h-1)/(k-1)$ 个结点。

证明：由性质 2 可知，度为 k 的非空树的第 i 层最多有 k^{i-1} 个结点，因此，深度为 h 的非空树最多有 s 个结点

$$s = k^0 + k^1 + \cdots + k^{h-1} \tag{4-1}$$

将等式两侧分别乘上 k 得

$$ks = k^1 + k^2 + \cdots + k^h \tag{4-2}$$

式（4-2）-式（4-1）得出

$$(k-1)s = k^h - k^0$$

因此，结点总数 s 为 $(k^h-1)/(k-1)$。

【**例 4-1**】 对于一颗具有 n 个结点，度为 4 的树，树的深度最多为多少？

解：树的度为树中结点最大的度，要使树的深度达到最大，度为 4 的结点最多只能有一个，其余结点度均应小于等于 1，因此除度为 4 的结点所在层有 4 个结点外，其他层均最多有一个结点，这样可得树的最大深度为 $n-3$。

【**例 4-2**】 若一颗树有 n_1 个度为 1 的结点，n_2 个度为 2 的结点，$\cdots$，n_m 个度为 m 的结点，求树中叶节点的个数。

解：设树中叶子结点个数为 n_0。

树的结点总和为 $n_0 + n_1 + n_2 + \cdots + n_m$。

树的结点的度的和为 $n_1 \times 1 + n_2 \times 2 + \cdots + n_m \times m$。

由性质 1 可知 $n_0 + n_1 + n_2 + \cdots + n_m = n_1 \times 1 + n_2 \times 2 + \cdots + n_m \times m + 1$。

因此，可以得出 $n_0 = n_2 + n_3 \times 2 + \cdots + n_m \times (m-1) + 1$。

4.1.4 表达式树

表达式树是树结构的一个经典应用，可用于编译器的设计。树结构的算数表达式遵循如下规则：

1）每个运算符对应一个结点。

2）运算符的每一个运算对象从左到右构建为对应结点的子树。

3）变量均为叶子结点。

【例 4-3】 将表达式 p/s+a×(b×c+d)-g/f(e,h,x×y) 以表达式树的形式描述。

解： 如图 4-7 和图 4-8 所示。

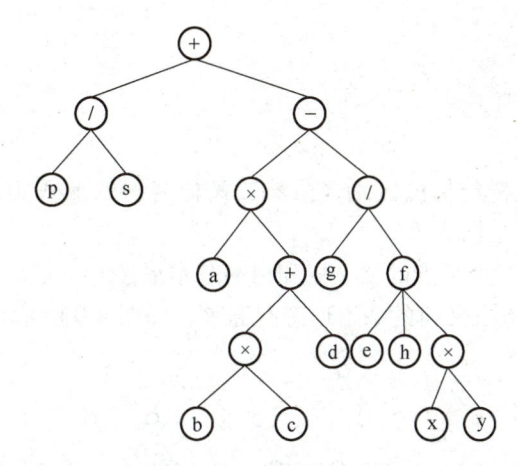

图 4-7　表达式树示意图 1

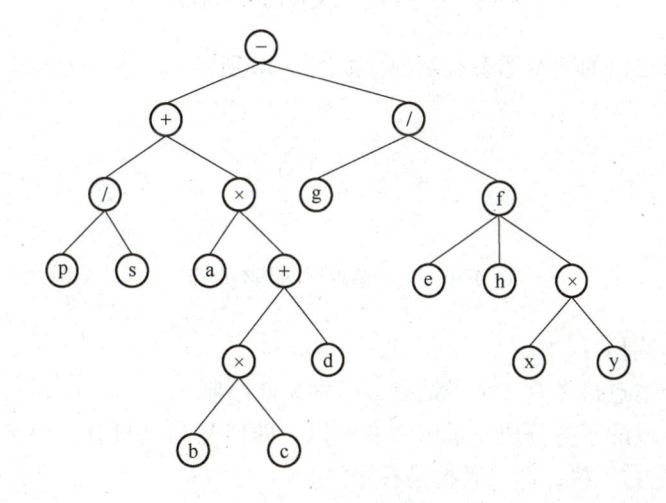

图 4-8　表达式树示意图 2

由上例 4-3 可以看出，由表达式生成的表达式树并不唯一。表达式树可以应用在表达式计算中，首先通过表达式树生成后缀表达式，再利用栈完成计算。具体的实现过程后续会详细介绍。

4.2　二叉树

4.2.1　二叉树的基本概念

二叉树是 $n(n \geq 0)$ 个结点的有限集合，它或为空树（$n=0$）或由一个根结点和两棵分别称为左子树和右子树的互不相交的树构成。根据定义可知，二叉树任意结点的度最大为

2，并且与树不同的是二叉树的子结点区分左右。

二叉树的基本形态有以下 5 种：

1）空。

2）单个结点。

3）左子树为空。

4）右子树为空。

5）左右子树均非空。

由下例可以看出二叉树与树的区别，虽然二叉树与树的形式相似，但在概念上与树不同，为两种不同的非线性结构。

【例 4-4】 描述具有三个结点的二叉树和树的基本形态。

解：1）具有三个结点二叉树的基本形态有五种，如图 4-9 所示。

图 4-9 三个结点二叉树的基本形态

2）具有三个结点树的基本形态有两种，如图 4-10 所示。

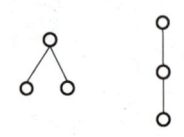

图 4-10 三个结点树的基本形态

二叉树与树的区别为：

1）二叉树每个结点最多有 2 个子结点，树则无此限制。

2）二叉树中结点的子树分成左子树和右子树，即使某结点只有一棵子树，也要指明该子树是左子树，还是右子树，即二叉树是有序的。

3）树不能为空，至少应有一个结点，而二叉树可以为空。

4.2.2 二叉树的性质

性质 1：在二叉树的第 i 层上，最多有 2^{i-1} 个结点。

证明：证明过程采用归纳法，实现过程同树的性质 2。

性质 2：深度为 h 二叉树最多有 2^h-1 个结点。

证明：证明过程同树的性质 3，公式 $(k^h-1)/(k-1)$ 的 k 为 2，因此性质结论成立。

性质 3：任意二叉树（非空）度为 0 的结点总是比度为 2 的结点多 1 个。

证明：设 n_1 为二叉树中度为 1 的结点数，n_0 为叶子结点数，n_2 为度为 2 的结点数。根据二叉树定义可知结点总数 n 为

$$n = n_0 + n_1 + n_2 \tag{4-3}$$

又根据树的性质 1 可知

$$n = n_1 + 2 \times n_2 + 1 \tag{4-4}$$

由式（4-3）和式（4-4）可得

$$n_0 + n_1 + n_2 = n_1 + 2 \times n_2 + 1$$

证明得：$n_0 = n_2 + 1$，因此性质结论成立。

性质 4：具有 n 个结点的二叉树，其深度 h 至少为 $\lfloor \log_2 n \rfloor + 1$，其中 $\lfloor \log_2 n \rfloor$ 表示取整。

证明：深度为 h 的二叉树其结点个数 n 最多为：$2^h - 1$，其前 $h-1$ 层的结点个数最多为 $2^{h-1} - 1$，因此可以得出如下结论：

$$2^{h-1} \leqslant n < 2^h$$

两边取对数得

$$\log_2 n < h$$

得

$$h \geqslant \lfloor \log_2 n \rfloor + 1 \tag{4-5}$$

因此性质结论成立。

【例 4-5】 二叉树中度为 2 的结点 15 个，度为 1 的结点 10 个，有多少个叶子节点？

解：根据二叉树性质 3 可知 $n_0 = n_2 + 1$，因此，叶子结点个数为 16 个。

4.2.3　满二叉树和完全二叉树

满二叉树和完全二叉树是两种特殊的二叉树。

1. 满二叉树

一颗深度为 h 且有 $2^h - 1$ 个结点的二叉树称为满二叉树。满二叉树的结点总数一定是奇数，如图 4-11 所示。

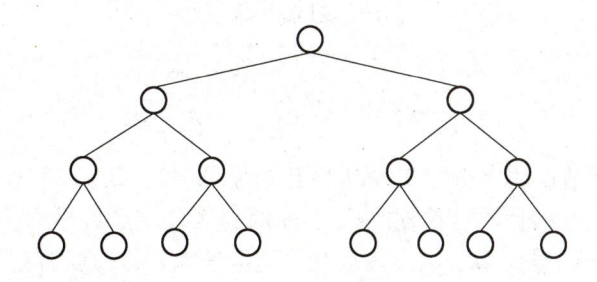

图 4-11　满二叉树

满二叉树性质：

性质 1：深度为 h 的满二叉树，共有 $2^h - 1$ 个结点。

性质 2：若对满二叉树结点进行编号（1，2，3，…，n），编号原则为从上到下，从左到右，对某结点 i，其左子结点编号为 $2i$，右子结点为 $2i+1$，若 $i>1$ 则结点的父结点编号为 $\lfloor i/2 \rfloor$。

2. 完全二叉树

深度为 h 的二叉树，$h-1$ 层以上结点总数为最大值，最后一层只缺少右边若干结点的二叉树称为完全二叉树。满二叉树是完全二叉树，但完全二叉树不一定是满二叉树。完全二树如图 4-12 所示。图 4-13 所示就不是完全二叉树。

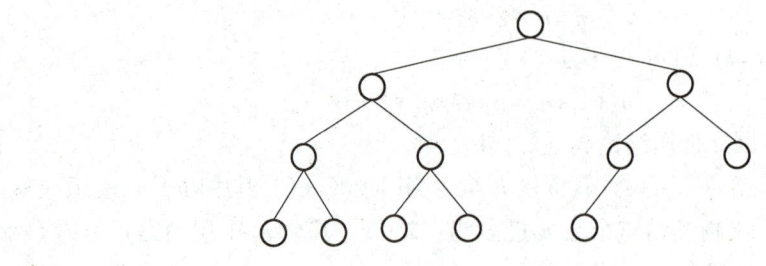

图 4-12　完全二叉树

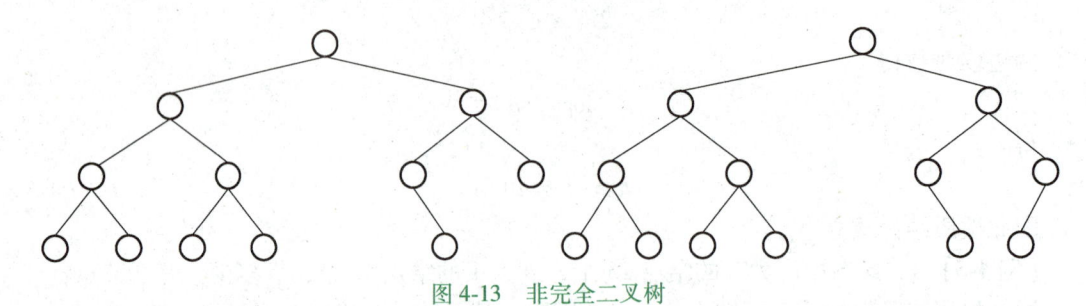

图 4-13　非完全二叉树

完全二叉树的性质：

性质 1：具有 n 个结点的完全二叉树，深度为 $\lfloor \log_2 n \rfloor + 1$。

证明：深度为 $h-1$ 的满二叉树根据性质 1 可知，结点个数为 $2^{h-1}-1$，深度为 h 的满二叉树其结点个数为 2^h-1。因此根据完全二叉树定义可以得出如下结论：

$$2^{h-1} \leq n < 2^h$$

两边取对数得

$$h-1 \leq \log_2 n < h$$

由于 h 为整数，可得

$$h = \lfloor \log_2 n \rfloor + 1$$

因此性质结论成立。

性质 2：将有 n 个结点的完全二叉树从根开始编号（1，2，3，…，n），从上到下、从左到右，若 $k=1$ 为根结点编号，当结点编号 $k>1$ 时，其父结点编号为 $\lfloor k/2 \rfloor$；若 $2k \leq n$，则编号为 k 的结点的左子结点为 $2k$；若 $2k+1 \leq n$，则编号为 k 的结点的右子结点编号为 $2k+1$。

证明：可采用归纳法证明该性质。

【**例 4-6**】　求具有 n 个结点的满二叉树叶子结点数 n_0 和度为 2 的结点数 n_2 分别为多少？

解：根据满二叉树定义可知，满二叉树只有度为 0 的叶子结点和度为 2 的结点，则

$$n = n_0 + n_2$$

同时满二叉树为二叉树的特殊情况，遵循二叉树性质 3，即度为 0 的结点总是比度为 2 的结点多 1 个，则

$$n_0 = n_2 + 1$$

由以上两式可以得出叶子结点数 n_0 和度为 2 的结点数 n_2 分别为

$$\begin{cases} n_0 = (n+1)/2 \\ n_2 = (n-1)/2 \end{cases}$$

第 4 章 树和二叉树

【例 4-7】 具有 12 个结点的完全二叉树有多少个度为 2 的结点。

解：根据完全二叉树定义分析得出：完全二叉树中度为 1 的结点最多有 1 个，同时根据二叉树性质 3，即度为 0 的结点总是比度为 2 的结点多 1 个，即

$$n_0 = n_2 + 1$$

因此，可知完全二叉树度为 0 的结点和度为 2 的结点之和为奇数，如完全二叉树结点总数为偶数，可以得出该完全二叉树有一个度为 1 的结点。

因此可知度为 2 的结点数为（12−1）/2，向下取整后为 5 个。

4.2.4 二叉树的存储

二叉树的存储可以采用顺序和链式两种存储方式，具体如下：

1. 二叉树的顺序存储

二叉树的顺序存储是利用一维数组将二叉树的结点，按照一定的顺序进行排列存储，同时使结点在连续空间内的存储位置能反映出结点之间的逻辑关系。

如满二叉树或完全二叉树，对其结点按从上至下、从左至右的方法进行编号，能得到一个反映二叉树结点逻辑结构的线性序列，如图 4-14 所示。

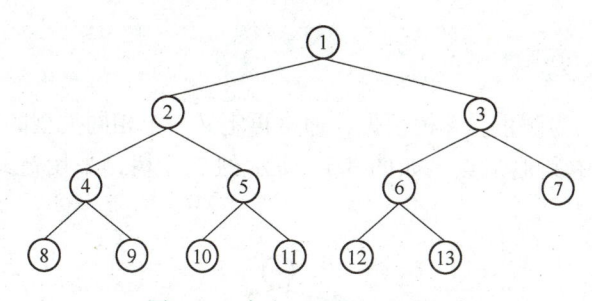

图 4-14 完全二叉树结点编号

将完全二叉树中结点按编号顺序存储在一维数组 B[1…13] 中，图 4-14 所示的完全二叉树顺序存储结构如图 4-15 所示。

1	2	3	4	5	6	7	8	9	10	11	12	13

图 4-15 完全二叉树的顺序存储结构

一维数组 B[1…13] 的存储位置与完全二叉树结点编号 i 一一对应，根据完全二叉树性质 2，可以很容易地查找到编号为 i 结点的父结点和左右子结点。

对于一般的二叉树顺序存储采用的编号方式与上述方法一致，在数组中对于不存在的二叉树结点做出特殊标记，同样容易根据编号计算各结点之间的逻辑关系，读取方便，但在不是满二叉树的情况下，容易造成空间浪费。

2. 二叉树的链式存储

二叉树可以采用二叉链表的方式进行存储，结点分为左、右指针域和数据域，左右指针分别指向左右子结点。结点结构如图 4-16 所示。

二叉链表结点结构体类型 C 语言定义如下：

左指针域	数据域	右指针域
left_child	data	right_child

图 4-16　二叉链表结点结构

```
struct btree_node
{
    ElementType data;
    struct btree_node * left_child;
    struct btree_node * right_child;
};
```

结点类型中的数据域成员根据设计需求定义对应的结构体类型，本章为简化算法设计，后续程序将其定义为字符类型。在操作链式存储的二叉树时，与线性表链式存储相似，需定义一个二叉链表结点类型的指针 bt，用于记录二叉树在内存中的起始地址，即根结点地址，定义如下：

```
struct btree_node * bt;
```

在二叉树操作时，为防止二叉树丢失，通常再定义一个相同类型的指针，用于从根结点沿左右指针域访问树中其他结点。如图 4-17 所示的二叉树，采用链式存储，逻辑结构如图 4-18所示。

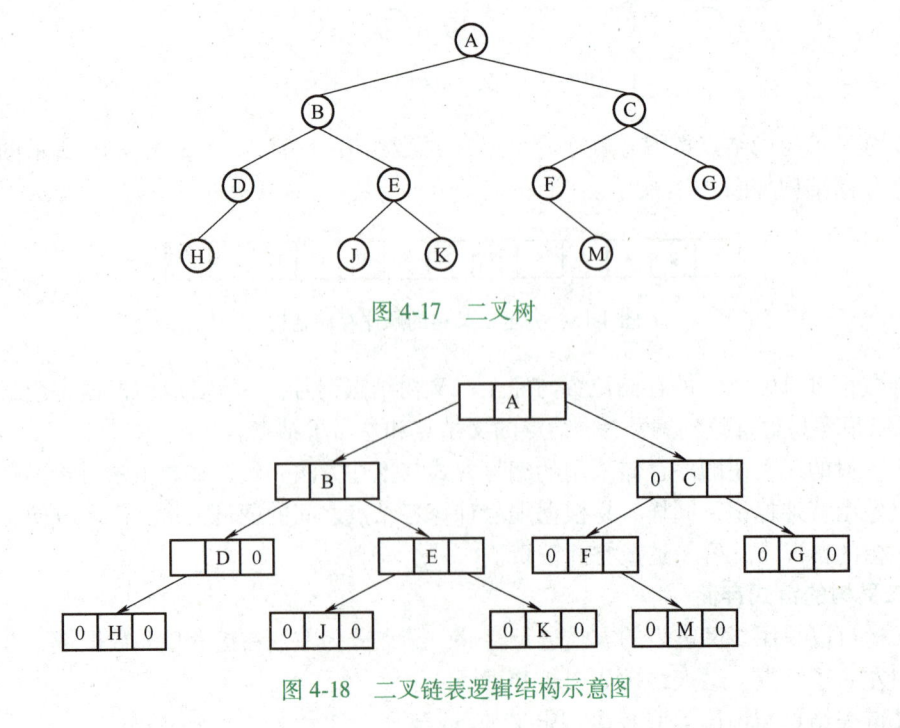

图 4-17　二叉树

图 4-18　二叉链表逻辑结构示意图

根据指针的指向，可以看出二叉链表与线性链表相似，其在内存中的存储并不在一片连续的存储空间内，而是分散在任意位置，如图 4-19 所示。

	lchild	data	rchild
1	0	F	7
2	10	B	8
3			
4 (bt)	2	A	14
5	0	K	0
6			
7	0	M	0
8	9	E	5
9	0	J	0
10	13	D	0
11	0	G	0
12			
13	0	H	0
14	1	C	11

图 4-19　二叉链表存储示意图

二叉链表通过指针将各个结点链接起来，bt 指针指向二叉树的根结点，再沿着根结点的左右指针域，寻找其左子树与右子树。

4.2.5　二叉树的遍历

二叉树的遍历是指依次对二叉树中每个结点均做一次且仅做一次访问。二叉树是非线性结构，在访问结点过程中既不能重复也不能遗漏，因此需遵循一定的路径进行操作。遍历是二叉树最重要的操作之一，是二叉树进行其他操作的基础。根据二叉树的基本结构，可以分为根、左子树和右子树三部分，设规定访问顺序从左到右，那么根据对根的访问先后可以划分为前序、中序、后序遍历，也称先根、中根和后根遍历，按照二叉树的层次结构还有一种遍历方式为层次遍历。

如图 4-20 所示二叉树，其以二叉链表方式存储在内存中，指向根结点的指针为 bt，对其进行前序、中序、后序及层次遍历。

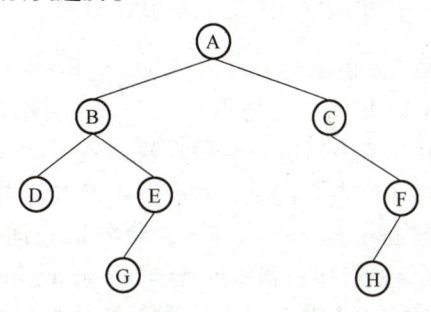

图 4-20　二叉树逻辑结构示意图

1. 前序遍历

基于链式存储的非空二叉树前序遍历的递归算法执行步骤如下：

Step1：输出访问到的根结点，或可根据设计需求对根结点进行相应操作。

Step2：前序遍历左子树。

Step3：前序遍历右子树。

前序遍历的递归算法代码如下：

```
void pretrav_Bintree_Rec(struct btree_node *bt)
{
    if(bt!=NULL){
        printf("%c\n",bt->data);
        pretrav_Bintree_Rec(bt->left_child);
        pretrav_Bintree_Rec(bt->right_child);}
}
```

前序遍历算法首先输出根结点字符；然后递归调用自身函数，前序遍历根结点的左子树；最后递归调用自身函数，前序遍历根结点的右子树。依据算法执行过程，遍历图 4-20 所示逻辑结构的二叉树结果为：A B D E G C F H。递归执行过程如图 4-21 所示。

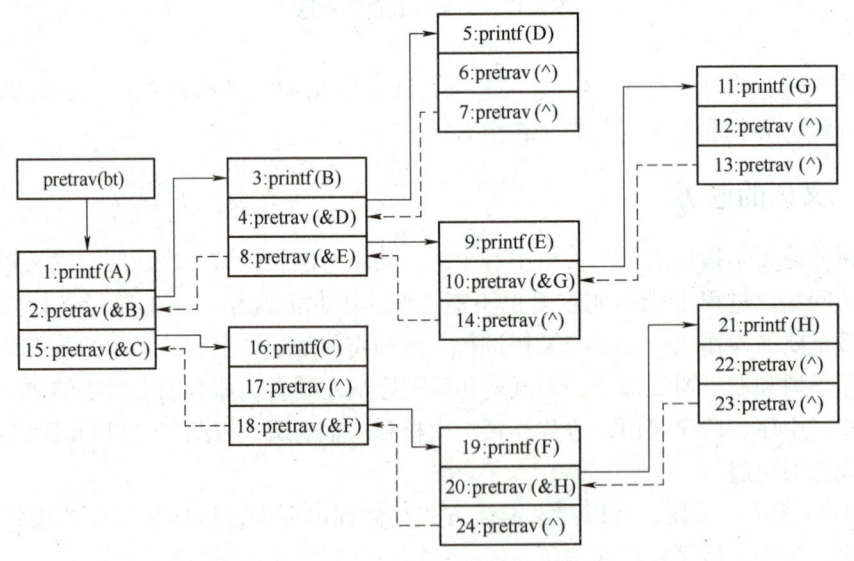

图 4-21 前序遍历递归执行过程

图 4-21 中 pretrav 即为前序遍历函数 pretrav_Bintree_Rec。首次调用执行前序遍历函数 pretrav_Bintree_Rec 时，参数 bt 指向二叉树根结点，二叉树不为空，输出根结点 A，对应图 4-21 中标号 1；然后执行下一条语句递归调用自身函数 pretrav_Bintree_Rec，遍历根结点的左子树，实参为根结点的左子结点 B 地址，对应图 4-21 中标号 2。

第二次调用前序遍历函数 pretrav_Bintree_Rec，参数 bt 指向结点 B，不为空，输出结点 B，对应图 4-21 中标号 3；然后执行递归调用自身函数 pretrav_Bintree_Rec，遍历结点 B 的左子树，实参为结点 B 的左子结点 D 的地址，对应图 4-21 中标号 4。

第三次调用前序遍历函数 pretrav_Bintree_Rec，参数 bt 指向结点 D，不为空，输出结点 D，对应图 4-21 中标号 5；然后执行递归调用自身函数 pretrav_Bintree_Rec，遍历结点 D 的左子树，为空直接返回，对应图 4-21 中标号 6，在子树为空时，实际上也进行了递归调用，但调用过程中不满足 bt!=NULL，终止递归。在图 4-21 中该调用过程没有实质执行，因此省略图形执行过程；执行递归调用自身函数 pretrav_Bintree_Rec，遍历结点 D 的右子树，为空直接返回，对应图 4-21 中标号 7；函数 pretrav_Bintree_Rec 执行完成返回到第二次调用位置处；执行递归调用自身函数 pretrav_Bintree_Rec，遍历结点 B 的右子树，实参为结点 B 的右子结点 E 的地址，对应图 4-21 中标号 8。

图 4-21 中实线为函数调用执行方向，虚线为被调函数执行完成返回主调函数返回方向，基于前序遍历思想，按照上述顺序依次执行，直到执行完图 4-21 中标号 15 位置，至此前序遍历完成。中序及后序遍历递归算法递归过程与前序类似，就不再列图描述。

前序遍历如采用非递归方式，需借助栈保存二叉树访问路径，以便在结点子树访问完成后，能够正确返回，算法代码如下：

```c
struct btree_node * stack[100];int top=0;
void  pretrav_Bintree(struct btree_node * bt,struct btree_node * stack[],int * top)
{
    struct btree_node * current=bt;
    if(bt==NULL)
        return;
    while(current!=NULL||*top!=0){
        while(current!=NULL){
            printf("%c",current->data);
            push_Stack(stack,100,top,current);
            current=current->left_child;}
        if(*top>0){
            pop_Stack(stack,top,&current);
            current=current->right_child;}
    }
}
```

采用非递归方式进行前序遍历时，输出访问到的结点同时入栈，采用顺序栈 stack 来记忆访问过的路径，定义栈 stack 为二叉树结点类型的指针数组，存储二叉树结点地址。出栈及入栈操作函数在第 2 章中已定义，但形参类型需对应调整，如图 4-22 所示为前序遍历根结点 A 的左子树时栈 stack 内的变化情况。

前序遍历非递归算法部分执行过程为：

1）从根结点开始，输出根结点 A 的同时将 A 结点地址入栈，记忆访问过的路径，按照前序遍历操作过程，访问根结点 A 的左子结点 B，将其输出同时 B 结点地址入栈，访问结点 B 的左子结点 D，将其输出同时将 D 结点地址入栈，栈内变化如图 4-22a 所示。

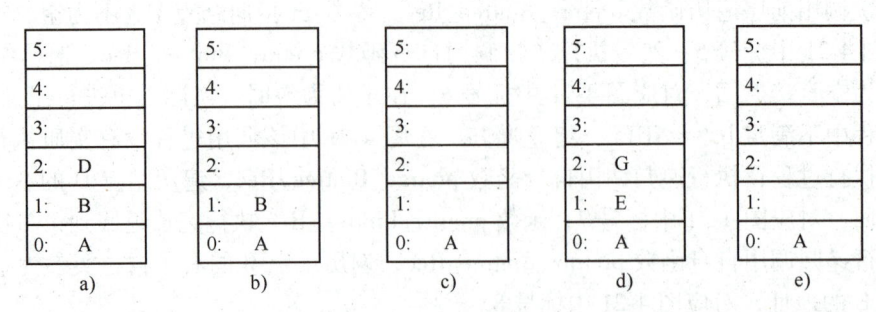

a)	b)	c)	d)	e)
5: 4: 3: 2: D 1: B 0: A	5: 4: 3: 2: 1: B 0: A	5: 4: 3: 2: 1: 0: A	5: 4: 3: 2: G 1: E 0: A	5: 4: 3: 2: 1: 0: A

图 4-22 前序遍历非递归算法栈内变化示意

2) 访问结点 D 的左子结点为空，结束当前循环。根据已走的路径回退，即将 D 结点地址出栈，并指向 D 结点的右子结点，准备遍历结点 D 的右子树，栈内变化如图 4-22b 所示。

3) 访问结点 D 的右子结点为空，不进入循环，根据已走的路径回退，将 B 结点地址出栈，并指向 B 的右子结点，准备遍历结点 B 的右子树，栈内变化如图 4-22c 所示。

4) 访问结点 B 的右子结点 E，输出同时将 E 结点地址入栈，访问结点 E 的左子结点 G，将其输出同时将 G 结点地址入栈，栈内变化如图 4-22d 所示。

5) 访问结点 G 的左子结点为空，结束当前循环。根据已走的路径回退，即将 G 结点地址出栈，并指向 G 的右子结点，准备遍历结点 G 的右子树，结点 G 的右子树结点为空，不进入循环，根据栈回退，将 E 结点地址出栈，并指向 E 的右子结点，准备遍历结点 E 的右子树，结点 E 的右子树结点为空，不进入循环，根据栈回退，栈内变化如图 4-22e 所示。

6) 退回到根结点 A 后访问 A 的右子树，流程与 A 的左子树相同，直到栈内为空结束遍历过程。

2. 中序遍历

基于链式存储的非空二叉树中序遍历的递归算法执行步骤如下：

Step1：遍历左子树。

Step2：输出访问到的根结点，或可根据设计需求对根结点进行相应操作。

Step3：遍历右子树。

中序遍历的递归算法代码如下：

```c
void intrav_Bintree_Rec(struct btree_node *bt)
{
    if(bt!=NULL){
        intrav_Bintree_Rec(bt->left_child);
        printf("%c",bt->data);
        intrav_Bintree_Rec(bt->right_child);}
}
```

中序遍历算法首先输出根结点的左子树，再输出根结点，最后输出根结点的右子树。输出左右子树的时候会递归调用自身中序遍历函数，重复执行上述过程，直到访问结点左右结点为空，再依次逐层返回。依据中序遍历算法执行过程，遍历图 4-20 逻辑结构的二叉树结果为：DBGEACHF。

中序遍历如采用非递归方式，同样需借助栈保存二叉树访问路径，以便在结点输出后，能够正确返回，算法代码如下：

```
struct btree_node * stack[100];
int top=0;
void intrav_Bintree(struct btree_node * bt,struct btree_node * stack[],int * top)
{
    struct btree_node * current=bt;
    if(bt==NULL)
        return;
    while(current!=NULL||*top!=0){
        while(current!=NULL){
            push_Stack(stack,100,top,current);
            current=current->left_child;}
        if(*top>0){
            pop_Stack(stack,top,&current);
            printf("%c",current->data);
            current=current->right_child;}
    }
}
```

采用非递归方式进行中序遍历，使用栈 stack 先记录访问的路径，与前序非递归算法区别在于：访问新结点时不是第一时间输出，而是在遍历完该结点左子树后出栈时输出，即第二次访问该结点时输出。

前序和中序非递归遍历时由于栈内存储的是结点地址，为保证出栈时结点地址能够正确返回主调函数，出栈函数 pop_Stack 的形参中存储返回结点地址的变量应为二级指针。

3. 后序遍历

基于链式存储的非空二叉树后序遍历的执行步骤如下：

Step1：遍历左子树。

Step2：遍历右子树。

Step3：输出访问到的根结点，或可根据设计需求对根结点进行相应操作。

后序遍历的递归算法代码如下：

```
void postrav_Bintree_Rec(struct btree_node * bt)
{
    if(bt!=NULL){
        postrav_Bintree_Rec(bt->left_child);
        postrav_Bintree_Rec(bt->right_child);
        printf("%c\n",bt->data);}
```

```
    return;
}
```

后序遍历算法首先输出根结点的左子树，再输出根结点的右子树，最后输出根结点。输出左右子树的时候会递归调用自身后序遍历函数，重复执行上述过程，直到访问结点左右子结点为空，再依次逐层返回。依据后序遍历算法执行过程，遍历图 4-20 逻辑结构的二叉树结果为：DGEBHFCA。

后序遍历非递归方式，在执行过程中，需在输出某结点左右子树后，第三次访问该结点时输出。因此在入栈保存的时候需增加一个标志位，用于记录访问次数。后序遍历栈的结点结构体类型 C 语言定义如下：

```
struct bt_stack
{
    struct btree_node * node;
    int sign;
};
```

栈结点结构体类型中指针成员 *node 用于保存二叉树结点地址，标志位 sign 用于保存访问次数，初始为 0，每访问一次后自加 1，当访问该标志位为 2 时，对应结点出栈输出，同时将标志位恢复为 0。

后序遍历的非递归算法代码如下：

```
struct bt_stack stack[100];
int top=0;
void  postrav_Bintree(struct btree_node * bt,struct bt_stack stack[],int * top)
{
    struct btree_node * current=bt;
    if(bt==NULL)
        return;
    for(int i=0;i<100;i++)
        stack[i].sign=0;
    while(current!=NULL||* top!=0){
        while(current!=NULL){
            (*top)++;
            stack[*top-1].node=current;
            stack[*top-1].sign++;
            current=current->left_child;}
        if((*top)>0){
            if(stack[*top-1].sign==2){
```

```
            current=stack[*top-1].node;
            printf("%c",current->data);
            current=NULL;
            stack[*top-1].sign=0;
            (*top)--;}
        else {
            current=(stack[*top-1].node)->right_child;
            stack[*top-1].sign++;}
    }
  }
}
```

如图 4-23 所示为后序遍历根结点 A 的左子树时栈 stack 内的变化情况。

5:		5:		5:		5:		5:		5:		5:	
4:		4:		4:		4:		4:		4:		4:	
3:		3:		3:		3: G	1	3: G	2	3:	0	3:	0
2: D	1	2: D	2	2:	0	2: E	1	2: E	1	2: E	2	2:	0
1: B	1	1: B	1	1: B	2	1: B	2	1: B	2	1: B	2	1:	0
0: A	1	0: A	1	0: A	1	0: A	1	0: A	1	0: A	1	0: A	1
a)		b)		c)		d)		e)		f)		g)	

图 4-23 后序遍历非递归栈内变化示意

后序遍历非递归算法从根结点 A 开始，以根结点 A 的左子树中结点 B、D 为例说明后序遍历的非递归执行过程中栈内 satck 的变化及执行流程。

1）访问根结点 A 同时将其入栈，A 结点标志位自增后为 1，按照后序遍历操作过程，访问根结点 A 的左子结点 B，将其入栈。B 结点标志位自增后为 1，访问结点 B 的左子结点 D，将入栈，D 结点标志位自增后为 1，栈内变化如图 4-23a 所示。

2）访问结点 D 的左子结点为空，结束当前循环。判断栈顶结点 D 的标志位不为 2，读取结点 D 的右子结点地址，并将 D 结点标志位自增后为 2，准备遍历结点 D 的右子树，栈内变化如图 4-23b 所示。

3）判断结点 D 的右子树结点为空，不进入循环，由于栈顶结点 D 的标志位为 2，因此将栈顶结点 D 出栈，标志位置 0。之后，判断栈顶结点 B 的标志位不为 2，访问栈顶结点 B 的右子结点，并将 B 结点标志位自增后为 2，准备遍历结点 B 的右子树，栈内变化如图 4-23c 所示。

按照上述流程，通过栈完成二叉树后序非递归遍历。由二叉树的前序、中序和后序遍历可知，遍历过程均从根结点 A 开始沿着图 4-24 中方向路径执

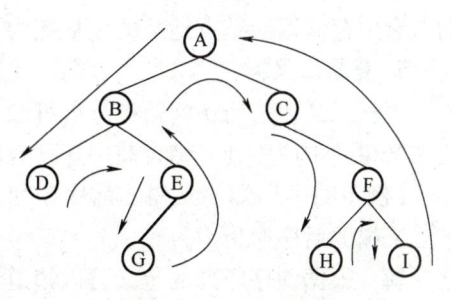

图 4-24 二叉树访问路径

行，不同遍历方法的区别在于输出或处理结点的时间不同，前序是在第一次访问该结点时输出，中序是在第二次访问该结点时输出，后序则是第三次。这里叶子结点的左右子结点虽然为空，也会进行访问动作，但无任何实质性操作。

4. 层次遍历

基于链式存储的非空二叉树层次遍历按照从上到下、从左到右的顺序按层依次访问二叉树中结点。层次遍历方法需借助循环队列结构，存储二叉树结点地址，循环队列采用指针数组形式，入队及出队操作函数定义同第2章，但形参类型需对应调整。

将根结点地址入队，然后依次出队并将出队结点数据输出，在出队的同时判断出队结点的左右子结点是否为空，如不为空则将该子结点地址入队。反复执行出队及输出、判断入队过程，直到队列为空，遍历结束。

层次遍历的算法代码如下：

```
void Level_Binary_tree(struct btree_node *bt)
{
    struct btree_node *queue[100],*out_node;
    int front=0,rear=0,sign=0;
    if(bt==NULL)
        return;
    add_queue(queue,100,&front,&rear,&sign,bt);
    while(sign!=0){
        del_quere(queue,100,&front,&rear,&sign,&out_node);
        printf("%c",out_node->data);
        if(out_node->left_child!=NULL)
            add_queue(queue,100,&front,&rear,&sign,out_node->left_child);
        if(out_node->right_child!=NULL)
            add_queue(queue,100,&front,&rear,&sign,out_node->right_child);
    }
}
```

由于队列存储的是结点地址，为保证出队时结点地址能够正确返回主调函数，出队函数的形参中存储返回结点地址的变量应为二级指针。

5. 复原二叉树

根据二叉树遍历访问路径分析可知，通过根结点在不同遍历过程中的输出位置，可以利用二叉树的中序序列，结合前序序列或后序序列复原二叉树。

【例4-8】 已知二叉树的前序序列为 A B C D E F G H I J，中序序列为 C B D E A F H I G J，求二叉树的后序遍历。

解： 根据前序序列的定义可以知道，A 为根结点，结合中序序列可知 C B D E 为 A 的左子树，F H I G J 为 A 的右子树，如图4-25a所示；在左子树 C B D E 中，根据前序序列可知 B

为该子树的根结点，从中序序列看到 C 为 B 的左子树，DE 为 B 的右子树，E 为 D 的右子结点，如图 4-25b 所示；同理对 A 的右子树进行分解，依次重复执行，最终得到二叉树的结构如图 4-25c 所示。

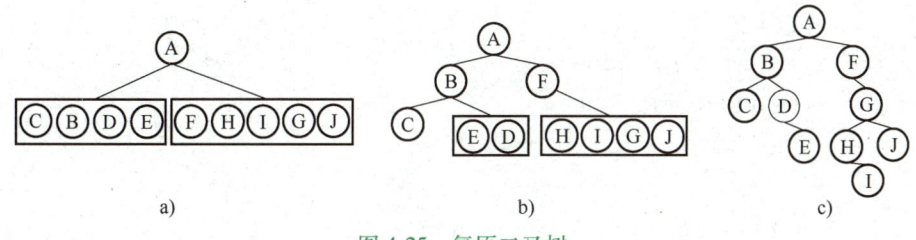

图 4-25　复原二叉树

4.2.6　二叉树的构建及操作

1. 二叉树的构建

以二叉链表方法存储的二叉树建立可以采用递归方式结合遍历过程实现，不同的遍历方式对输入指定结点序列要求不同，基于前序遍历思想的二叉树建立执行步骤如下：

Step1：申请新结点，根据标志位将新结点放入不同的位置，执行 Step2。
Step2：以新结点为根，递归调用自身创建其左子树，执行 Step3。
Step3：以新结点为根，递归调用自身创建其右子树，结束。

以图 4-20 二叉树为例，创建过程中输入结点处如为空，输入 0。全部结点数据输入如下：ABD00EG000C0FH000。

算法首先申请新结点的内存空间，输入数据，根据输入标志位 sign 判断输入结点是否为根结点。因此在第一次调用二叉树建立函数的时候，应给形参标志位 sign 输入 0。如是根结点，将 temp 指针指向新结点，待二叉树建立完成后返回该新结点地址。如不是根结点，若标志位 sign 为 1 判断是左子结点，否则标志位 sign 为 2 判断是右子结点。根据标志位值将其链接到当前根结点的左指针域或右指针域，再以新结点为根结点分别创建其左子树和右子树，左子树与右子树执行过程同上。

二叉树构建算法代码如下：

```
    struct btree_node * creatbt(struct btree_node * bt,int sign)
    {
        int in_data;
        struct btree_node * new_node, * temp=NULL;
        printf("Please enter a node and press enter. If the node does not exist,please enter 0:");
        scanf("%c",& in_data);
        getchar();
        if(in_data! ='0'){
            new_node=(struct btree_node * )malloc(sizeof(struct btree_node));
```

```
        new_nod->data=in_data;
        new_nod->left_child=NULL;
        new_nod->right_child=NULL;
        if(sign==0)
            temp=new_node;
        else if(sign==1)
            bt->left_child=new_node;
        else if(sign==2)
            bt->right_child=new_node;
        creatbt(new_node,1);
        creatbt(new_node,2);}
    return(temp);
}
```

根据上述二叉树建立算法实现过程可知，若基于中序或后序遍历思想建立二叉树仅需将 if...else if 判断过程放入在中序或后序遍历的输出位置即可，对应二叉树结点的输入顺序也需进行相应调整。

2. 二叉树结点插入

二叉树结点插入操作需根据插入位置进行不同处理，本节通过一个简单的例子说明插入过程。设有二叉树，其根结点指针为 bt，将数据 x 插入到二叉树结点 parent 的左子结点处，如 parent 有左子结点，则将原左子结点作为新结点 x 的左子结点。

二叉树链式存储的结点插入算法代码如下：

```
struct btree_node * insert_bt(struct btree_node * bt,char x,struct btree_node * parent)
{
    struct btree_node * new_node;
    if(parent==NULL)
        return NULL;
    new_node=(struct btree_node *)malloc(sizeof(struct btree_node));
    if(new_node==NULL)
        return NULL;
    new_node->data=x;
    new_node->left_child=NULL;
    new_node->right_child=NULL;
    if(parent->left_child==NULL)
        parent->left_child=new_node;
    else{
```

```
            new_node->left_child=parent->left_child;
            parent->left_child=new_node;}
        return bt;
}
```

二叉树链式存储时，结点的插入与线性表链式存储的插入操作类似，都是基于变更指针域的赋值指向进行处理。这里的主要步骤就是将新结点的左指针域 left_child 指向 parent 的左子结点，同时将新结点地址赋给 parent 的左指针域。若需对 parent 结点子结点的后续位置另做调整，仅需改变对应的指针域即可。

3. 二叉树叶结点删除

二叉树叶子结点删除操作简单。若是非叶子结点删除，则需根据不同二叉树的规则调整删除结点的左右子结点，对应的算法在后续会有针对性地详细介绍，本节以根结点指针为 bt 的二叉树中删除指定结点的左子结点为例进行讲解，设指定结点的左子结点为叶结点。

指针 parent 指向指定结点，二叉树链式存储叶结点删除算法代码如下：

```
struct btree_node * delete_bt(struct btree_node * bt,struct btree_node * parent)
{
    struct btree_node * temp;
    if(parent==NULL||parent->lchild==NULL)
        return NULL;
    temp=parent->left_child;
    parent->left_child=NULL;
    free(temp);
    return bt;
}
```

4.3 线索二叉树

二叉树采用二叉链表存储时，每个结点包含指向其左、右子结点的指针域成员。因此，从任一结点出发能够直接找到该结点的左、右子结点地址。但无法直接找到该结点在某种遍历序列下的前驱和后继结点。

n 个结点的二叉树根据性质可知，其结点总数比分支数多 1，二叉链表每个结点有个 2 个指针域，共包含 $2n$ 个指针域，但分支数为 $n-1$，除二叉树分支对应结点的指针域外有 $n+1$ 个空指针域没有得到有效利用。如果在每个结点中利用这些空指针域存放指向结点在某种遍历次序下的前驱或后继结点的指针，将有效利用这些空指针域的存储空间。这种附加的指针称为"线索"。加上了线索的二叉树称为线索二叉树，根据不同的遍历过程进行线索化，可以得到前序线索二叉树、中序线索二叉树和后序线索二叉树，本节主要详情介绍中序线索二叉树相关算法。

为了区分一个结点的指针域是存放指向其子结点的地址，还是指向其遍历的前驱或后继结点的线索，在每个结点结构中增加两个标志位。

线索二叉树结点结构如图 4-26 所示。

左指针域	左标志位	数据域	右标志位	右指针域
left_child	left_flag	data	right_flag	right_child

图 4-26　线索二叉树结点结构

线索二叉树结点结构体类型 C 语言定义如下：

```
struct Thread_node
{
    ElementType data;
    int left_flag;
    int right_flag;
    struct Thread_node * left_child;
    struct Thread_node * right_child;
}
```

left_flag=0 时，left_child 指向该结点的左子结点；left_flag=1 时，left_child 指向遍历序列中该结点的前驱结点。right_flag=0 时，right_child 指向该结点的右子结点；right_flag=1 时，right_child 指向遍历序列中该结点的后继结点。

中序遍历序列中的第一个结点的左指针域 left_child 及最后一个结点的右指针域 right_child 为空，对应的标志位为 1。添加中序线索的二叉树存储结构如图 4-27 所示。

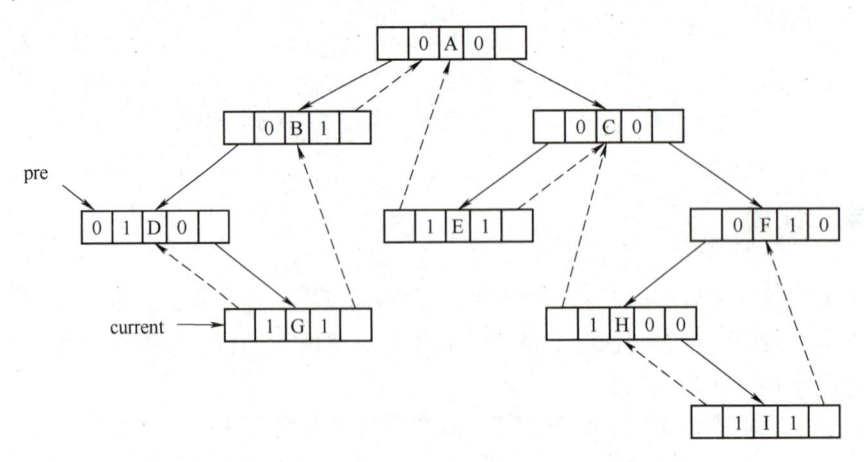

图 4-27　添加中序线索二叉树存储结构

图 4-27 中，实线指向当前结点的左子结点或右子结点，虚线指向当前结点的中序遍历中的前驱或后继结点。

建立中序线索二叉树算法为在中序遍历二叉树的同时，执行如下规则：

1）若上次访问的结点 * pre 的右指针域 right_child 为空，则将当前访问的结点 current

地址填入，并置右标志域 right_flag 为 1。

2）若当前访问到的结点 current 的左指针域 left_child 为空，则将上次访问到的结点 *pre 地址填入，并置左标志域 left_flag 为 1。

中序线索二叉树建立算法代码如下：

```
void inthread_Btree(struct Thread_node * current,struct Thread_node **pre)
{
    if(current!=NULL){
        inthread_Btree(current->left_child,pre);
        if(current->left_child==NULL){
            current->left_child=*pre;
            current->left_flag=1;}
        if(((*pre)!=NULL)&&((*pre)->right_child==NULL)){
            (*pre)->right_child=current;
            (*pre)->right_flag=1;}
        *pre=current;
        inthread_Btree(current->right_child,pre);
    }
}
```

中序线索二叉树建立完成后，可根据存入的中序线索遍历二叉树，执行规则如下：

1）从二叉树的根结点 bt 开始，若左标志位 left_flag 为 0，沿左指针域 left_child 依次移动寻找，找到左标志位 left_flag 为 1 的结点，该结点即为中序序列的第 1 个结点，输出该结点。

2）从输出结点开始扫描判断，若当前结点的右指针域 right_child 非空且右标志位 right_flag 为 1，则当前结点的右指针域 right_child 为其中序遍历序列中后继结点的地址，移动到该后继结点地址并输出。

3）若当前结点的右指针域 right_child 非空且右标志位 right_flag 为 0，则沿当前结点右子结点的左链进行依次移动搜索，直到发现某个结点的左标志位 left_flag 为 1 且左指针域 left_child 不空为止，该结点即为当前结点的中序遍历序列中后继结点，输出该结点，并从该结点开始重复 2）和 3）动作，直到某节点右指针域 right_child 为空为止。

中序线索二叉树遍历算法代码如下：

```
void inthtray_Btree(struct Thread_node * bt)
{
    struct Thread_node * current;
    if(bt==NULL)
        return;
    current=bt;
```

```
        while(current->left_flag==0)
            current=current->left_child;
        while(current!=NULL){
            printf("%c ",current->data);
            while(current->right_flag==1&&current->right_child!=NULL){
                current=current->right_child;
                printf("%c ",current->data);}
            if(current->right_flag==0)
                current=current->right_child;
            while(current->left_flag==0&&current->left_child!=NULL)
                current=current->left_child;
        }
    }
```

前序线索二叉树存储结构如图 4-28 所示。

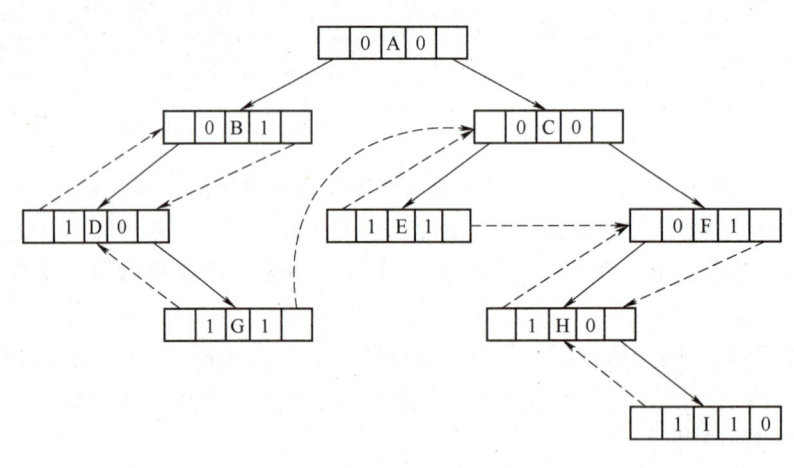

图 4-28 前序线索二叉树存储结构

前序线索二叉树中对应的前序遍历序列中最后一个结点 I 的右指针域 right_child 为空，标志位为 1。实线指向当前结点的左子结点或右子结点，虚线指向当前结点的前序遍历序列中的前驱或后继结点，后序线索二叉树存储结构如图 4-29 所示。

后序线索二叉树中对应的后序遍历序列第一个结点 G 的左指针域 left_child 为空，标志位为 1。实线指向当前结点的左子结点或右子结点，虚线指向当前结点的后序遍历序列中的前驱或后继结点。

建立前、后序线索二叉树的算法是使用前序或后序遍历二叉树的同时，执行如下规则：

1）若上次访问的结点 *pre 的右指针域 right_child 为空，则将当前访问的结点 current 地址填入并置右标志域 right_flag 为 1。

2）若当前访问到的结点 current 的左指针域 left_child 为空，则将上次访问到的结点

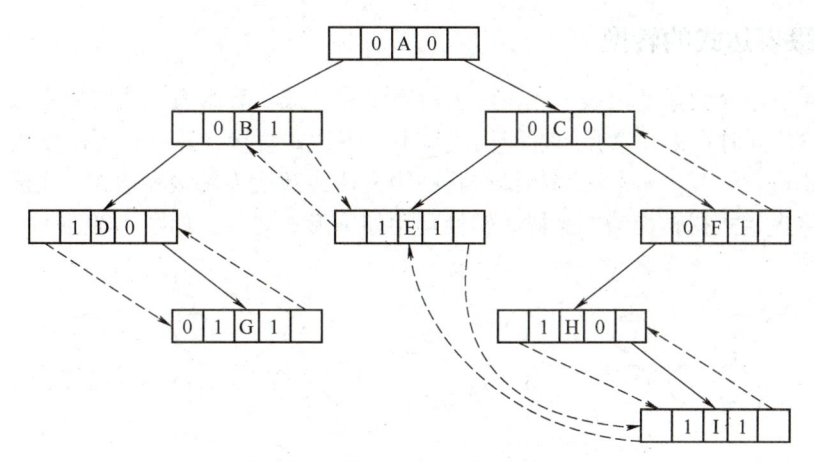

图 4-29　后序线索二叉树存储结构

*pre 地址填入，并置左标志域 left_flag 为 1。

可以看出前序、后序线索二叉树构建过程与中序相似，遍历过程有所区别，其中后序线索二叉树遍历略为繁琐，需记录每个结点的父结点协助完成遍历。

4.4　二叉树的应用

4.4.1　计算二叉树的高度

计算二叉树高度的算法设计思想为：二叉树为空，则高度为零；二叉树只有根结点，则高度为 1；如上述条件不满足，则二叉树高度为根结点高度 1 加上左右子树中高的子树高度，子树高度计算方法同上，采用递归思想调用自身函数实现二叉树高度的计算。

计算二叉树高度算法代码如下：

```
int count_bt_high(struct btree_node * bt)
{
    int left_high,right_high;
    if(bt==NULL)
        return 0;
    if(bt->left_child==NULL&&bt->right_child==NULL)
        return 1;
    left_high=count_bt_high(bt->left_child);
    right_high=count_bt_high(bt->right_child);
    if(left_high > right_high)
        return left_high +1;
    else
        return right_high +1;
}
```

4.4.2 后缀表达式的转换

在 4.1.4 节中介绍过使用表达式树来表示算术表达式,算术表达式常用中缀表达式进行描述,如 2+3。同时在第 2 章介绍过使用栈对中缀表达式直接计算,也可以使用栈将其转换为后缀表达式进行计算。本章采用树结构将中缀表达式转换为后缀表达式,完成计算。

首先需将表达式树转换为二叉树。转换可用如下形式展示,如图 4-30 所示。

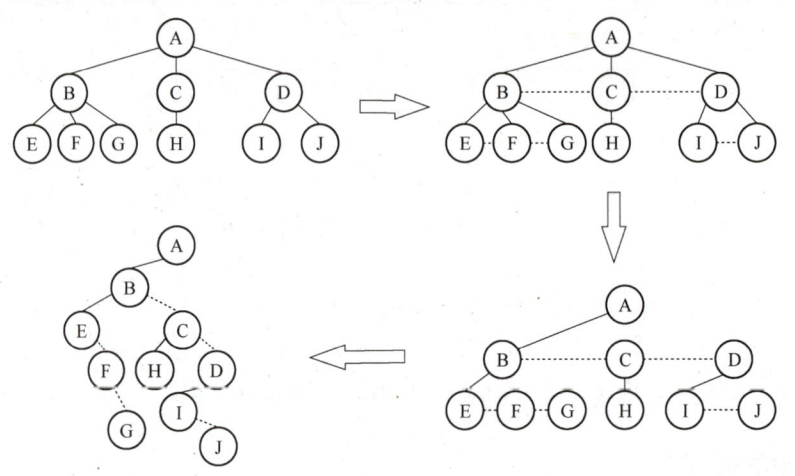

图 4-30 树转换二叉树

设树采用二叉链表方式存储,将树转换为二叉树的过程利用递归遍历的思想,从树的根结点开始,执行步骤如下:

Step1:申请二叉树新结点 bt,将树当前访问结点数据域赋给二叉树新结点数据域。

Step2:使用递归函数调用自身,将树当前访问结点左边第一个子结点作为根,转换成一棵二叉子树,并将转换后的二叉子树根结点地址赋给新结点 bt 的左指针域。

Step3:使用递归函数调用自身,将树当前访问结点右边最近的兄弟结点作为根,转换成一棵二叉子树,并将转换后的二叉树子根结点地址赋给新结点 bt 的右指针域。

递归执行上述过程,直到访问完树中所有结点为止,树转换为二叉树算法代码如下:

```
struc btree_node * Exchange_Btree(struct tree_node * root)
{
    if(root==NULL)
        return NULL;
    else{
        struct btree_node * bt =(struct btree_node *)malloc(sizeof(struct btree_node));
        bt->data=root->data;
        bt->left_child=Exchange_Btree(root->firstchild);
        bt->right_child=Exchange_Btree(root->rightsiblin);
        return bt;}
}
```

使用树将中缀表达式转换为后缀表达式的执行步骤如下：

Step1：表达式用树表示。

Step2：将表达式树转换为二叉树。

Step3：对转换后的二叉树进行中序遍历。

【例 4-9】 使用树结构将表达式 $3(x-1)+5×(2y-1)$ 转换为后缀表达式，要求画出表达式树及对应的二叉树。

解：

Step1：表达式用树表示为

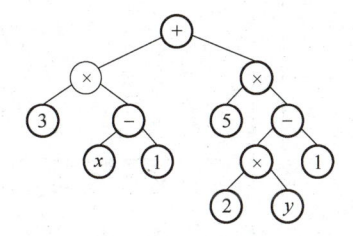

Step2：将表达式树转换为二叉树。

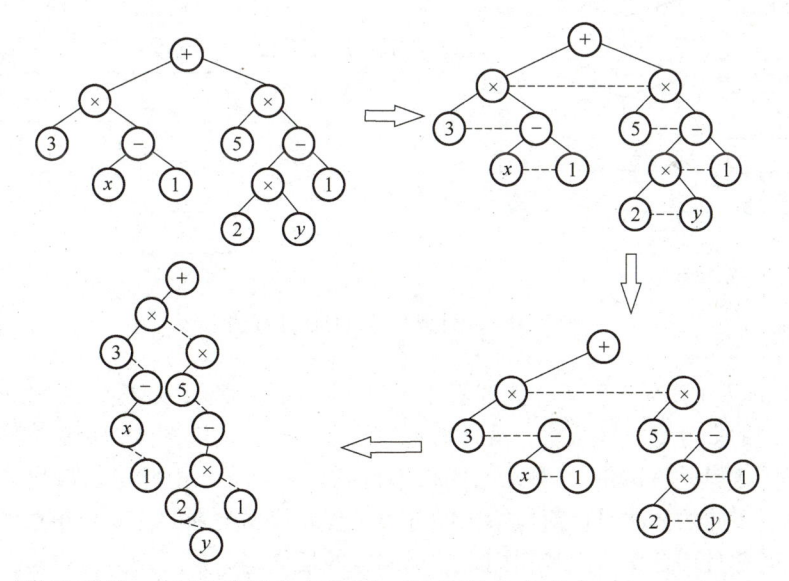

Step3：对转换后的二叉树进行中序遍历，得后缀表达式为 $3x1-×52y×1-×+$。

4.4.3 哈夫曼树及编码

在介绍哈夫曼树之前，先看一下例 4-10。

【例 4-10】 设若干名学生某门课的成绩分布已知，见表 4-1。

表 4-1 成绩分布表

成绩区间	0~59	60~69	70~79	80~89	90~100
分布比例	0.04	0.16	0.42	0.29	0.09

使用 C 语言设计算法输出每个学生的成绩等级，其中 0~59 对应 F，60~69 对应 D，

70~79 对应 C，80~89 对应 B，90~100 对应 A。

解：根据设计要求，采用 C 语言实现算法设计，可使用循环结构读取成绩的同时，嵌入多分支结构对成绩进行判断并输出对应的等级。算法流程如图 4-31 所示。

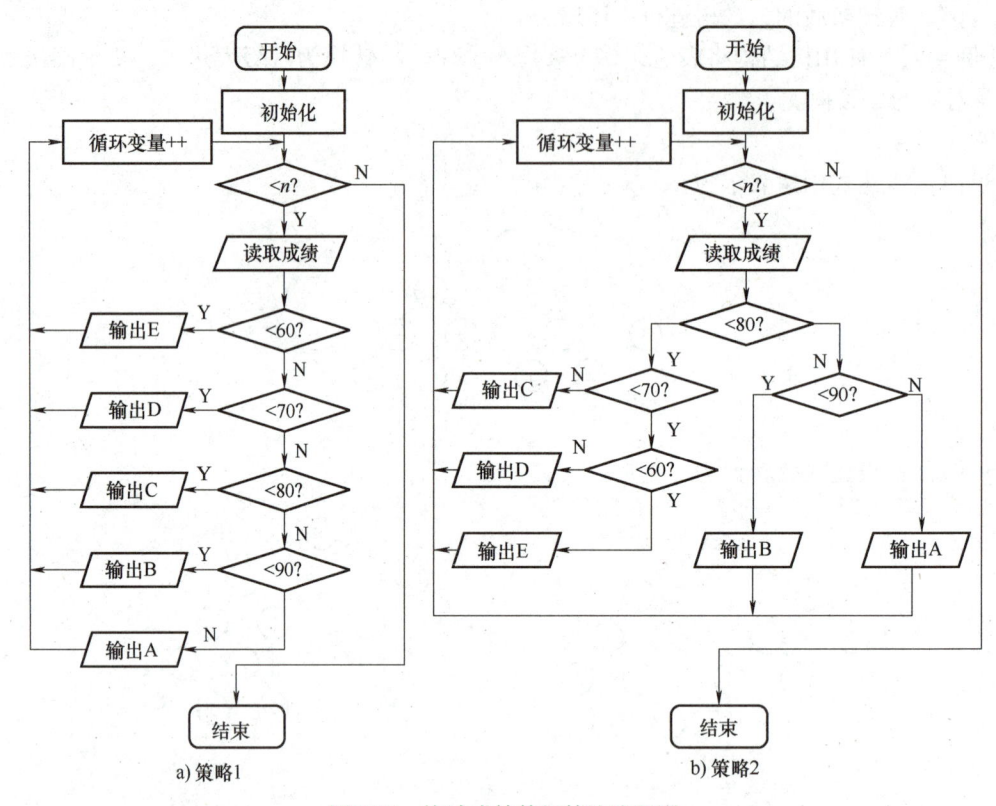

a) 策略1

b) 策略2

图 4-31 统计成绩等级算法流程图

由图 4-31 的两种算法实现流程能够看出，对于相同的问题，在成绩区间分布已知的前提下，采用不同的多分支结构策略，最终得到的效果不同。其中图 4-31b 中策略 2 的比较次数明显要低于图 4-31a 中策略 1，算法时间效率得到较大提高。由此可以看出，对于类似的分类判断问题，不同的算法设计对应不同的分类过程。依据类别的区间分布权值，应该尽可能使比较过程对称且均衡，哈夫曼树则是这类问题的最优解。

1. 基本概念

带权路径长度：树中叶子结点的权值乘上其到根结点的路径长度。

树的带权路径长度：树中所有叶子结点的权值乘上其到根结点的路径长度之和。记为：

$$WPL = (w_1 l_1 + w_2 l_2 + w_3 l_3 + \cdots + w_i l_i + \cdots + w_n l_n) \tag{4-6}$$

式中，n 为叶子结点数量；w_i 为第 i 个叶子结点权值；l_i 为第 i 个叶子结点路径长度。

【例 4-11】 计算图 4-32 所示二叉树的带权路径长度。

解：1) $WPL = (6+5) \times 3 + 3 \times 2 + 2 \times 2 = 43$。

2) $WPL = (2+7) \times 3 + 6 \times 2 + 3 \times 2 = 45$。

哈夫曼树：一种带权路径长度最短的二叉树，又称最优二叉树。如图 4-33 所示二叉树，其中图 4-32a、b、c 的带权路径长度分别为

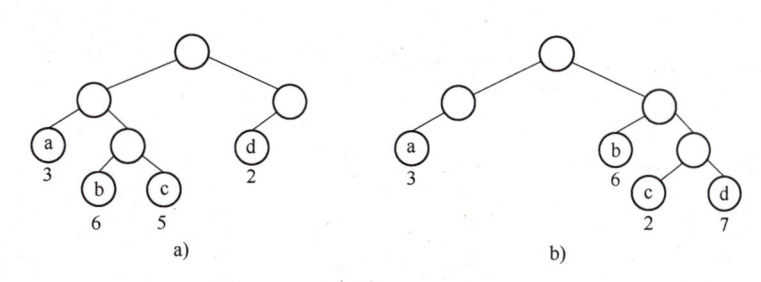

图 4-32 叶子结点带权重二叉树 1

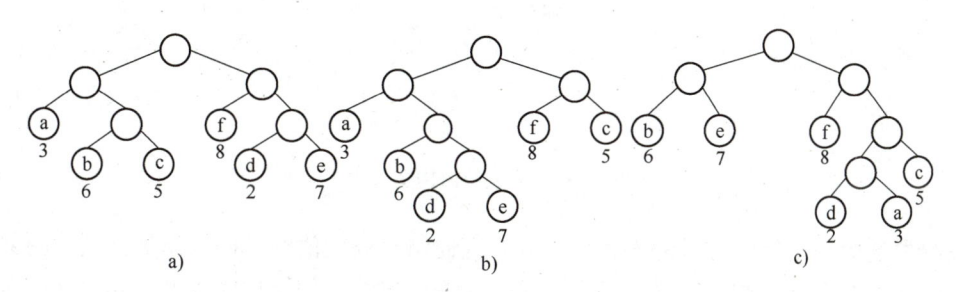

图 4-33 叶子结点带权重二叉树 2

a) WPL=3×2+(6+5)×3+8×2+(2+7)×3=82。
b) WPL=(2+7)×4+6×3+3×2+(8+5)×2=86。
c) WPL=(2+3)×4+5×3+(6+7+8)×2=77。

图 4-33c 为哈夫曼树，其带权路径长度最小。

2. 哈夫曼树的构建

有 n 个已知权重的独立结点，将其构建为哈夫曼树的算法执行过程如下：

1) 对给定的 n 个结点，每个结点的权值分别为 $\{w_1, w_2, w_3, \cdots, w_i, \cdots, w_n\}$，将每个结点变为独立的左右子树均为空的二叉树，并组成具有 n 棵二叉树的森林 $\{T_1, T_2, T_3, \cdots, T_i, \cdots, T_n\}$。

2) 在森林 $\{T_1, T_2, T_3, \cdots, T_i, \cdots, T_n\}$ 中选取两棵根结点权值最小的二叉树作为新构造的二叉树的左右子树，新二叉树的根结点的权值为其左右子树的根结点的权值之和。

3) 从森林中删除这两棵树，并把这棵新的二叉树加入到森林集合中。重复执行 1) 和 2)，直到森林中只剩一棵二叉树。

【例 4-12】 给定一组权值为 (32, 11, 9, 7, 21, 45) 的结点，构造出相应的哈夫曼树。

解：构造过程如图 4-34 所示。

哈夫曼树构造过程为：首先，将带权值的结点设为独立的二叉树集合，从中选取权值最小的两颗二叉树 9 和 7 组成一颗新的二叉树，新的二叉树权值为 16，加入到集合中，同时删除二叉树 9 和 7；然后，再次选取二叉树集合中权值最小的两颗二叉树 11 和 16 组成新的二叉树 27，同时删除已被选取的二叉树 11 和 16，重复上述过程直到集合中仅剩一颗二叉树，该二叉树即为哈夫曼树。由例 4-12 构造过程可以看出，二叉树构造时，组合的左右位置不同，会导致所构造的哈夫曼树不唯一。

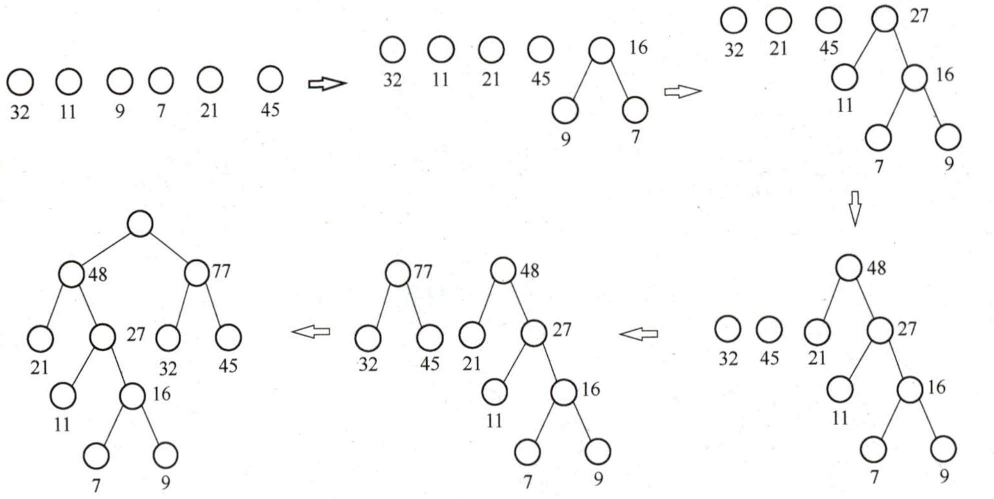

图 4-34　哈夫曼树构造过程

设哈夫曼树采用数组方式静态存储，并在存储结点权重值的基础上添加该结点的父结点和左右子结点在数组中位置的索引信息成员。哈夫曼树结点的结构体类型 C 语言定义如下：

```
struct Huff_node
{
    int weight;
    int parent;
    int left_child;
    int right_child;
};
```

哈夫曼树结构体类型 C 语言定义如下：

```
struct Huff_Tree
{
    int leaf_num;
    int root;
    struct Huff_node * node_array;
};
```

其中，成员 leaf_num 存储叶子结点个数；成员 root 存储构造好的哈夫曼树根结点在数组中的位置；指针 *node_array 指向存储哈夫曼树结点数组的首地址。哈夫曼树的数组存储逻辑结构如图 4-35 所示。

根据构造哈夫曼树的实现过程，发现哈夫曼树没有度为 1 的结点。对于 n 个叶子结点，需要合并 $n-1$ 次，新增 $n-1$ 个结点。因此，需构造出大小为 $2 \times n-1$ 的数组来存放整个哈夫曼树。数组的前 n 个位置存放初始带权值结点作为叶子结点，后 $n-1$ 个位置存放动态生成的哈夫曼树内结点，左右子结点和父结点内为 -1 代表为空，其中左右子结点为空表明该

130

图 4-35 哈夫曼树数组存储逻辑结构

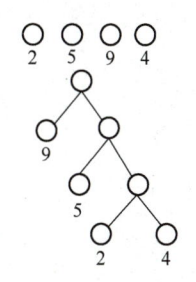

	weight	left	right	parent
0	2	−1	−1	4
1	5	−1	−1	5
2	9	−1	−1	6
3	4	−1	−1	4
4	6	0	3	5
5	11	1	4	6
6	20	2	5	−1

结点为叶子结点，父结点为空表明该结点为某棵二叉树的根结点。

在生成哈夫曼树内每个新结点的过程中，需循环扫描数组全部结点，寻找权重 weight 数值最小和第二小且父结点 parent 为−1 的结点，并记录位置分别为 min_s1 和 min_s2。然后根据这两个结点生成新的哈夫曼树内结点，同时该新结点也是一棵新二叉树的根结点，新结点内 parent 为−1，其权值 weight 为 min_s1 和 min_s2 位置处结点权值之和，左右子结点地址 left 和 right 分别为 min_s1 和 min_s2。同时将 min_s1 和 min_s2 位置处结点的 parent 置为新结点位置。

哈夫曼树创建函数形参 leaf_num 存放带权结点数量 n，指针 weight 指向权重序列首地址。哈夫曼树构建算法代码如下：

```c
#define MAX 1000
struct Huff_Tree * Create_Huff_Tree(int leaf_num,int * weight)
{
    struct Huff_Tree * ht_point;
    int min_s1,min_s2,min_1,min_2,all=2 * leaf_num-1;
    ht_point=(struct Huff_Tree * )malloc(sizeof(struct Huff_Tree));
    if(ht_point==NULL){
        printf("Out of space!\n");
        return NULL;}
    ht_point->node_array=(struct Huff_Node * )malloc(sizeof(struct Huff_Node) * (all));
    if(ht_point->node_array==NULL){
        printf("Out of space!\n");
        return NULL;}
    for(int i=0;i<all;i++){
        ht_point->node_array[i].left_child=-1;
        ht_point->node_array[i].right_child=-1;
        ht_point->node_array[i].parent=-1;
        if(i< leaf_num)
            ht_point->node_array[i].weight=weight[i];
        else
```

```
            ht_point->node_array[i].weight=-1;}
    for(int i=0;i< leaf_num -1;i++){
        min_1=MAX;
        min_2=MAX;
        min_s1=-1;
        min_s2=-1;
        for(int j=0;j<leaf_num+i;j++){
            int temp=ht_point->node_array[j].weight;
            if(temp<min_1&&ht_point->node_array[j].parent==-1){
                min_1=ht_point->node_array[j].weight;
                min_s1=j;}
        }
        for(int j=0;j<leaf_num+i;j++){
            int temp=ht_point->node_array[j].weight;
            if(temp<min_2&&min_1<temp&&ht_point->node_array[j].parent==-1){
                min_2=ht_point->node_array[j].weight;
                min_s2=j;}
        }
        ht_point->node_array[min_s1].parent=leaf_num+i;
        ht_point->node_array[min_s2].parent=leaf_num+i;
        ht_point->node_array[leaf_num+i].weight=min_1+min_2;
        ht_point->node_array[leaf_num+i].left_child=min_s1;
        ht_point->node_array[leaf_num+i].right_child=min_s2;}
    ht_point->root=2* leaf_num -2;
    ht_point->leaf_num=leaf_num;
    return ht_point;
}
```

3. 哈夫曼编码

哈夫曼树可应用于编码压缩技术。

【**例4-13**】 有一段报文 CASATTBBFFSSACBDBBCCD，其中包含字符｛C，A，S，T，B，F，D｝，采用二进制等长编码方式对报文中字符进行编码。

每个字符需3位二进制数区分表示，等长编码见表4-2。

表 4-2 等长编码

字符	C	A	S	T	B	F	D
等长编码	000	001	010	011	100	101	110

采用等长编码，译码时每 3 位二进制编码对应一个字符，操作简单，但有一条编码 111 没有用到，且编码长度无法压缩。

若根据字符出现的频率给予每个字符不同长度的编码，可以达到减少报文总长度的目的，即采用变长编码。如上面一段报文中 7 个字符出现的频率见表 4-3。

表 4-3　字符频率

字符	C	A	S	T	B	F	D
使用频率	0.191	0.143	0.143	0.095	0.238	0.095	0.095

设编码时，让出现频率高的字符编码短一些，让出现频率低的字符编码长一些，这样能够压缩报文编码，使总长度变短。如字符变长编码见表 4-4。

表 4-4　变长编码

字符	C	A	S	T	B	F	D
变长编码	0	00	01	10	1	11	001

但这样的变长编码，译码时会出现问题，如 0010 可译为 CCT，也可译为 ABC，导致译码不唯一。因此要采用变长编码，必须遵循一个原则，即任意一个字符的编码不能是其他哈夫曼字符编码的前缀，即前缀编码。

利用哈夫曼技术可以设计出满足上述条件的前缀编码，即哈夫曼编码。

哈夫曼编码的算法设计思路为：将报文中出现的字符频率作为权值构造哈夫曼树，设哈夫曼树的左分支为 0，右分支为 1，从根结点到叶子结点所经历的分支数值即为叶子结点对应字符的哈夫曼编码。由于哈夫曼树构建结果不唯一，为保证一致性，设定构建哈夫曼树过程中，生成新结点时统一将森林中备选的权值小的二叉树放在左侧。

【例 4-14】　对表 4-3 中的字符进行编码，将字符频率设为权值，构建哈夫曼树。

解：构建的哈夫曼树如图 4-36 所示。

设定哈夫曼树左分支为 0，右分支为 1，报文中字符的哈夫曼编码见表 4-5。

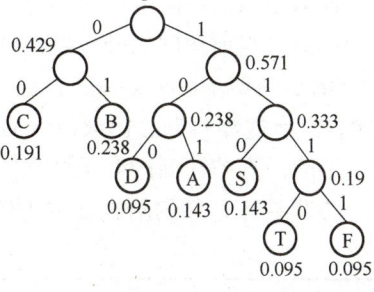

图 4-36　哈夫曼树

表 4-5　哈夫曼编码 1

字符	C	A	S	T	B	F	D
编码	00	101	110	1110	01	1111	100

可以验证，通过哈夫曼编码对上述报文编码后得到的报文最短。

基于哈夫曼树的数组存储结构，可以从叶子结点开始，沿叶子结点的父结点指向回退到根结点，起始分支为低位码，到达根结点的分支为高位码，所经过的路径各分支组成的 0 和 1 序列为该叶子结点的哈夫曼编码。

哈夫曼编码存储结构体类型 C 语言定义如下：

```
struct Haffman_code
{
    int code_bit[LEAFNUM];
    int code_start;
};
struct Haffman_code HCode[LEAFNUM];
```

LEAFNUM 为叶子结点数量，可通过#define 宏定义，数组 HCode 下标与哈夫曼树存储数组中叶子结点所在位置下标对应，代表叶子结点编号。结构体成员数组 code_bit 存储叶子结点的哈夫曼编码，code_start 代表该叶子结点哈夫曼编码在数组 code_bit 中的起始位置。由于哈夫曼编码是从哈夫曼树叶子结点逆序生成。因此，哈夫曼编码生成的开始位置为 code_bit[0]，逆序放置，每个叶子结点的哈夫曼编码均在 code_bit[code_start]~code_bit[0] 区间内存储。

每个哈夫曼树叶子结点生成哈夫曼编码算法执行步骤如下：

Step1：初始化当前位于 node_num 位置的叶子结点，起始位 code_start 赋初值为 0。确定叶子结点的父结点位置，执行 Step2。

Step2：判断位于 node_num 位置结点的父结点是否为空，如不为空，执行 Step3；否则执行 Step7。

Step3：判断父结点的左子结点是否为位于 node_num 位置的结点，如是，执行 Step4；否则执行 Step5。

Step4：当前访问的叶子结点哈夫曼编码 code_bit 的 code_star 位赋值 0，执行 Step6。

Step5：当前访问的叶子结点哈夫曼编码 code_bit 的 code_star 位赋值 1，执行 Step6。

Step6：起始位 code_star 自加 1，将父结点在数组中的位置索引信息赋给 node_num，使之向根结点逆序移动，读取位于 node_num 位置结点的父结点位置索引信息。执行 Step2。

Step7：当前访问的叶子结点哈夫曼编码完成。

以图 4-35 存储的哈夫曼树为例，哈夫曼编码求取结果见表 4-6。

表 4-6 哈夫曼编码 2

node_num	weight	code_bit				code_start
		3	2	1	0	
0	2		1	1	0	2
1	5			1	0	1
2	9				0	0
3	4		1	1	1	2

哈夫曼编码算法代码如下：

```
void Creat_Haffman_Code(struct Huff_Tree * ht_point,struct Haffman_code HCode[])
{
```

```
    struct Haffman_code leaf_node;
    int node_num,node_parent;
    for(int i=0;i<ht_point->leaf_num;i++){
        leaf_node.code_start=0;
        node_num=i;
        node_parent=(ht_point->node_array[node_num]).parent;
        while(node_parent!=-1){
            if((ht_point->node_array[node_parent]).left_child==node_num)
                leaf_node.code_bit[leaf_node.code_start]=0;
            else
                leaf_node.code_bit[leaf_node.code_start]=1;
            leaf_node.code_start ++;
            node_num=node_parent;
            node_parent=(ht_point->node_array[node_num]).parent;}
        for(int j=0;j<leaf_node.code_start;j++)
            HCode[i].code_bit[j]=leaf_node.code_bit[j];
        HCode[i].code_start=leaf_node.code_start-1;}
}
```

哈夫曼编码算法主函数代码如下：

```
int main()
{
    struct Huff_Tree * HTree;
    struct Haffman_code HCode[LEAFNUM];
    int weight[LEAFNUM]={2,5,9,4};
    HTree=Create_Huff_Tree(LEAFNUM,weight);
    Creat_Haffman_Code(HTree,HCode);
    for(int i=0;i<LEAFNUM;i++){
        printf("start:%d---code:",HCode[i].code_start);
        for(int j=HCode[i].code_start;j>=0;j--)
            printf("%d",HCode[i].code_bit[j]);
        printf("\n");}
    return 0;
}
```

对已经采用哈夫曼编码的报文进行解码时，还需要使用已构建的哈夫曼树，按照报文输入顺序依次读取编码，并沿着哈夫曼树从根结点开始向叶子结点移动，编码为 0，往左分支移动，编码为 1，往右分支移动，直到叶子结点。该段编码的译码即为该叶子结点对应的字符，算法执行过程可自行编写。

习 题

一、单项选择题

1. 设 a、b 为一棵二叉树上的两个结点，在中序遍历时，a 在 b 前的条件是（　　）。
   A) a 在 b 右方　　　　　　　　　　B) a 在 b 左方
   C) a 是 b 的祖先　　　　　　　　　D) a 是 b 的子孙

2. 对二叉树的结点从 1 开始进行连续编号，要求每个结点的编号大于其左右子结点的编号，同一结点的左右子结点中，其左子结点的编号小于右子结点，可采用（　　）次序的遍历进行编号。
   A) 前序　　　　　　　　　　　　　B) 中序
   C) 后序　　　　　　　　　　　　　D) 层次

3. 已知某二叉树的前序遍历序列为 ABDEGCFHIJ，中序遍历序列为 DBGEAHFIJC，后序遍历序列为（　　）。
   A) DGEHBJIFCA　　　　　　　　　B) DBGEHJIFCA
   C) DGEBHJIFCA　　　　　　　　　D) DGEBJIHFCA

4. 已知二叉树的前序遍历为 abcde，中序遍历为 badce，则其后序遍历为（　　）。
   A) dbeca　　　　　　　　　　　　　B) bdeca
   C) dceab　　　　　　　　　　　　　D) bdcae

5. 已知二叉树有 99 个叶子节点，则该二叉树的总结点至少应该有（　　）个。
   A) 99　　　　　B) 197　　　　　C) 198　　　　　D) 200

6. 具有 100 个节点的完全二叉树的深度为（　　）。
   A) 5　　　　　　B) 7　　　　　　C) 10　　　　　D) 100

7. 对于一颗具有 20 个结点，度为 4 的树，根结点为第 1 层，树的深度最多为（　　）。
   A) 3　　　　　　B) 17　　　　　C) 19　　　　　D) 20

8. 若一颗树有 5 个度为 1 的结点，7 个度为 2 的结点，3 个度为 4 的结点和 1 个度为 6 的结点，树中叶结点的个数为（　　）个。
   A) 12　　　　　B) 16　　　　　C) 21　　　　　D) 22

9. 若一颗二叉树的后序遍历为 DKFECHIGBA，中序遍历为 DCEKFABHGI，则前序遍历为（　　）。
   A) ACDEFKBGIH　　　　　　　　　B) ACDEFKBGHI
   C) ACDEFBKGHI　　　　　　　　　D) ABDEFKCGHI

10. 在一颗三元树中，度为 3 的结点数为 2 个，度为 2 的结点数为 1 个，度为 1 的结点数为 2 个，则度为 0 的结点数为（　　）个。
    A) 4　　　　　　B) 5　　　　　　C) 6　　　　　　D) 7

11. 如果结点 A 有 3 个兄弟结点，而且 B 是 A 的父结点，则 B 的度是（　　）。
    A) 3　　　　　　B) 4　　　　　　C) 5　　　　　　D) 无法判断

12. 深度为 n 的二叉树中所含叶子结点的个数最少为（　　）个。
    A) $2n$　　　　B) 1　　　　　C) 2^n-1　　　D) 2

二、问答题

1. 将如图 4-37 所示二叉树添加上中序线索。
2. 写出表达式 (a+g×c)/((f+d)×(e+h)) 的后缀表达式，要求画出表达式树及对应的二叉树。
3. 写出表达式 (a×b+c)×(d+e×f)-(g-h/u) 的后缀表达式，要求画出表达式树及对应的二叉树。

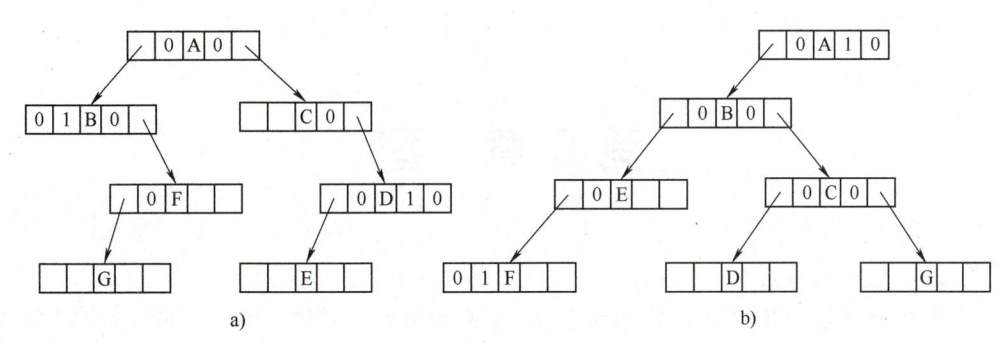

图 4-37 习题（二）中 1 题图

4. 通信报文中出现的字符 A，B，C，D，E，F 在报文中出现的频率分别为 14，21，35，10，13，7。
（1）为这 6 个字母画出相应的哈夫曼树（权值小的在左端）。
（2）各字符的哈夫曼编码（左分支标 0，右分支标 1）。
5. 设记录的关键字集合 K＝{12,4,3,7,8,2}，K 为权值集合。
（1）画出相应的哈夫曼树（权值小的在左端）。
（2）计算哈夫曼树的带权路径长度

三、设计题
1. 设计算法，求二叉树中所有的结点数。
2. 设计算法，统计出二叉树中大于给定值 x 的结点个数。
3. 设计算法，在二叉树中查找值为 x 的数据结点，返回该结点的地址。
4. 设计算法，将二叉树中所有结点的左右子树交换。
5. 设计算法，判断两颗已知的二叉树结构是否相同。
6. 设计算法，根据已知二叉树的前序遍历序列和中序遍历序列，恢复二叉树并采用二叉链表存储。

第 5 章 图

著名的地图着色问题是指采用不同颜色标记不同国家，但有一个基本的约束条件为相邻国家的颜色不能相同，计算看完成地图的着色需要多少种颜色。理想状态下，只考虑国家之间的边界相交信息，如果将一个国家用顶点表示，国家之间的相邻关系用边替代，则可将上述问题抽象为图的问题，即将图中每个顶点着色，但不能存在一条边的两个顶点颜色相同的情况。类似的应用问题，在日常生活中有很多，如地图的路径搜索、管网建设等。本章将介绍图的基本概念及相关操作和应用，要求掌握以下主要内容：

- 图的基本概念和两种存储方法
- 图的创建和遍历算法实现
- 使用 Prim 和 Kruskal 算法构造最小生成树
- 使用 Floyd、Dijkstra 和 Bellman-Ford 算法寻找图的最短路径
- 拓扑排序算法和关键路径算法的实现

5.1 图的定义和基本术语

图是一种网状的数据结构，其数据元素之间存在任意的前后件关系。图中数据元素称为顶点，数据元素之间的联系称为弧或边。

图通常定义为：G=(V,R)，V 为顶点集，包含图中全部数据信息，R 为两个顶点之间关系的集合，图的基本术语如下：

1. 有向图

有向边：顶点 v_i 和 v_j 之间有一条带方向的边，也称作弧，记为：$<v_i,v_j>$，其中 v_i，$v_j \in V$，其表示为从 v_i 到 v_j 的一条弧，v_i 为弧尾，v_j 为弧头，同时称顶点 v_i 邻接到顶点 v_j，弧 $<v_i,v_j>$ 和顶点 v_i，v_j 相关联。

有向图：由顶点集和弧集构成的图，如图 5-1 所示。

有向图 G=(V,R)

V={A,B,C,D,E,F}

R={<A,B>,<B,A>,<A,F>,<F,E>,<E,D>,<D,C>,<B,C>,<C,F>,<E,B>}

注意：<A,B>，<B,A>为两条不同的弧。弧<A,B>中，A 为弧尾，B 为弧头。

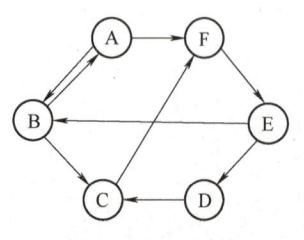

图 5-1 有向图

出度：以顶点 v_i 为弧尾的弧的数目称为顶点 v_i 的出度。

入度：以顶点 v_i 为弧头的弧的数目称为顶点 v_i 的入度。

度：对于有向图，顶点 A 的度为入度+出度。例如图 5-1 中，顶点 B 的入度为 2，出度为 2，度为 4。

2. 无向图

无向边：顶点 v_i 和 v_j 之间有一条不带方向的边，记为：(v_i,v_j)，其中 $v_i,v_j \in V$。同时称顶点 v_i 和顶点 v_j 互为邻接点。边（v_i,v_j）和顶点 v_i，v_j 相关联。

无向图：由顶点集和边集构成的图，如图 5-2 所示。

无向图 G = (V,R)

V = {A,B,C,D,E,F}

R = {(A,B),(A,C),(A,D),(B,C),(D,E),(C,F),(F,E)}

注意：（A,B）和（B,A）为同一条边。

完全无向图：边的总数达到最大值 $n×(n-1)/2$ 的无向图。

度：对于无向图，顶点 v_i 的度是指与 v_i 相关联边的数目。例如图 5-2 中，顶点 C 的度为 3。

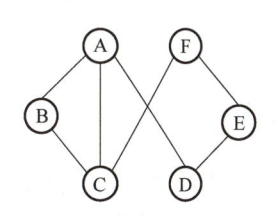

图 5-2　无向图

权值：在部分有向图或无向图中，边或弧带有数值，该数值称作权值。

3. 子图

存在两个图 $G_1 = (V_1, R_1)$ 和 $G_2 = (V_2, R_2)$，若 $V_1 \subseteq V_2$，$R_1 \subseteq R_2$，则称 G_1 是 G_2 的子图（见图 5-3）。

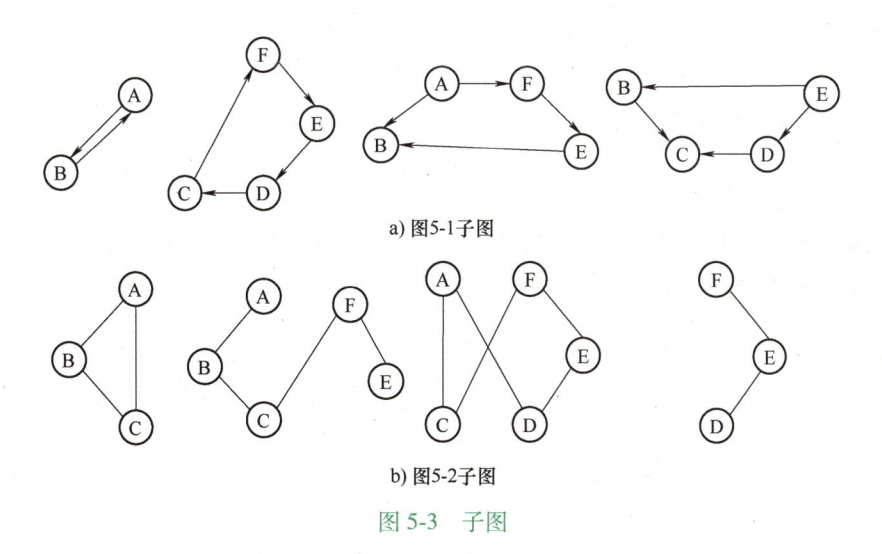

a) 图5-1子图

b) 图5-2子图

图 5-3　子图

4. 路径和回路

设图 G = (V,R) 中存在的一个顶点序列 $\{v_0,v_1,v_2,\cdots,v_n\}$，且（$v_{i-1},v_i$）$\in R$，则称从顶点 v_0 到顶点 v_n 之间存在一条路径。对于有向图则应满足 $<v_{i-1},v_i> \in R$。路径长度为边或弧的数量。在路径序列中顶点不重复出现为**简单路径**，在路径序列中第一个顶点与最后一个顶点相同的为**简单回路**。

5. 连通图

若无向图中两个顶点之间存在路径，则称这两个顶点是**连通**的，任意两个顶点之间都有路径相通，则称此图为**连通图**。若无向图为非连通图，则图中各个极大连通子图称作此图的

连通分量，如图 5-4 所示。连通图只有一个连通分量，即图本身。

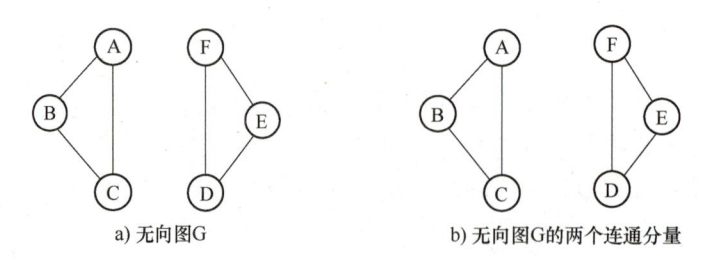

a) 无向图G　　　　　　　b) 无向图G的两个连通分量

图 5-4　无向图连通分量

强连通图：在有向图中，每对顶点 v_i，$v_j \in V$ 且 $v_i \neq v_j$，存在 $v_i \rightarrow v_j$ 及 $v_j \rightarrow v_i$ 的路径。否则，其各个极大强连通子图称作它的**强连通分量**。如图 5-5b 所示为有向图的两个强连通分量；图 5-1 亦为一个强连通图。

a) 有向图　　　　　　　b) 两个强连通分量

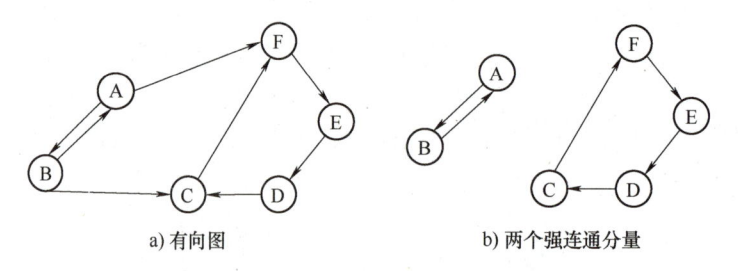

图 5-5　有向图强连通分量

6. 生成树

无向图的生成树也称支撑树，是该图的一个极小连通子图，其包含全部的 n 个顶点，但仅有 $n-1$ 条边连通图中 n 个顶点，无环路。一个无向图的生成树可能不唯一。若无向图不连通，则每个连通分量的生成树构建生成森林。图 5-2 无向图的三棵生成树，如图 5-6 所示：

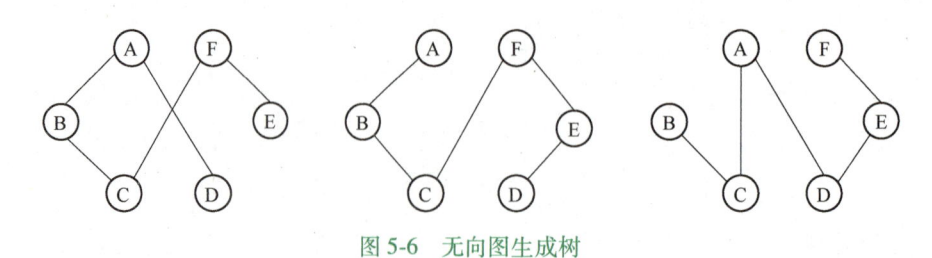

图 5-6　无向图生成树

5.2　图的存储

图结点无根，任意两点都可能有连接，既要存储顶点信息，还要存储边或弧的信息。同时在设计算法的过程中，还应结合设计要求合理选择图的存储方式，以达到提高算法效率的目的。

5.2.1 邻接矩阵

图的存储与树和线性表不同，无法直接用一个顺序结构来存放图的全部信息。由图的定义可知，图的逻辑结构分为两部分，V（顶点的集合），R（顶点之间的关系），可借助数组来分别解决：一维数组存放顶点 V 的信息和二维数组存放顶点之间的关系 R。这个二维数组被称为邻接矩阵，也叫关联矩阵，其反映了图中各顶点之间的相邻关系。

若图 G 的边或弧无权，其邻接矩阵 A 为

$$A(i,j)=\begin{cases}1 & (v_i,v_j)\in R \text{ 或 } <v_i,v_j>\in R \\ 0 & (v_i,v_j)\notin R \text{ 或 } <v_i,v_j>\notin R\end{cases}$$

若图 G 的边或弧带权值 w，则邻接矩阵 A 为

$$A(i,j)=\begin{cases}w_{i,j} & (v_i,v_j)\in R \text{ 或 } <v_i,v_j>\in R \\ -1 \text{ 或 } \infty & (v_i,v_j)\notin R \text{ 或 } <v_i,v_j>\notin R\end{cases}$$

【例 5-1】 无向图 G1 和 G2 如图 5-7 所示，写出 G1 和 G2 的邻接矩阵。

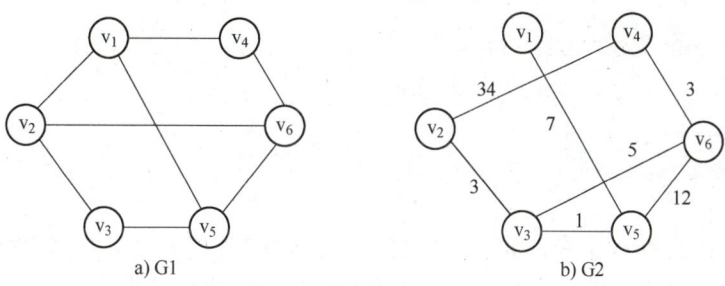

图 5-7 无向图 G1 和 G2

解：

$$A_{G1}=\begin{bmatrix}0 & 1 & 0 & 1 & 1 & 0 \\ 1 & 0 & 1 & 0 & 0 & 1 \\ 0 & 1 & 0 & 0 & 1 & 0 \\ 1 & 0 & 0 & 0 & 0 & 1 \\ 1 & 0 & 1 & 0 & 0 & 1 \\ 0 & 1 & 0 & 1 & 1 & 0\end{bmatrix} \quad A_{G2}=\begin{bmatrix}0 & -1 & -1 & -1 & 7 & -1 \\ -1 & 0 & 3 & 34 & -1 & -1 \\ -1 & 3 & 0 & -1 & 1 & 5 \\ -1 & 34 & -1 & 0 & -1 & 3 \\ 7 & -1 & 1 & -1 & 0 & 12 \\ -1 & -1 & 5 & 3 & 12 & 0\end{bmatrix}$$

无向图的邻接矩阵为对称矩阵，可以采用只存储下三角矩阵或上三角矩阵到一维数组的方式进行压缩，节省存储空间。

【例 5-2】 有向图 G3 和 G4 如图 5-8 所示，写出 G3 和 G4 的邻接矩阵。

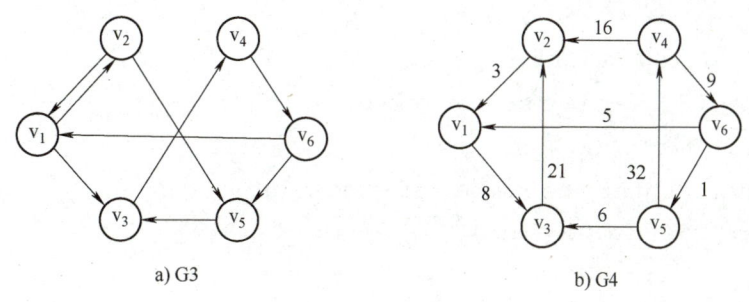

图 5-8 有向图 G3 和 G4

解：

$$A_{G1} = \begin{bmatrix} 0 & 1 & 1 & 0 & 0 & 0 \\ 1 & 0 & 0 & 0 & 1 & 0 \\ 0 & 0 & 0 & 1 & 0 & 0 \\ 0 & 0 & 0 & 0 & 0 & 1 \\ 0 & 0 & 1 & 0 & 0 & 0 \\ 1 & 0 & 0 & 0 & 1 & 0 \end{bmatrix} \quad A_{G2} = \begin{bmatrix} 0 & -1 & 8 & -1 & -1 & -1 \\ 3 & 0 & -1 & -1 & -1 & -1 \\ -1 & 21 & 0 & -1 & -1 & -1 \\ -1 & 16 & -1 & 0 & -1 & 9 \\ -1 & -1 & 6 & 32 & 0 & -1 \\ 5 & -1 & -1 & -1 & 1 & 0 \end{bmatrix}$$

无权有向图每行非零值的个数为该行对应顶点的出度，每列非零值的个数为该列对应顶点的入度。无向图的行列非零值个数相同，为对应顶点的度。

邻接矩阵的存储结构类型 C 语言定义如下：

```c
#define MAXNODE 6
typedef struct
{
    char vexs[MAXNODE];
    int edges[MAXNODE][MAXNODE];
    int v_num,e_num;
}Graph;
```

其中，一维数组 vexs 用来存放顶点信息，可根据题目需求定义数据类型，本章采用顶点信息存储字符，因此采用 char 定义。二维数组 edges 存放邻接矩阵。v_num，e_num 用来存放当前图的顶点和边或弧的数量。

使用邻接矩阵实现图的基本操作比较简单，例如在有向图中增加一条从顶点 u 到 v 的边，u 和 v 为顶点在邻接矩阵 edges 中的位置，算法代码如下：

```c
void insert_edge(Graph *G,int u,int v)
{
    G->edges[u][v]=1;
}
```

使用邻接矩阵创建有向图的算法代码如下：

```c
void Creat_MGraph(Graph *G)
{
    int col,row,weight;
    printf("Enter the number of vertex:\n");
    scanf("%d",&G->v_num);
    printf("Enter the number of edges:\n");
    scanf("%d",&G->e_num);  getchar();
```

```
    for(int i=0;i<G->v_num;i++){
        printf("Enter the(%d)vertex:\n",i+1);
        scanf("%c",&(G->vexs[i]));
        getchar();}
    for(row=0;row< G->v_num;row++)
        for(col=0;col< G->v_num;col++)
            G->edges[row][col]=0;
    for(int k=0;k< G->e_num;k++){
        printf("Enter %d the row,col,weight\n",k+1);
        scanf("%d%d%d",&row,&col,&weight);
        G->edges[row][col]=weight;}
}
```

由于无向图为主对角线对称矩阵，在根据边的数量创建无向图邻接矩阵时，需在 row 行 col 列的矩阵元素赋值时，同步给矩阵元素 G->edges[row][col]赋值。图中无边或弧连接顶点之间的邻接矩阵元素可根据设计需求赋 0、-1 或一个极大数。

当设计要求输入图时，如不能采用直接输入邻接矩阵数组下标的方式，而是要求通过顶点信息确认该顶点在邻接矩阵中的位置。这时可以添加一个求顶点位置的函数实现该功能。求顶点位置函数算法代码如下：

```
int Loc_vexs(Graph * G,char vex)
{
    int sub=-1;
    for(int i=0;i<G->v_num;i++)
        if(G->vexs[i]==vex){
            sub=i+1;
            break;}
    return sub;
}
```

5.2.2 邻接表

邻接矩阵是一种静态存储方法，需预先知道图中顶点的个数。如图结构在解决问题时动态变化，则每增加或减少一个顶点都需改变矩阵的大小，导致算法效率降低。若图是一个稀疏矩阵，则会造成空间的浪费。这时可采用链式存储结构，即邻接表存储形式。

邻接表实质上是一种顺序→索引→链接的存储形式。邻接表将图中所有顶点存放在一个顺序存储空间内，存储顶点信息的同时，也存储与该顶点邻接的所有顶点组成的单链边表的第一个结点地址。单链边表仅保存与该顶点有关联的顶点相关信息，这样就克服了邻接矩阵空间浪费的弊端：对于无向图，如存在顶点 v_i，则该顶点的单链边表保存与 v_i邻接的所有顶点在顺序表中位置、顶点 v_i连接边的权值等信息；对于有向图，如存在顶点 v_i，则该顶点的

单链边表保存以 v_i 为弧尾的所有顶点在顺序表中位置、弧的权值等信息。

顺序表：存储图的顶点信息及与顶点邻接的其他顶点的单链边表第一个结点的地址。顺序表结点结构如图 5-9 所示。

顶点信息	单链表头指针
data	link

图 5-9 顺序表结点结构

顺序表结点的结构体类型 C 语言定义如下：

```
struct vex_node
{
    char data;
    struct edge_node * link;
};
```

单链边表：存储图中每个顶点 v_i 的所有邻接顶点，单链边表每个结点由三部分组成，其中 position 域用于存放邻接顶点在顺序表中的位置，weight 域用来存放权值或其他相关信息，如无权值，该成员可省略。next 域存放与顶点 v_i 邻接的下一个顶点的单链边表结点地址。单链边表结点结构如图 5-10 所示。

顶点位置	权值	指针域
position	weight	next

图 5-10 单链边表结点结构

单链边表结点的结构体类型 C 语言定义如下：

```
struct edge_node
{
    int position;
    int weight;
    struct edge_node * next;
};
```

图 5-11 和图 5-12 分别为无向图 G1 和有向图 G4 的邻接表示例，其中 G1 无权值，G4 带权值，单链边表链接顺序与输入顺序及算法设计有关。

在无向图邻接表中，如有 v_num 个顶点、e_num 条边，则顺序表需 v_num 个结点空间，单链边表需 2e_num 个结点空间，若图中边数稀疏，则存储空间相对于邻接矩阵会节省很多。同时，顶点对应的单链边表的结点个数即为该顶点的度。

在有向图邻接表中，如有 v_num 个顶点，e_num 条边，则顺序表需 v_num 个结点空间，单链边表需 e_num 个结点空间，顶点对应的单链边表的结点个数即为该顶点的出度，入度

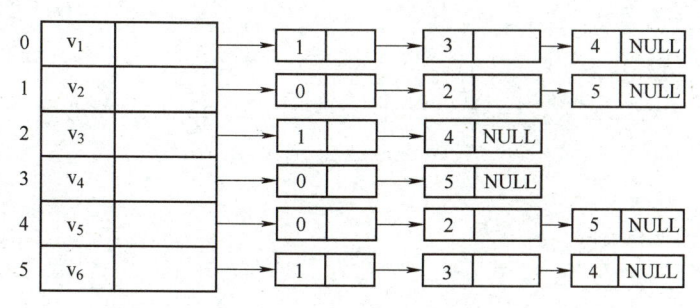

```
 0 | v₁ |  →  | 1 |   | → | 3 |   | → | 4 | NULL |
 1 | v₂ |  →  | 0 |   | → | 2 |   | → | 5 | NULL |
 2 | v₃ |  →  | 1 |   | → | 4 | NULL |
 3 | v₄ |  →  | 0 |   | → | 5 | NULL |
 4 | v₅ |  →  | 0 |   | → | 2 |   | → | 5 | NULL |
 5 | v₆ |  →  | 1 |   | → | 3 |   | → | 4 | NULL |
```

图 5-11　无向图 G1 邻接表

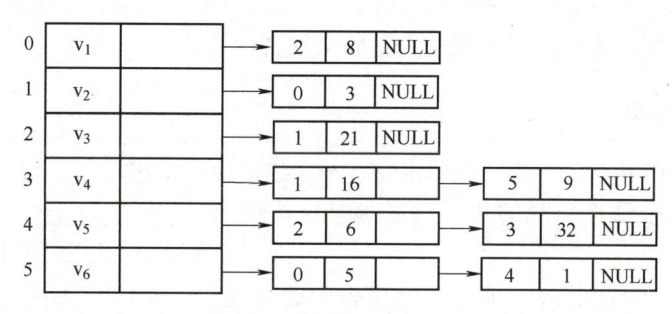

```
 0 | v₁ |  →  | 2 | 8  | NULL |
 1 | v₂ |  →  | 0 | 3  | NULL |
 2 | v₃ |  →  | 1 | 21 | NULL |
 3 | v₄ |  →  | 1 | 16 | → | 5 | 9  | NULL |
 4 | v₅ |  →  | 2 | 6  | → | 3 | 32 | NULL |
 5 | v₆ |  →  | 0 | 5  | → | 4 | 1  | NULL |
```

图 5-12　有向图 G4 邻接表

需遍历整个邻接表，也可以采用逆邻接表法解决入度处理不方便的问题。

基于邻接表创建图的算法代码如下：

```c
struct vex_node * creat_Graph(char vex_data[],int v_num)
{
    struct vex_node * head;
    struct edge_node * new_node;
    int weight,position;
    head=(struct vex_node * )malloc(v_num * sizeof(struct vex_node));
    for(int k=0;k<v_num;k++){
        (head+k)->data=vex_data[k];
        (head+k)->link=NULL;
        printf("input linked list of %c :position weight\n",vex_data[k]);
        scanf("%d%d",&position,&weight);
        while(position >=0){
            new_node=(struct edge_node * )malloc(sizeof(struct edge_node));
            new_node->position=position;
            new_node->weight=weight;
```

```
            new_node->next=(head+k)->link;
            (head+k)->link=new_node;
            printf("Please continue input vertex \n");
            scanf("%d%d",&position,&weight);}
    }
    return(head);
}
```

函数依次在顺序表中对图中每个顶点进行赋值，同时建立该顶点的单链边表。建立单链边表时采用头插法将新结点插入到单链边表当前第一个结点之前，直到邻接顶点位置输入-1为止。创建图的邻接表函数返回顺序表存储空间首地址。

5.2.3 邻接多重表

邻接多重表能够更方便的处理边的信息，一条边对应一个边结点，边结点包含边对应的两个顶点及与这两个顶点关联的边结点的地址，边结点结构如图5-13所示。

| v1_pos | v1_next | v2_pos | v2_next |

图5-13 邻接多重表边结点结构

v1_pos，v2_pos为边的两个顶点在顺序表中的位置，v1_next为下一条与v_1关联的边结点地址，v2_next为下一条与v_2关联的边结点地址。图5-14为无向图G1的邻接多重表逻辑结构。

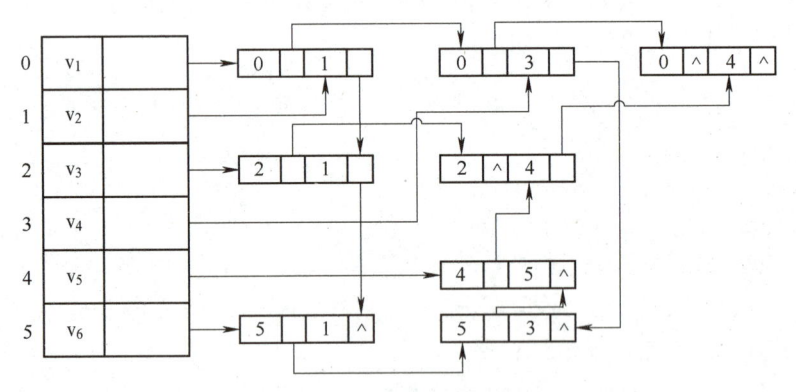

图5-14 无向图G1邻接多重表逻辑结构

5.3 图的遍历

图的遍历为从图中某个顶点出发，按照一定策略访问且仅访问一次图中所有的顶点。由于图中存在回路及图可能是不连通的，因此图的遍历比树和二叉树要复杂。常用的图的遍历方法有纵向优先搜索和横行优先搜索。

5.3.1 纵向优先搜索

图的纵向优先搜索也叫深度优先搜索，其过程为：从图的某个顶点v_i出发，先访问v_i，

然后选择一个与 v_i 相邻且没有被访问过的顶点 v_{i+1} 访问，再从 v_{i+1} 出发选择一个与 v_{i+1} 相邻且未被访问的顶点 v_{i+2} 访问。依次按图中边或弧的连接执行，如果当前被访问顶点的所有邻接顶点都已被访问，则退回已被访问的顶点序列中最后一个拥有未被访问的相邻顶点的顶点 $v_j (j=i, i+1, i+2, \cdots)$，按上述同样方法向前搜索，直到所有顶点被访问。

【例 5-3】 无向图 G5 逻辑结构如图 5-15 所示，描述以 v_1 为起始，纵向优先搜索的执行过程。

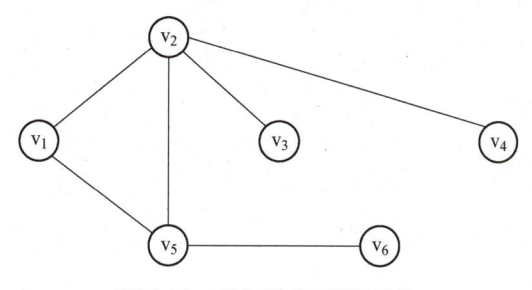

图 5-15　无向图 G5 逻辑结构

解：

1）v_1 为起始，访问 v_1，访问与 v_1 邻接且没有访问的 v_2。
2）v_2 为起始，访问与 v_2 邻接且没有访问的 v_4。
3）v_4 为起始，与 v_4 相邻的 v_2 已被访问过，回溯到 v_2。
4）v_2 为起始，访问与 v_2 邻接且没有访问的 v_3。
5）v_3 为起始，与 v_3 相邻的 v_2 已被访问过，回溯到 v_2。
6）v_2 为起始，访问与 v_2 邻接且没有访问的 v_5。
7）v_5 为起始，访问与 v_5 邻接且没有访问的 v_6。
8）v_6 为起始，与 v_6 相邻的 v_5 已被访问过，回溯到 v_5。
9）v_5 为起始，与 v_5 相邻的 v_1、v_2、v_6 已被访问过，回溯到 v_2。
10）v_2 为起始，与 v_2 相邻的 v_1、v_3、v_4 和 v_5 已被访问过，回溯到 v_1。
11）v_1 为起始，与 v_1 相邻的 v_5、v_2 已被访问过，遍历结束。

最终纵向优先搜索结果为：$v_1 \to v_2 \to v_4 \to v_3 \to v_5 \to v_6$。采用不同的存储方式及创建图时的录入顺序，搜索结果会有所区别。

【例 5-4】 如图 5-16 所示，图采用邻接表存储，设起始顶点为 B，写出采用纵向优先搜索的顶点访问顺序。

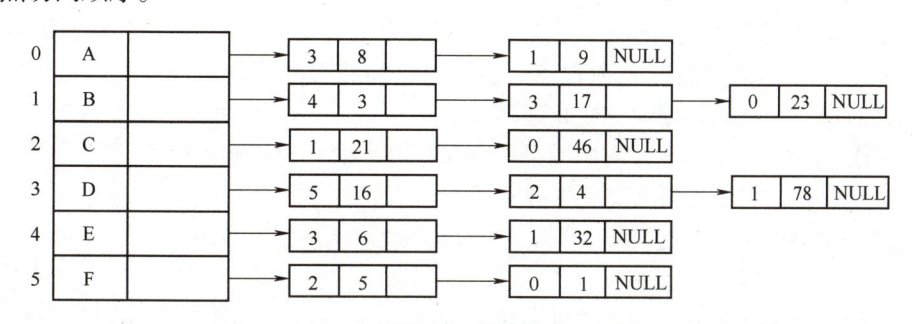

图 5-16　邻接表

解： 基于邻接表存储的图纵向优先搜索访问顺序为：B E D F C A。

图的存储方式采用邻接表，其纵向优先搜索的算法代码如下：

```c
void DFS_Adj_List(struct vex_node * head,int start,int * mark)
{
    struct edge_node * current;
    printf("%c",(head+start)->data);
    mark[start]=1;
    current=(head+start)->link;
    while(current! =NULL){
        if(mark[(current-> position)]==0)
        DFS_Adj_List(head,current->position,mark);
        current=current->next;}
}
void DFS_List(struct vex_node * head,int vex_num)
{
    int start, * mark;
    mark=(int * )malloc(vex_num * sizeof(int));
    for(int i=0;i< vex_num;i++)
        mark[i]=0;
    printf("Enter starting vertex number:");
    scanf("%d",&start);
    /* for(start=0;start<vex_num;start++)
        if(! mark[start]) */
            DFS_Adj_List(head,start,mark);
    printf("\n");
    free(mark);
}
```

图中结点元素为多对多关系，为避免发生重复，定义数组 mark，每个数组元素对应一个顶点，对应顶点位置为 0 表明未被访问过，为 1 表明已被访问过。由上述代码可以看出图的深度优先搜索采用递归思想实现。如采用非递归方式，则需使用栈结构协助存储访问过的路径。变量 start 为开始顶点在顺序表中位置，范围为 0~vex_num-1。若图为连通图或强连通图，则从 start 可以访问到所有其他顶点；若不是，需将程序中注释部分加入，对所有顶点进行搜索，防止遗漏。

【例 5-5】 如图 5-17 所示，有向图采用邻接矩阵存储，设起始顶点为 B，从左到右，写出采用纵向优先搜索的顶点访问顺序。

解： 基于邻接矩阵存储的纵向优先搜索访问顺序为：B A C D F E。

图的存储方式采用邻接矩阵，其纵向优先搜索的算法代码如下：

$$
\begin{array}{c}
\begin{array}{c}A\\B\\C\\D\\E\\F\end{array}
\begin{bmatrix}
0 & 0 & 1 & 1 & 0 & 0\\
1 & 0 & 0 & 0 & 1 & 0\\
0 & 0 & 0 & 1 & 0 & 0\\
1 & 1 & 0 & 0 & 0 & 1\\
0 & 0 & 1 & 1 & 0 & 1\\
1 & 0 & 0 & 1 & 1 & 0
\end{bmatrix}\\
\text{A B C D E F}
\end{array}
$$

图 5-17　邻接矩阵

```
void DFS_Adj_Matrix(Graph * G,int start,int * mark)
{
    mark[start]=1;
    printf("%c ",G->vexs[start]);
    for(int i=0;i < G->v_num;i++){
        if(G->edges[start][i]==1 && mark[i]==0)
            DFS_Adj_Matrix(G,i,mark);}
}
void DFS_Graph(Graph * G,int start)
{
    int * mark;
    mark=(int * )malloc(G->v_num * sizeof(int));
    for(int i=0;i< G->v_num;i++)
        mark[i]=0;
    /* for(;start<G->v_num;start++)
        if(!mark[start]) */
            DFS_Adj_Matrix(G,start,mark);
    free(mark);
}
```

上述搜索扫描为从左到右，如需从右到左，仅需将 DFS_Adj_Matrix 函数内循环初值设为 v_num-1，start 自减即可。

5.3.2 横向优先搜索

图的横向优先搜索也叫广度优先搜索，其过程为：从图的某个顶点 v_i 出发，接着依次访问 v_i 的所有未被访问过的邻接点 v_1，v_2，…，v_j，然后再按照 v_1，v_2，…，v_j 的次序依次访问这些结点的未被访问过的邻接点，直到图中所有顶点都被访问完为止。通常情况下横向优先搜索使用队列结构协助完成上述过程。

以图 5-15 中无向图 G5 为例，设 v_1 为起始，采用横向优先搜索，执行过程如下：
1) v_1 为起始，访问 v_1，访问与 v_1 邻接且没有访问的 v_2，v_5。
2) v_2 为起始，访问与 v_2 邻接且没有访问的 v_3，v_4。
3) v_5 为起始，访问与 v_5 邻接且没有访问的 v_6。
4) v_3 为起始，所有邻接点均被访问过。
5) v_4 为起始，所有邻接点均被访问过。
6) v_6 为起始，所有邻接点均被访问过，结束。

最终横向优先搜索结果为：$v_1 \rightarrow v_2 \rightarrow v_5 \rightarrow v_3 \rightarrow v_4 \rightarrow v_6$。采用不同的存储方式及创建图时的录入顺序，搜索结果会有所区别。

【例 5-6】 如图 5-16 所示，图采用邻接表存储，设起始顶点为 C，写出采用横向优先搜索的顶点访问顺序。

解：基于邻接表存储图的横向优先搜索访问顺序为：C B A E D F。

图的存储方式采用邻接表，其横向优先搜索的算法代码如下：

```c
void BFS_List(struct vex_node * head,int vex_num)
{
    int * mark, * queue,front,rear,sign,position,start;
    struct edge_node * current;
    printf("Please enter the number to begain to find at head:");
    scanf("%d",&start);
    mark=(int * )malloc(vex_num * sizeof(int));
    for(int i=0;i< vex_num;i++)
        mark[i]=0;
    queue=(int * )malloc(vex_num * sizeof(int));
    front=vex_num;
    rear=vex_num;
    sign=0;
    /* for(start=0;start < vex_num;start ++){ */
        if(mark[start]==0){
            mark[start]=1;
            printf("%c",(head+ start)->data);
            add_queue(queue,vex_num,&front,&rear,&sign,start);
            while(sign==1){
                del_queue(queue,vex_num,&front,&rear,&sign,&position);
                current=(head+ position)->link;
                while(current! =NULL){
                    position=current->position;
                    if(mark[position]==0){
                        printf("%c",(head+ position)->data);
                        mark[position]=1;
                        add_queue(queue,vex_num,&front,&rear,&sign,position);}
                    current=current->next;}
            }
        }
    /* } */
    free(mark);
    free(queue);
}
```

横向优先搜索时，定义数组 mark，作用同上。从顺序表中 start 位置顶点开始访问，start

范围为 0~vex_num-1。横向优先搜索算法执行步骤如下：

Step1：访问 start 位置顶点输出并入队，执行 Step2。

Step2：判断队列是否为空，如不为空执行 Step3；否则执行 Step4。

Step3：出队，因图采用邻接表形式存储，出队后会依次访问与出队顶点邻接的其他顶点，访问方式为扫描该顶点的单链边表，若单链边中顶点未被访问过，输出并入队；如单链边表中所有邻接顶点全都访问完成，执行 Step2。

Step4：释放 mark 和队列空间，结束遍历。

上述算法执行过程从 start 位置顶点开始，若为非连通图，取消注释，将循环功能加入算法中即可。当图采用邻接矩阵存储时，例如图 5-17 中图的邻接矩阵，设起始顶点为 C，采用横向优先搜索，从左到右，遍历结果为：C D A B F E。

图的存储方式采用邻接矩阵，其横向优先搜索的算法设计思想与采用邻接表存储相同，具体代码执行过程请读者自行编写。

通过图的搜索遍历可以判断图是否连通，方法为在遍历过程中，统计循环执行 DFS_Adj_List 或 DFS_Adj_Matrix 函数的次数，即可确定图的连通性。例如图 5-18 为非连通无向图 G6，在执行纵向优先搜索中，需要在 DFS_Graph 或 DFS_List 函数中调用 2 次 DFS_Adj_List 或 DFS_Adj_Matrix 函数才能完成对所有顶点的访问，同时可根据调用顺序得到无向图的各连通分量。

对于有向图，可先根据邻接表按出度纵向优先搜索，记录访问结点的顺序和连通子集的划分。再根据逆邻接表按入度纵向优先搜索，对前一步结果再划分，最终得到各强连通分量。

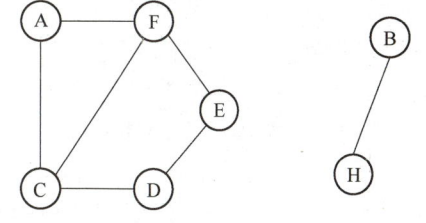

图 5-18 非连通无向图 G6

5.4 图的应用

5.4.1 地图的着色

在本章开始提到地图着色问题可以转换为无向图的着色问题，将一个国家用顶点表示，国家之间的相邻关系用边替代，则可将上述问题抽象为图的问题，即将图中每个顶点着色，但不能存在一条边的两个端点颜色相同的情况，可以采用回溯法求出图的着色方案。

【例 5-7】 如图 5-19 所示，无向图 G7 采用 4 种颜色着色，要求相邻顶点颜色不同，采用邻接矩阵存储无向图，编写着色方案算法程序。

解：基于回溯法思想，采用递归方式可对图中顶点逐一着色，图采用邻接矩阵存储。顶点的着色编号存储于数组 vex_color[MAXNODE]中，数组下标对应顶点编号，MAXNODE 为顶点数量，数组元素初值均为 0。着色编号为 1~MAXCOLOR，0 为未着色。着色后如与相邻顶点验证符合要求，进行下一个顶点的着色操作，如验证不通过，换为下一个颜色继续验证，若所有颜色在该顶点验证均未能通过，则回溯返回前一个顶点验证后续颜色。根据着色算法思想需标明顶点的着色验证状态，定义一个标志位 test：0 表示未验证，1 表示验证通过。

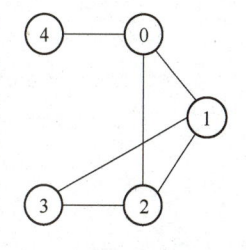

图 5-19 无向图 G7

vex_n 为当前着色顶点编号，地图着色算法代码如下：

```c
#include<stdio.h>
#include<stdlib.h>
#define MAXNODE 5
#define MAXCOLOR 4
Graph * G;
void color_map(int vex_n,int * vex_color)
{
    int test;
    if(vex_n> MAXNODE-1){
        for(int i=0;i< MAXNODE;i++)
            printf("vex:%d---color:%d\t",i,vex_color[i]);
        printf("\n");}
    else{
        for(int i=1;i<=MAXCOLOR;i++){
            vex_color[vex_n]=i;
            test=1;
            for(int j=0;j< MAXNODE;j++){
                if((G->edges[vex_n][j]==1)&&(vex_color[vex_n]==vex_color[j])){
                    test=0;
                    break;}
            }
            if(test)
                color_map(vex_n+1,vex_color);
            vex_color[vex_n]=0;
        }
    }
}
int main()
{
    int vex_color[MAXNODE]={0};
    G=(Graph * )malloc(sizeof(Graph));
    for(int row=0;row< MAXNODE;row++)
        for(int col=0;col< MAXNODE;col++){
            printf("row:%d,col:%d=",row,col);
            scanf("%d",&G->edges[row][col]);}
    color_map(0,vex_color);
```

```
        return 0;
}
```

算法执行具体过程为：从起始顶点开始根据着色编号从 1 开始按递增顺序逐一尝试着色，每赋予一个颜色的同时进行验证，即将当前着色顶点颜色编号依次与相邻顶点颜色编号进行比较，若颜色均不相同，test 置 1，调用自身递归函数进行后继顶点着色。若验证不通过，将 test 置 0，说明此颜色不可用，尝试下一个颜色。若四种颜色在该顶点验证均未能通过，则回溯返回前一个顶点验证后续颜色，直到所有顶点均着色完成，输出着色方案。

基于回溯法求图着色的方案也可以应用在社交网络中，如用户可以视为图的顶点，而用户之间的关系（如朋友关系）则视为边。图着色过程可以用于识别社交群体或确定用户之间的相互影响。相邻的顶点，即有直接关系的用户不能有相同的颜色，这意味着同一小组的用户不会被直接连接在一起。通过为每个用户着色，标识用户所属的不同兴趣小组或社交群体。

5.4.2　最小生成树

在现实生活中，例如在铺设线路、管道的时候，常常会需要从多个设计方案中选择既能够连通各个地点又能够使建设费用最少的一个最佳方案。又例如设计计算机网络时，在每条网络连接维护成本已知的前提下，如何得到一个最经济的网络。可将铺设地点、计算机等客观对象抽象为顶点 V，把它们之间的存在的联系抽象为边或弧 R，铺设或连通费用为权值。如顶点数量为 n，需从图中寻找 $n-1$ 条边，使得这 $n-1$ 条边不仅能把这 n 个顶点连成一个连通图，并且它们的权值之和最小，即构建最小生成树。

最小生成树定义为图的生成树中边上权值之和最小的生成树。本节介绍两种求最小生成树的方法：Kruskal 算法和 Prim 算法。

1. Kruskal 算法

Kruskal 算法，即克鲁斯卡尔算法，其算法的主要思想是：不断重复地选择图中未被选中的边中权值最小且不会形成回路的一条边，作为生成树的边，直到选出 $n-1$ 条边。根据 Kruskal 算法思想可以得知，其在逐步加入边的同时判断加入的边能否形成闭环，因此在算法执行过程中，判断是否有回路是关键。

最小生成树寻找过程中需对图中边进行排序等相关操作，将带权值的边按顺序进行存储，存储边结点结构如图 5-20 所示。

| vex_u | vex_v | weight |

图 5-20　存储边结点结构

其中，vex_u 和 vex_v 表示边的两个顶点，weight 表示权值。边结点的结构体类型 C 语言定义如下：

```
struct k_edge
{
    int vex_u;
```

```
        int vex_v;
        int weight;
};
struct k_edge Edge_inf[50];
```

边信息存入数组 Edge_inf，在选择权值最小边之前，需对数组 Edge_inf 中所有边根据权值进行排序，排序采用冒泡排序算法，边的排序算法代码如下：

```
void sort(struct k_edge Edge_inf[],int edge_num)
{
    struct k_edge   temp;
    for(int i=0;i< edge_num -1;i++)
        for(int j=0;j< edge_num-i-1;j++)
            if(Edge_inf[j].weight>Edge_inf[j+1].weight){
                temp=Edge_inf[j];
                Edge_inf[j]=Edge_inf [j+1];
                Edge_inf[j+1]=temp;}
}
```

通过冒泡排序可以将图中带权值的 edge_num 条边按权值由小到大顺序排列。同时算法执行时还需预先设定一个存储顶点标号的连续空间 vex_key，空间大小由图的顶点数量确定。

Kruskal 算法执行步骤为：

Step1：从图的邻接矩阵中读取边信息存入数组 Edge_inf 中，并为每个顶点设置一个互不相同的标号，存入数组 vex_key 中，表示顶点所属的连通部分，图顶点按顺序对应邻接矩阵数组下标 0~G->v_num-1，执行 Step2。

Step2：对数组 Edge_inf 中的边，按权值由小到大进行排序。在构造最小生成树时，从排序后的边序列中依次选取当前权值最小的边，执行 Step3。

Step3：判断是否已选取出 $n-1$ 条边，即 count 是否小于 G->v_num，如不是执行 Step4；否则执行 Step6。

Step4：读取当前权值最小的边的两个顶点标号，并判断准备加入边的两个顶点标号是否相同，即是否属于同一个子图，如相同则属于同一的连通分量，再加入会形成环路，该边应舍弃，执行 Step3；否则属于不同的连通分量，执行 Step5。

Step5：将该边加入最小生成树，在本节中采用直接输出的方式。count 自加 1，同时将图中与该边一个顶点标号相同的所有其他顶点标号均统一为另一个顶点的标号，执行 Step3。

Step6：结束。

【例 5-8】 带权值的无向图 G8 及根据顶点设定的初始标号，如图 5-21 所示。描述采用 Kruskal 算法求取最小生成树的过程。

解：采用 Kruskal 算法的执行过程如图 5-22 所示。

结合图 5-22 可知采用 Kruskal 算法的无向图 G8 的最小生成树构建的过程如下：

1）将无向图 G8 的 10 条边根据权值由小到大排序。

图 5-21　无向图 G8

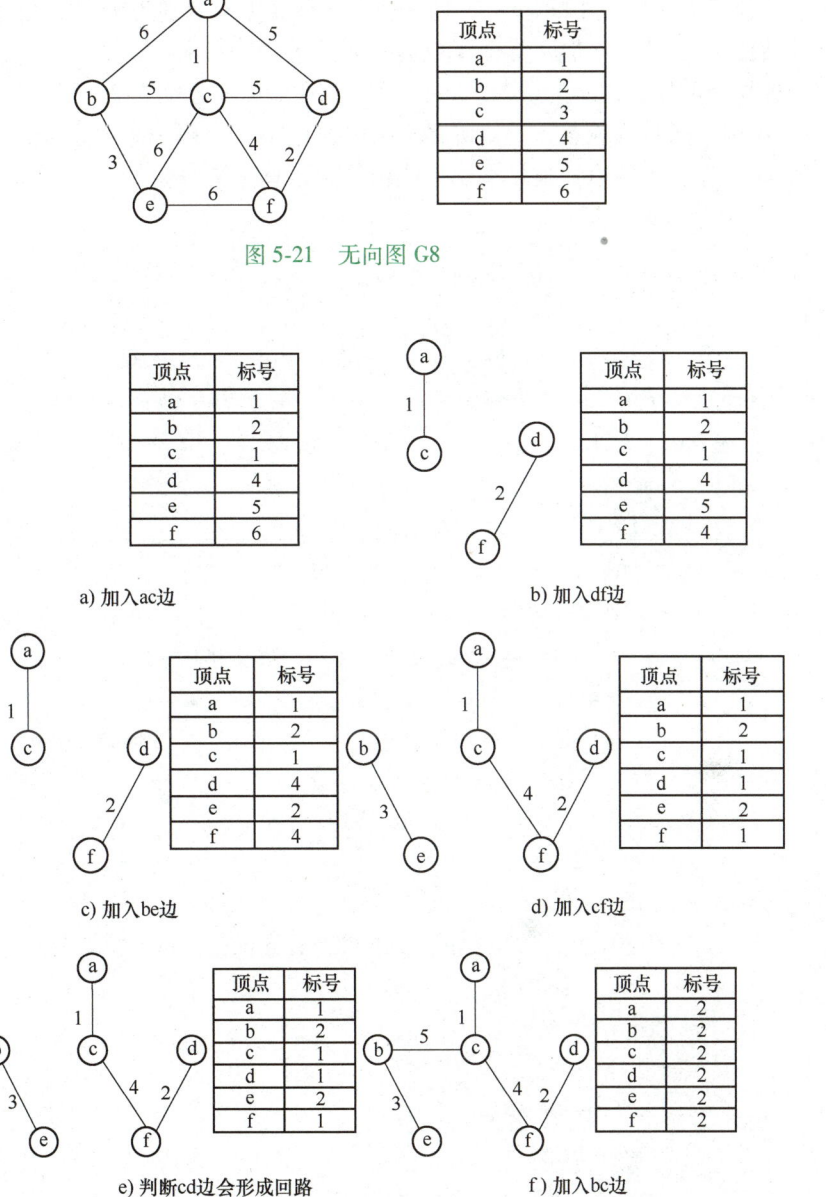

图 5-22　Kruskal 算法执行过程

2）选择当前权值最小的边（a,c），顶点 a 和 c 标号分别为 1、2，不属于同一子图，加入到生成树中，同时将顶点 c 标号变更为 1，如图 5-22a 所示。

3）选择当前权值最小的边（d,f），顶点 d 和 f 标号分别为 4、6，不属于同一子图，加入到生成树中，同时将顶点 f 标号变更为 4，如图 5-22b 所示。

4）选择当前权值最小的边（b,e），顶点 b 和 e 标号分别为 2、5，不属于同一子图，加入到生成树中，同时将顶点 e 标号变更为 2，如图 5-22c 所示。

5）选择当前权值最小的边（c,f），顶点 c 和 f 标号分别为 1、4，不属于同一子图，加入到生成树中，同时将顶点 f 及 f 所属子图中顶点 d 的标号统一变更为 1，如图 5-22d 所示。

6）选择当前权值最小的边（c,d），顶点 c 和 d 标号分别为 1、1，已属于同一子图，加入后会形成回路，该边不加入当前生成树，如图 5-22e 所示。

7）选择当前权值最小的边（b,c），顶点 b 和 c 标号分别为 2、1，不属于同一子图，加入到生成树中，同时将顶点 c 及 c 所属子图中顶点 a、d、f 的标号统一变更为 2，如图 5-22f 所示。此时已加入 5 条边，满足最小生成树要求，算法结束。

Kruskal 算法代码如下：

```
int Kruskal_MinTree(Graph * G)
{
    int u,v,vex_u_sn,vex_v_sn,edge_num, * vex_key;
    struct k_edge Edge_inf[50];
    vex_key=(int * )malloc((G->v_num+1) * sizeof(int));
    edge_num=0;
    for(int i=0;i<G->v_num;i++)
        for(int j=i;j<G->v_num;j++)
            if(G->edges[i][j]){
                Edge_inf[edge_num].vex_u=i+1;
                Edge_inf[edge_num].vex_v=j+1;
                Edge_inf[edge_num].weight=G->edges[i][j];
                edge_num ++;}
    for(int i=0;i<=G->v_num;i++)
        vex_key[i]=i;
    sort(Edge_inf,edge_num);
    for(int count=1,j=0;count<G->v_num;j++){
        u=Edge_inf[j].vex_u;
        v=Edge_inf[j].vex_v;
        vex_u_sn=vex_key[u];
        vex_v_sn=vex_key[v];
        if(vex_u_sn!=vex_v_sn){
            printf("(%c,%c):%d\n",G->vexs[u-1],G->vexs[v-1],Edge_inf[j].weight);
            count++;
            for(int k=1;k<=G->v_num;k++)
                if(vex_key[k]==vex_v_sn)
                    vex_key[k]=vex_u_sn ;}
    }
}
```

算法将查找到的属于最小生成树的边直接输出，如果要存储最小生成树的边，可将

printf 输出位置替换为 Edge_inf[j].weight 的赋值语句，将其赋予一个特殊值，区分其他权值，这样在 Edge_inf 数组中权值为特殊值的边均为最小生成树的边。

在判断回路过程中，对子图标号的比较和统一方式也可以采用其他形式，同样能够完成上述功能，更改算法后的 Step1~Step2 过程相同，Step3 之后的执行步骤变更为：

Step3：判断是否已选取出 $n-1$ 条边，即 count 是否小于 G->v_num，如不是执行 Step4；否则执行 Step7。

Step4：分别读取准备加入边的两个顶点所属子图集合的根顶点标号，执行 Step5。

Step5：判断两个根结点标号是否相同，即是否属于同一个子图；如不同，则属于不同的连通分量，执行 Step6；如相同则已属于同一连通分量，再加入会形成环路，该边应舍弃，执行 Step3。

Step6：修改其中一个子图的根顶点标号使两个子图合并为一个子图，count 自加 1，输出该边，统计当前最小生成树权值和，执行 Step3。

Step7：结束。

以算法二求图 5-21 的无向图最小生成树，执行过程同图 5-22 过程，与算法一区别就在于顶点判断和两个子图的顶点标号统一的策略不同，子图根顶点标号变更过程见表 5-1。

表 5-1 Kruskal 算法执行过程

	a	b	c	d	e	f	加入的边	对应的顶点子图
编号	1	2	3	4	5	6		
标号初值	1	2	3	4	5	6		
vex_key[ ]	1	2	1	4	5	6	(a,c)	(a,c)
	1	2	1	4	5	4	(d,f)	(a,c)(d,f)
	1	2	1	4	2	4	(b,e)	(a,c)(d,f)(b,e)
	1	2	1	1	2	4	(c,f)	(a,c,d,c,f)(b,e)
							(c,d)	不加入
	2	2	1	1	2	4	(b,c)	(a,b,c,d,e,f)

Kruskal 改进算法部分过程代码如下：

```
    for(int i=0,count=1;count< G->v_num;i++)
    {
        for(vex_u_sn=Edge_inf[i].vex_u;vex_key[vex_u_sn]!=vex_u_sn;
vex_u_sn=vex_key[vex_u_sn])
            vex_key[vex_u_sn]=vex_key[vex_key[vex_u_sn]];
        for(vex_v_sn=Edge_inf[i].vex_v;vex_key[vex_v_sn]!=vex_v_sn;
vex_v_sn=vex_key[vex_v_sn])
            vex_key[vex_v_sn]=vex_key[vex_key[vex_v_sn]];
        if(vex_u_sn!=vex_v_sn){
            vex_key[vex_v_sn]=vex_u_sn;
```

```
            sum_weight+=Edge_inf[i].weight;
            count++;
            printf("edges of the minimum tree:(%d%d)\n",Edge_inf[i].vex
_u,Edge_inf[i].vex_v);
            for(int j=1;j<=G->v_num;j++)
            printf("%3d",vex_key[j]);
            printf("\n");}
    }
    printf("weight of the minimum spanning tree:%d\n",sum_weight);
```

代码中的两个内循环的作用分别是判断当前边的顶点 Edge_inf[i].vex_u 和顶点 Edge_inf[i].vex_v 所在的子图,并读取所在子图的根顶点标号,在判断的同时,会统一顶点 Edge_inf[i].vex_u 和 Edge_inf[i].vex_v 所在子图集合部分顶点标号。读取所在子图根顶点标号后进行比较,如不相等则为最小生成树的一条边。相等不做处理,继续判断下一条边的顶点 Edge_inf[i].vex_u 和顶点 Edge_inf[i].vex_v 所在的子图是否相同。

Kruskal 主函数代码如下:

```
int main()
{
    Graph G;
    Creat_MGraph(&G);
    Kruskal_MinTree(&G);
}
```

Kruskal 算法的实现是逐步加入当前权值最小的边,加入之前进行判断是否会形成环路,由算法的执行过程可以看出,Kruskal 算法在处理边较多的图时效率不高。

2. Prim 算法

Prim 算法,即普里姆算法,与 Kruskal 算法逐步加入边的思想不同,其算法的主要思想是从一个顶点出发,逐步加入距当前已构建生成树最近的结点。

设计一个数组 Min_tree 用来存储 Prim 算法中各顶点到当前生成树的最短距离。数组 Min_tree 元素包含三个成员,其中 vex_start 为备选顶点,vex_end 为当前生成树上距离顶点 vex_start 最近的顶点,edge_len 为边(vex_start,vex_end)的权值。

数组 Min_tree 元素结点结构体类型 C 语言定义如下:

```
struct p_edge
{
    int vex_start;
    int vex_end;
    int edge_len;
};
```

Prim 算法执行步骤如下：

Step1：确定起始顶点并赋给 vex_end，初始化数组 Min_tree，将图中各顶点与顶点 vex_end 边的权值填入，如无相连的边，对应的邻接矩阵内应为一个极大值，执行 Step2。

Step2：判断是否寻找完所有剩余顶点，若未完成，执行 Step3；否则执行 Step6。

Step3：遍历数组 Min_tree，找出 edge_len 不等于 0，且为最小的距离，执行 Step4。

Step4：当前数组 Min_tree 内最小距离对应的 vex_start 即为本次选入的顶点标号，输出，将最小距离对应的 edge_len 置 0，执行 Step5。

Step5：依次判断其他未在生成树中的结点到达生成树的新结点的最短距离是否比原距离更短，如有更短距离则更新数组 Min_tree，执行 Step2。

Step6：结束。

【例 5-9】 如图 5-23 所示，为一个带权值的无向图 G9 及数组 Min_tree 的初始值，描述采用 Prim 算法求取最小生成树的过程。

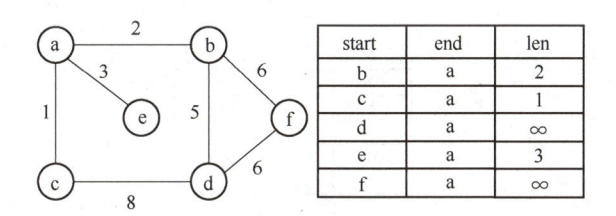

start	end	len
b	a	2
c	a	1
d	a	∞
e	a	3
f	a	∞

图 5-23 无向图 G9 及数组 Min_tree 的初始值

解： 采用 Prim 算法的执行过程如图 5-24 所示：

结合图 5-24 可知，采用 Prim 算法的无向图 G9 的最小生成树构建过程如下：

1）选择 a 顶点作为初始顶点，初始化顶点 b、c、d、e、f 与顶点 a 之间边的权值及顶点位置信息到数组 Min_tree 中。

2）搜索数组 Min_tree 所有权值找到最小的非零权值 1，即边（a,c），将边距离数组中的（a,c）权值变更为 0，如图 5-24a 所示。

3）判断图中的顶点 b, d, e, f 到 c 的权值是否小于原存储权值，发现顶点 d 与顶点 c 边的权值小于顶点 d 与顶点 a 边的权值，更新数组 Min_tree 中相关信息，搜索数组 Min_tree 中所有权值找到最小的非零权值 2，即边（a,b），将边距离数组中的（a,b）权值变更为 0，如图 5-24b 所示。

4）判断图中的顶点 d, e, f 到顶点 b 的权值是否小于原存储权值，发现顶点 d 与顶点 b 边的权值小于顶点 d 与顶点 c 边的权值，顶点 f 与顶点 b 边的权值小于顶点 f 与顶点 a 边的权值，更新数组 Min_tree 中相关信息，搜索数组 Min_tree 中所有权值找到最小的非零权值 3，即边（a,e），将边距离数组中的（a,e）权值变更为 0，如图 5-24c 所示。

5）判断图中的顶点 d, f 到顶点 e 的权值是否小于原存储权值，未发现小于，则不更新，搜索数组 Min_tree 中所有权值找到最小的非零权值 5，即边（b,d），将边距离数组中的（b,d）权值变更为 0，如图 5-24d 所示。

6）判断图中的顶点 f 到顶点 d 的权值是否小于原存储权值，未发现小于，则不更新，搜索数组 Min_tree 中所有权值找到最小的非零权值 6，即边（b,f），将边距离数组中的（b,f）

a) 加入c点

b) 加入b点

c) 加入e点

d) 加入d点

e) 加入f点

图 5-24　Prim 算法执行过程

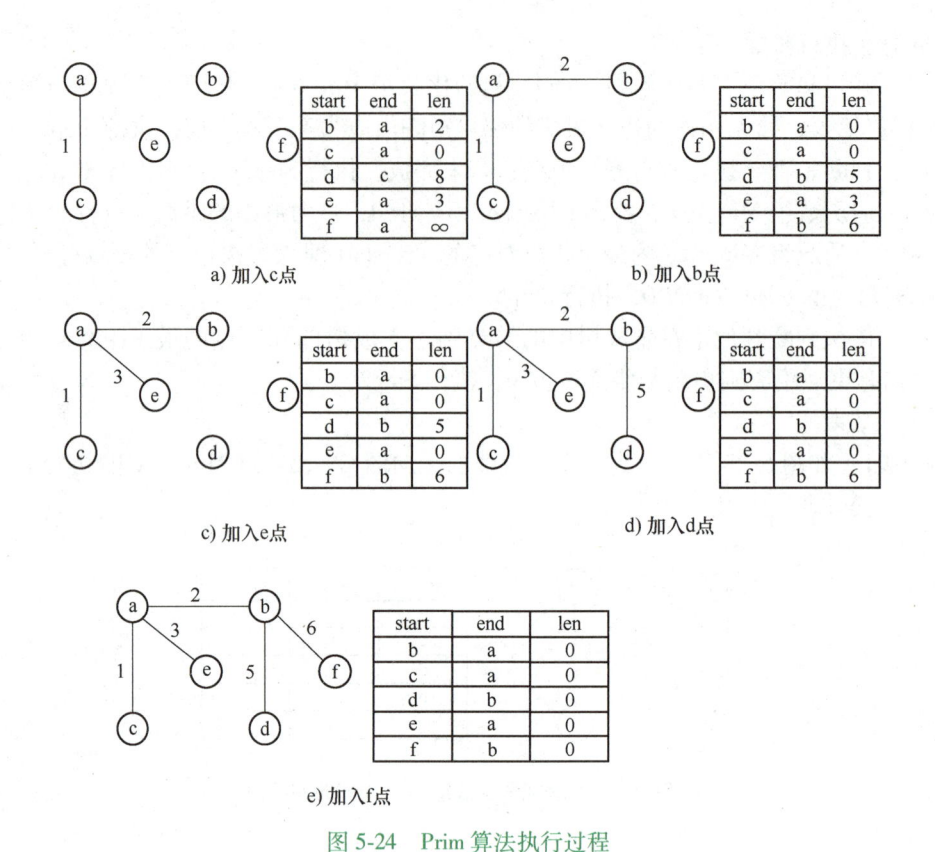

权值变更为 0，如图 5-24e 所示，所有图中顶点均已加入最小生成树。

设无向图采用邻接矩阵存储，MAXNODE 存储顶点数量，如果两个顶点之间不存在边，则赋予一个极大值 G->edges[row][col]=MAXWEIGHT 来表示两点之间的无连接。

Prim 算法代码如下：

```
#define MAXNODE 6
#define MAXWEIGHT 1000
void prim_MinTree(Graph * G,struct p_edge Min_tree[MAXNODE-1])
{
    int net_min,end,w_min;
    struct p_edge temp;
    for(int i=1;i< MAXNODE;i++){
        Min_tree[i-1].vex_end=1;
        Min_tree[i-1].vex_start=i+1;
        Min_tree[i-1].edge_len=G->edges[i][0];}
    for(int k=0;k< MAXNODE-1;k++){
        w_min=MAXWEIGHT;
        for(int i=0;i< MAXNODE-1;i++)
```

```
                if(Min_tree[i].edge_len!=0&& Min_tree[i].edge_len<w_min){
                    w_min=Min_tree[i].edge_len;
                    net_min=i;}
            int start_pos=Min_tree[net_min].vex_start;
            int end_pos=Min_tree[net_min].vex_end;
            printf("(%c,%c):%d\n",G->vexs[start_pos-1],G->vexs[end_pos-1],Min_tree[net_min].edge_len);
            Min_tree[net_min].edge_len=0;
            end=Min_tree[net_min].vex_start;
            for(int j=0;j< MAXNODE-1;j++)
                if(Min_tree[j].edge_len!=0&&G->edges[Min_tree[j].vex_start-1][end-1]<Min_tree[j].edge_len){
                    Min_tree[j].edge_len = G->edges[Min_tree[j].vex_start-1][end-1];
                    Min_tree[j].vex_end=end;}
    }
}
```

G->edges[MAXNODE][MAXNODE]存储图邻接矩阵，确定新加入的顶点后，更新没有加入生成树的图中其余顶点与新加入顶点权值大小时，需查询图的邻接矩阵 G->edges 中的相关信息。同时算法将图中顶点 a~f 按顺序对应邻接矩阵数组下标 0~MAXNODE-1，对应输入编号为 0~5，若设计输入为顶点信息符号，可使用5.2.1节中定义的函数 Loc_vexs 完成转换功能。Prim 算法主函数代码如下：

```
int main()
{
    Graph G;
    struct p_edge Min_tree[MAXNODE-1];
    Creat_MGraph(&G);
    prim_MinTree(&G,Min_tree);
    return 0;
}
```

5.4.3 最短路径

图的另一个重要的实际应用是计算图中两点之间的最短路径，例如有一张城市地图，图中顶点为城市内位置，边或弧代表城市之间的连通关系，预设从任意一条单边路径开始。所有两点之间的距离是边或弧的权值，如果两点之间没有边或弧相连，则权值为无穷大。如将城市地图存储在有向图的邻接矩阵中，邻接矩阵如下：

$$\begin{array}{c}v_0\\v_1\\v_2\\v_3\\v_4\\v_5\end{array}\begin{bmatrix}\infty & 2 & \infty & 3 & 5 & \infty\\4 & \infty & 7 & \infty & \infty & \infty\\\infty & 6 & \infty & \infty & 4 & \infty\\1 & \infty & \infty & \infty & \infty & 3\\7 & \infty & 2 & \infty & \infty & 9\\\infty & 2 & \infty & 1 & 4 & \infty\end{bmatrix}$$

设在每一对可达的城市间建设一条公共汽车线路，要求线路长度最短。或若在一地区建体育中心，求该体育中心距城市其他各地点的往返路程最短，求体育中心选址。以上都是最短路径的问题，即选中的路径的权值和最小。本节介绍三种求最短路径的方法：Floyd 算法、Dijkstra 算法和 Bellman-Ford 算法。

1. Floyd 算法

Floyd 算法，即弗洛伊德算法，其能够求取图中任意两个顶点之间的最短路径。算法设计基于如下思想，设求顶点 v_i 到顶点 v_j 的最短路径，存在两种可能：①顶点 v_i 到顶点 v_j 有直接相连路径；②寻找是否存在顶点 v_k，使得从 v_i 到 v_k 再到 v_j，比 v_i 到 v_j 更短，如果是就更新路径。因此，Floyd 算法从顶点 v_i 到顶点 v_j，依次添加其他顶点，使得路径逐渐缩短，顶点添加完，算法结束。

设图 G 用邻接矩阵表示，顶点数量为 v_num，求图 G 中任意一对顶点 v_i，v_j 间的最短路径。Floyd 算法执行步骤如下：

Step0：初始化图的邻接矩阵 G->edges，将图中顶点之间的初始权值作为 v_i 到 v_j 的当前最短的路径长度存储，0≤i≤v_num-1，0≤j≤v_num-1，然后进行如下多次比较和修正。

Step1：对图的邻接矩阵中的任意一对顶点 v_i、v_j，在 v_i，v_j 间加入顶点 v_0，比较（v_i,v_0）的权值加上（v_0,v_j）的权值之和与（v_i,v_j）的路径的权值，取其中较短的路径作为 v_i 到 v_j 的且中间顶点号不大于 0 的最短路径。

Step2：对图的邻接矩阵中的任意一对顶点 v_i、v_j，在 v_i，v_j 间加入顶点 v_1，得（v_i,…,v_1）和（v_1,…,v_j），其中（v_i,…,v_1）是 v_i 到 v_1 的且中间顶点号不大于 0 的最短路径，这两条路径在 Step1 中已求出。比较（v_i,…,v_1）的权值加上（v_1,…,v_j）的权值与 Step1 已求出的 v_i 到 v_j 的且中间顶点号不大于 0 的最短路径权值，取其中较短的路径作为 v_i 到 v_j 的且中间顶点号不大于 1 的最短路径。

Step3：对图的邻接矩阵中的任意一对顶点 v_i、v_j，在 v_i，v_j 间加入顶点 v_2，得（v_i,…,v_2）和（v_2,…,v_j），其中（v_i,…,v_2）是 v_i 到 v_2 的且中间顶点号不大于 1 的最短路径，这两条路径在 Step2 中已求出。比较（v_i,…,v_2）的权值加上（v_2,…,v_j）的权值与 Step2 已求出的 v_i 到 v_j 的且中间顶点号不大于 1 的最短路径仅值，取其中较短的路径作为 v_i 到 v_j 的且中间顶点号不大于 2 的最短路径。

从图的初始邻接矩阵开始，将图中所有 v_num 个顶点均进行插入比较，每次插入一个新的顶点，比较并更新矩阵，逐步修正得到任意 v_i 到 v_j 的最短路径。

Floyd 算法执行过程也可表示为：

定义：具有 v_num 个顶点图的邻接矩阵初始状态为 G->edges^0。

插入第 k（1≤k≤v_num）个顶点并修正邻接矩阵元素值为：

G->edges$^k[i][j]$ = min{ G->edges$^{k-1}[i][j]$, G->edges$^{k-1}[i][k]$ + G->edges$^{k-1}[k][j]$ }

可以依次得到如下矩阵序列，G->edges^1，G->edges^2，…，G->edges$^{v\_num}$。最终的矩阵 G->edges$^{v\_num}$存储图中任意顶点之间的最短路径距离。

【例 5-10】 有向图 G10 及其邻接矩阵，如图 5-25 所示，其中算法执行步骤中的 $v_0 \sim v_2$ 对应顶点信息 A~C，对应数组下标：0~2，描述采用 Floyd 算法求取各顶点之间的最短路径的过程。

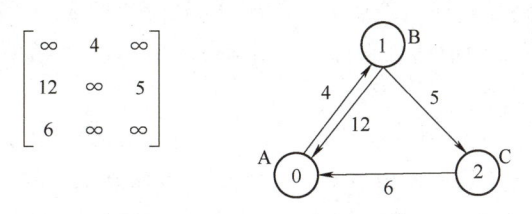

$$\begin{bmatrix} \infty & 4 & \infty \\ 12 & \infty & 5 \\ 6 & \infty & \infty \end{bmatrix}$$

图 5-25　有向图 G10 及其邻接矩阵

解：按照 Floyd 算法执行步骤，对应的邻接矩阵和路径矩阵见表 5-2。

表 5-2　Floyd 算法执行过程

G->edges	G->edges^0			G->edges^1			G->edges^2			G->edges^3		
	0	1	2	0	1	2	0	1	2	0	1	2
0	∞	4	∞	∞	4	∞	∞	4	9	∞	4	9
1	12	∞	5	12	∞	5	12	∞	5	11	∞	5
2	6	∞	∞	6	10	∞	6	10	∞	6	10	∞
Path	Path^0			Path^1			Path^2			Path^3		
	0	1	2	0	1	2	0	1	2	0	1	2
0		AB			AB			AB	ABC		AB	ABC
1	BA		BC	BA		BC	BA		BC	BCA		BC
2	CA			CA	CAB		CA	CAB		CA	CAB	

结合表 5-2 可知采用 Floyd 算法的最短路径的计算过程如下：

1）根据有向图得到初始邻接矩阵 G->edges^0 和路径矩阵 Path^0。

2）插入顶点 A，由于以顶点 A 为弧头或弧尾的路径权值不会改变，虽然算法代码执行过程中对这种情况也进行比较，如顶点 A 到顶点 B 存在初始路径<A,B>，权值为 4，插入顶点 A，比较<A,A>与<A,B>的路径权值和与<A,B>路径的权值大小，最短路径依然为<A,B>。因此在这里仅进行对顶点 B 到顶点 C 和顶点 C 到顶点 B 的路径修正进行阐述，后面的修正过程描述均按此方式处理。

顶点 B 到顶点 C 的路径间加入顶点 A，比较<B,A>和<A,C>的权值和与<B,C>的权值，其中<B,A>和<A,C>权值和路径信息来源于 G->edges^0 和 Path^0，结果为 12+∞>5，顶点 B 到顶点 C 的路径不变。

顶点 C 到顶点 B 的路径间加入顶点 A，比较<C,A>和<A,B>的权值和与<C,B>的权值，其中<C,A>和<A,B>路径及权值信息来源于 G->edges^0 和 Path^0，结果为 6+4<∞，顶点 B 到顶点 C 的当前最短路径为 C→A→B，当前最短路径长度为 10，修正邻接矩阵 G->edges^0 和路径矩阵 Path^0 为 G->edges^1 和路径矩阵 Path^1。

3）插入顶点 B，顶点 A 到顶点 C 和顶点 C 到顶点 A 的路径修正过程如下：

顶点 A 到顶点 C 的路径间加入顶点 B，比较<A,B>和<B,C>的权值和与<A,C>的权值，其中<A,B>和<B,C>路径及权值信息来源于 G->edges[1] 和 Path[1]，结果为 4+5<∞，顶点 A 到顶点 C 的当前最短路径为 A→B→C，当前最短路径长度为 9，修正邻接矩阵 G->edges[1] 和路径矩阵 Path[1] 为 G->edges[2] 和路径矩阵 Path[2]。

顶点 C 到顶点 A 的路径间加入顶点 B，比较<C,B>和<B,A>的权值和与<C,A>的权值，其中<C,B>和<B,A>路径及权值信息来源于 G->edges[1] 和 Path[1]，结果为 10+12>6，顶点 C 到顶点 A 的路径不变。

4）插入顶点 C，顶点 A 到顶点 B 和顶点 B 到顶点 A 的路径修正过程如下：

顶点 A 到顶点 B 的路径间加入顶点 C，比较<A,C>和<C,B>的权值和与<A,B>的权值，其中<A,C>和<C,B>路径及权值信息来源于 G->edges[2] 和 Path[2]，结果为 9+10>4，顶点 A 到顶点 B 的路径不变。

顶点 B 到顶点 A 的路径间加入顶点 C，比较<B,C>和<C,A>的权值和与<B,A>的权值，其中<C,B>和<B,A>路径及权值信息来源于 G->edges[2] 和 Path[2]，结果为 5+6<12，顶点 B 到顶点 A 的当前最短路径为 B→C→A，当前最短路径长度为 11，修正邻接矩阵 G->edges[2] 和路径矩阵 Path[2] 为 G->edges[3] 和路径矩阵 Path[3]。

上述步骤中邻接矩阵和路径矩阵上标为迭代循环次数。为清晰表示最短路径，路径矩阵 Path 中展示的为完整路径，实际算法代码实现过程中，Path 中存储的是当前最短路径中起始顶点到终点顶点路径中插入的最后一个顶点编号。

```c
Floyd算法代码如下：
#include<stdio.h>
#include<stdlib.h>
#define MAXWEIGHT 10000
#define MAXNODE 100
typedef struct
{
    char vexs[MAXNODE];
    int edges[MAXNODE][MAXNODE];
    int v_num,e_num;
}Graph;
void floyd(Graph * G,int path[MAXNODE][MAXNODE])
{
    char start,end;
    for(int k=0;k< G->v_num;k++)
        for(int i=0;i< G->v_num;i++)
            for(int j=0;j< G->v_num;j++){
                if(i!=j)
                    if(G->edges[i][k]+ G->edges[k][j]< G->edges[i][j]){
```

```
                    G->edges[i][j]=G->edges[i][k]+ G->edges[k][j];
                    path[i][j]=path[i][k];}
            }
    for(int row=0;row<G->v_num;row++)
        for(int col=0;col< G->v_num;col++)
            if(G->edges[row][col]!=MAXWEIGHT)
                printf("%d->%d:%d\n",row,col,G->edges[row][col]);
    printf(""Enter the start and end number of the path:"");
    scanf("%c%c",&start,&end);
    int start_pos=Loc_vexs(G,start)-1;
    int end_pos=Loc_vexs(G,end)-1;
    while(start_pos!=end_pos){
        printf("%c->",G->vexs[start_pos]);
        start_pos=path[start_pos][end_pos];}
    printf("%c\n",G->vexs[end_pos]);
}
```

函数 Loc_vexs() 的作用为根据顶点内容返回顶点在邻接矩阵中的位置,该函数在 5.2.1 节中已定义。算法代码中加粗部分为 Floyd 算法的核心,即依次加入顶点并判断修正矩阵过程,输入需要查找的起始顶点和终止顶点,在路径矩阵 path 中可依次输出存储的最短路径中的顶点编号。

Floyd 算法主函数代码如下:

```
int main()
{
    Graph G;
    int path[MAXNODE][MAXNODE];
    int row,col,weight;
    Creat_MGraph(&G);getchar();
    for(row=0;row<G.v_num;row++)
        for(col=0;col<G.v_num;col++){
            path[row][col]=col;}
    floyd(&G,path);
    return 0;
}
```

调用创建图的函数 Creat_MGraph 给邻接矩阵赋初值时,应执行 G.edges[row][col]=MAX-WEIGHT,除连接的弧赋予权值外,其余元素均赋一个极大值。

2. Dijkstra 算法

Dijkstra 算法,即迪杰斯特拉算法。DijKstra 算法用于计算图中从顶点 v_0 到其他顶点 v_j

间的最短路径。设计思想源于贪婪算法，即已寻找到起始点 v_0 到顶点 v_k 的最短距离，下一个从起始点 v_0 到顶点 v_j 的最短距离，为 $v_0 \to v_j$ 的距离与 $v_0 \to v_k \to v_j$ 的距离中最短的一个路径。

图 G 采用邻接矩阵形式存储，在程序执行过程中，为保存起始顶点到其他各顶点的距离和路径，定义一个数组用于存储上述信息，数组元素结构体类型 Short_Dist 的 C 语言定义如下：

```
typedef struct
{
    int distance;
    int path;
}Short_Dist;
Short_Dist dist[G.v_num];
```

数组元素 dist[i] 用于存储起始顶点到顶点 v_i 的距离和路径，$0 \leq i \leq $ v_num-1。其中成员 distance 表示当前所找到的从起始点到顶点 v_i 的距离，这个距离长度为算法多次迭代不断修正逼近的最终结果，但在程序执行期间，不一定就是最短距离，成员 path 存储最短路径信息。

Dijkstra 算法执行步骤如下：

Step1：初始化，将图的邻接矩阵 G->edges 中顶点之间的权值作为起始点到终止点的当前最短的路径长度存储到数组 dist 中，若起始点 v_0 到顶点 v_i 之间初始没有弧连接，则赋一个极大值代表∞。将起始点位置信息存储到数组 dist 的 path 成员中，定义一个辅助数组 flag，flag[i] 为 1 表示到顶点 i 的最短路径已经找到，初始状态为 0。

Step2：查找当前 flag 为 0 且 dist 数组中成员 distance 的最小值所对应的顶点 v_k，该距离为起始点 v_0 到顶点 v_k 的最短距离，记录当前最短路径长度 minCost 及顶点 v_k 位置信息 minPos，执行 Step3。

Step3：判断最短路径是否更新，若更新，执行 Step4；否则执行 Step5。

Step4：将 flag[k] 置 1，表明到 v_k 的最短路径已经寻找到。循环判断当前 flag 为 0 的顶点，如剩余顶点 v_j 满足 v_0 到 v_k 的最短距离加上 v_k 到 v_j 的距离小于 v_0 到 v_j 的当前最短距离，即 dist[minPos].distance+G.edges[minPos][j]<dist[j].distance。更新顶点 v_j 对应的 dist[j] 中成员 distance 和 path 信息，保存修正后的最短路径，即最短路径中的位置信息，执行 Step2。

Step5：结束。

【例 5-11】 有向图 G11 和邻接矩阵如图 5-26 所示，其中算法执行步骤中的 $v_0 \sim v_4$ 对应顶点信息 A~E，对应数组下标：0~4。描述 Dijkstra 算法求取从顶点 A 到其他各顶点的最短

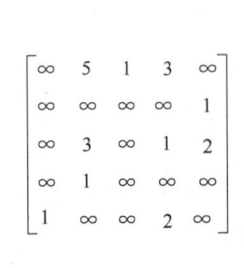

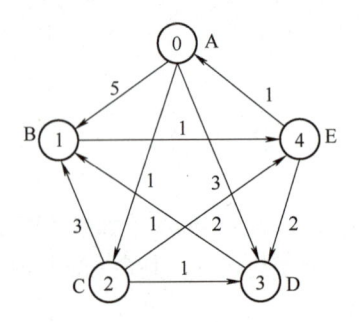

图 5-26 有向图 G11 及其邻接矩阵

路径过程。

解： 按照Dijkstra算法执行步骤，得到的最短距离和路径信息见表5-3。

表5-3 Dijkstra算法执行过程

	从A到各终点的距离值和最短路径			
	$j=2$	$j=3$	$j=1$	$j=4$
B(1)	5(A,B)	4(A,C,B)	3(A,C,D,B)	
C(2)	1(A,C)			
D(3)	3(A,D)	2(A,C,D)		
E(4)	∞	3(A,C,E)	3(A,C,E)	3(A,C,E)
path[j]	A(0)	C(2)	D(3)	C(2)
distance[j]	1{A,C}	2{A,C,D}	3{A,C,D,B}	3{A,C,E}

表5-3描述从左到右依次执行，对应的最短路径的执行过程分解步骤如图5-27所示。

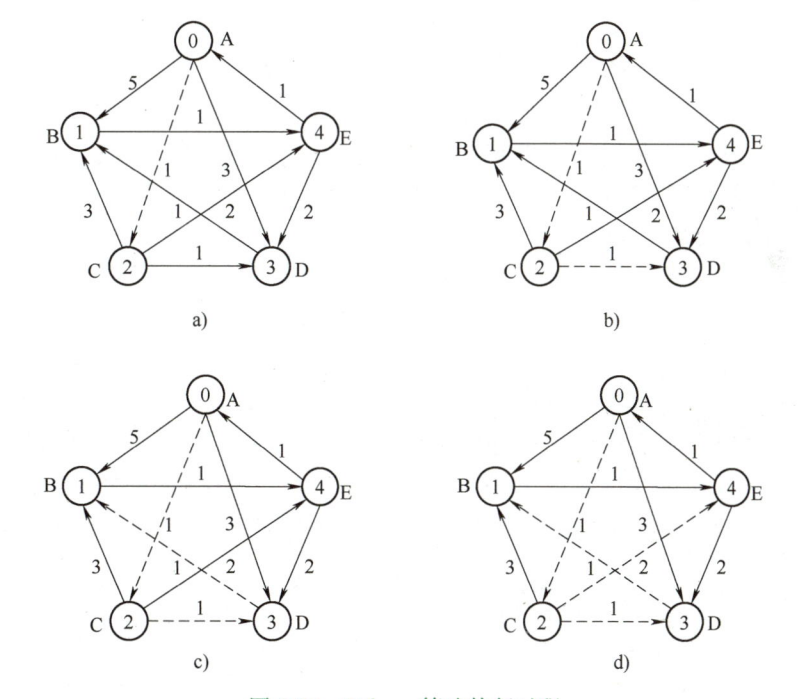

图5-27 Dijkstra算法执行过程

图5-27中，以顶点A为起始点，虚线为每次循环查找到的新增最短路径顶点，结合表5-3可知采用Dijkstra算法的最短路径的计算过程如下：

1）根据初始邻接矩阵设置的dist数组查找到<A,C>权值最小，即顶点A到顶点C的最短距离为1，路径为<A,C>，见图5-27a）。

2）判断顶点A到顶点B、D、E的当前最短路径是否大于经过<A,C>到达顶点B、D、E的路径距离，修正顶点A到顶点B、D、E的当前最短路径为{A,C,B}、{A,C,D}、{A,C,E}，上述三条路径中{A,C,D}最短，即顶点A到顶点D的最短距离为2，路径为

{A,C,D}，见图 5-27b。

3）判断顶点 A 到顶点 B、E 的当前最短路径是否大于经过 {A,C,D} 到达顶点 B、E 的路径距离，修正顶点 A 到顶点 B 的当前最短路径为 {A,C,D,B}，上述两条路径长度相同，选择 {A,C,D,B}，即顶点 A 到顶点 B 的最短距离为 3，路径为 {A,C,D,B}，见图 5-27c。

4）判断顶点 A 到顶点 E 的当前最短路径是否大于经过 {A,C,D,B} 到达顶点 E 的路径距离，选择路径 {A,C,E} 为顶点 A 到顶点 E 的最短路径，长度为 3，见图 5-27d。

Dijkstra 算法代码如下：

```c
#include<stdio.h>
#include<stdlib.h>
#define MAXWEIGHT 10000
#define MAXNODE 100
void Dijkstra(Graph G,Short_Dist dist[],char vex_start)
{
    int minCost,minPos,v,flag[MAXNODE]={0};
    v=Loc_vexs(&G,vex_start);
    for(int i=0;i<G.v_num;i++){
        dist[i].distance=G.edges[v][i];
        dist[i].path=v;}
    dist[v].path=-1;
    flag[v]=1;
    while(1){
        minCost=MAXWEIGHT;
        for(int j=0;j<G.v_num;j++)
            if(flag[j]==0&&dist[j].distance<minCost){
                minCost=dist[j].distance;
                minPos=j;}
        if(minCost==MAXWEIGHT)
            break;
        flag[minPos]=1;
        for(int j=0;j<G.v_num;j++)
            if(flag[j]==0&&dist[minPos].distance+G.edges[minPos][j]<dist[j].distance){
                dist[j].distance=dist[minPos].distance+G.edges[minPos][j];
                dist[j].path=minPos;}
    }
}
```

由于 path[j] 路径中存储的是顶点 v_j 为终止点的最短路径的最后一个弧的弧尾顶点编号，因此，输出起始点到终止点的最短路径时，需由终止点反向根据 path 数组中信息回溯输出到起始点。当然可以后期根据设计需求对 path 中内容进行调整。Dijkstra 主函数算法代码如下：

```c
int main()
{
    char vex_start;
    Graph G;
    int row,col,weight,pre;
    Creat_MGraph(&G);
    getchar();
    Short_Dist dist[G.v_num];
    printf("Enter the start node: ");
    scanf("%c",&vex_start);
    Dijkstra(G,dist,vex_start);
    printf("The shortest dist from %c to other node:\n",vex_start);
    for(int i=0;i< G.v_num;i++){
        if(i!=Loc_vexs(&G,vex_start)){
            printf("From %c to %c : %d \n",vex_start,G.vexs[i],dist[i].distance);
            printf("End:%c",G.vexs[i]);
            pre=dist[i].path;
            while(pre!=Loc_vexs(&G,vex_start)){
                printf("<--%c",G.vexs[pre]);
                pre=dist[pre].path;}
            printf("<--%c:Start\n",vex_start);}
    }
    return 0;
}
```

调用创建图的函数 Creat_MGraph 给邻接矩阵赋初值时，应执行 G.edges[row][col]=MAX-WEIGHT，除连接的弧赋予权值外，均赋一个极大值。

3. **Bellman-Ford 算法**

Bellman-Ford 算法，即贝尔曼-福特算法。Dijkstra 算法能够求解从一个顶点到其他顶点的最短路径问题，但如果图中存在负权值，该算法则无法求解。Bellman-Ford 算法可用于在含有负权值的图中寻找单源最短路径。对一个具有 n 个顶点的有向图，需对图进行最多 $n-1$ 次迭代。在每次迭代时，对所有的弧进行松弛操作，即判断经过该弧能够达到的顶点的新路径是否比当前记录的路径更短，进而进行更新，直到没有更多的弧可以被松弛为止。

根据算法需求，重新定义图的存储结构类型，其中弧信息的结构体类型 C 语言定义如下：

```
struct bell_Edge
{
    int start;
    int end;
    int weight;
};
```

该结构体类型用于存储<v_j,v_i>的信息。其中，start 存储弧尾即 v_j 的编号，end 存储弧头即 v_i 的编号，weight 存储弧的权值。具有 v_num 个顶点，e_num 条边或弧的图存储结构类型 C 语言定义如下：

```
typedef struct
{
    int v_num,e_num;
    struct bell_Edge * edges;
} Graph_edge;
```

基于定义的图结构，创建图的算法代码如下：

```
Graph_edge * Creat_Graph(int v_num,int e_num)
{
    Graph_edge * G;
    G=(Graph_edge * )malloc(sizeof(Graph_edge));
    G->v_num=v_num;
    G->e_num=e_num;
    G->edges=(struct bell_Edge * )malloc(e_num * sizeof(struct bell_Edge));
    for(int i=0;i< e_num;i++){
        printf("input start、end and weight of the edge");
        scanf("%d%d%d",&G->edges[i].start,&G->edges[i].end,&G->edges[i].weight);}
    return G;
}
```

求图中从顶点 v_0，到其他顶点 v_i 的最短路径，Bellman-Ford 算法执行步骤如下：

Step1：初始化图 G，定义数组 dist，数组 dist 的第 i 个元素存储从起始顶点 v_0 到顶点 v_i 的当前最短路径长度，0≤i≤v_num-1。将顶点 v_0 到自身的距离 dist[v_0] 初始化为 0，到其他所有顶点 v_i 的距离 dist[i] 设为无穷大，即赋予一个较大的数。path 数组存储最短路径信息，初始为起始点顶点编号，执行 Step2。

Step2：是否执行完 v_num-1 次迭代，如未完成执行 Step3，否则执行 Step4。

Step3：遍历图中的每一条弧<v_j, v_i>，判断对应的 dist[i] 是否大于 dist[j] 与<v_j, v_i>的权值之和。如果大于，则更新 dist[i] 距离值，并记录 v_i 的前驱节点 v_j。执行 Step2。

Step4：检查是否存在负权值回路，执行 Step5。

Step5：输出最短路径并结束。

执行 v_num-1 次迭代后，如再执行一次松弛操作后路径长度继续减少，说明图中存在负权回路。若在执行 v_num-1 轮松弛操作过程中，路径长度没有更新，可提前结束迭代。

【例 5-12】 有向图 G12 及邻接矩阵如图 5-28 所示，图中存在负权值且无回路，采用 Bellman-Ford 算法求取顶点 v_0 到其他各顶点的最短路径。

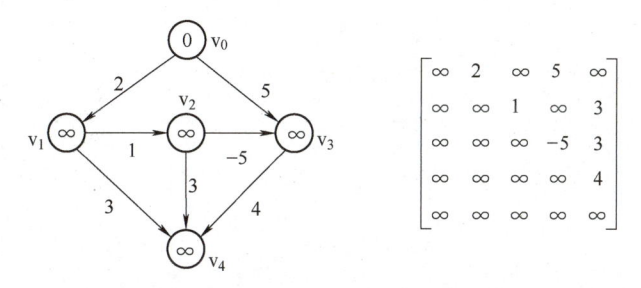

图 5-28　有向图 G12 及其邻接矩阵

按照 Bellman-Ford 算法执行步骤，得到从 v_0 点出发到其他顶点的最短路径搜索过程如图 5-29 所示：

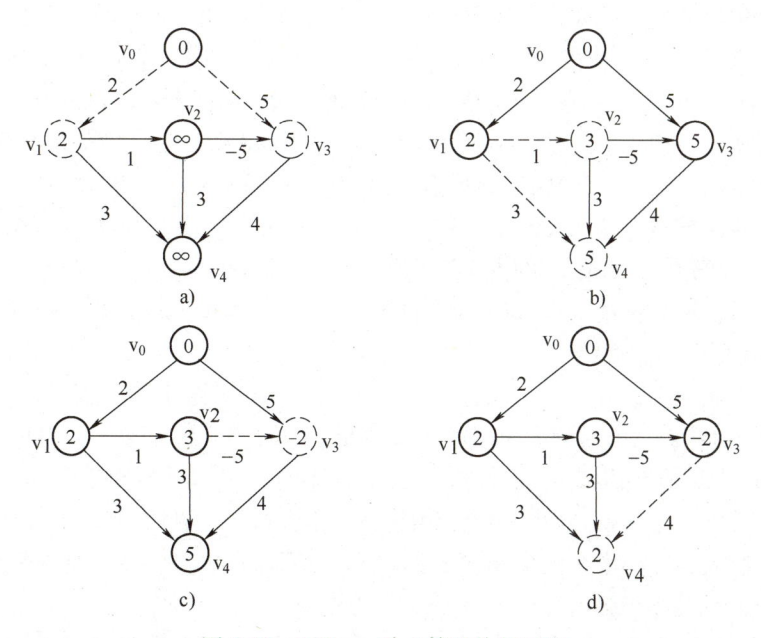

图 5-29　Bellman-Ford 算法执行过程

dist 及 path 数组下标 0~4 分别对应顶点 $v_0 \sim v_4$，图 5-29 中虚线圈为本次更新顶点，圈内为更新后的最短路径。每次迭代时，扫描所有的弧，依次将每条弧的弧尾顶点 G->edges[j].start 赋给 v_j，弧头顶点 G->edges[j].end 赋给 v_i，判断 dist[v_j]!=MAX 并且 dist[v_i] 是否大于 dist[v_j]与$<v_j, v_i>$的权值之和，搜索过程中弧的输入顺序会影响顶点的更新过程，但最终迭代后，结果会一致，有向图 G12 的边的输入顺序为$<v_0,v_1>$，$<v_0,v_3>$，$<v_1,v_2>$，$<v_1,v_4>$，$<v_2,v_3>$，$<v_2,v_4>$，$<v_3,v_4>$。

Bellman-Ford 算法执行时 dist 信息更新部分过程见表 5-4。

表 5-4 Bellman-Ford 算法执行部分过程

搜索次数	目标点 v_1 dist[1]	v_2 dist[2]	v_3 dist[3]	v_4 dist[4]
初始	∞	∞	∞	∞
1	2	∞	∞	∞
2	2	∞	5	∞
3	2	3	5	∞
4	2	3	5	5
5	2	3	-2	5
6	2	3	-2	5
7	2	3	-2	2

结合图 5-29 和表 5-4 可知采用 Bellman-Ford 算法的最短路径的计算过程如下：

1）首次迭代，第一次搜索，读入$<v_0,v_1>$，dist[0]满足不等于 MAX 条件，判断 dist[0]+$<v_0,v_1>$的权值与 dist[1]的大小，小于 MAX 则更新 dist[1]=2，path[1]=0。

2）第二次搜索，读入$<v_0,v_3>$，dist[0]满足不等于 MAX 条件，判断 dist[0]+$<v_0,v_3>$的权值与 dist[3]的大小，小于 MAX 则更新 dist[3]=5，path[3]=0，如图 5-29a 所示。

3）第三、四次搜索，读入$<v_1,v_2>$和$<v_1,v_4>$，dist[1] 满足不等于 MAX 条件，判断 dist[1]+$<v_1,v_2>$的权值与 dist[2]的大小，小于 MAX 则更新 dist[2]=2+1=3，path[2]=1。判断 dist[1]+$<v_1,v_4>$的权值与 dist[4]的大小，小于 MAX 则更新 dist[4]=2+3=5，path[4]=1，如图 5-29b 所示。

4）第五、六次搜索，读入$<v_2,v_3>$和$<v_2,v_4>$，dist[2]满足不等于 MAX 条件，判断 dist[2]+$<v_2,v_3>$的权值与 dist[3]的大小，小于 5 则更新 dist[3]=3-5=-2，path[3]=2。判断 dist[2]+$<v_2,v_4>$的权值与 dist[4]的大小，大于 5，不更新，如图 5-29c 所示。

5）第七次搜索，读入$<v_3,v_4>$，dist[3]满足不等于 MAX 条件，判断 dist[3]+$<v_3,v_4>$的权值与 dist[4]的大小，小于 5 则更新 dist[4]=-2+4=2，path[4]=3，如图 5-29d 所示。

6）后续迭代，继续扫描所有弧，未发现新的更新。

也可设置一个标志位，如在迭代过程中未发生更新，则提前结束整个过程。Bellman-Ford 算法代码如下：

```c
#define MAX 10000
void BellmanFord(Graph_edge *G,int start_vex)
{
    int dist[G->v_num];
    int path[G->v_num];
    for(int i=0;i<G->v_num;i++){
        dist[i]=MAX;
        path[i]=start_vex;}
    dist[start_vex]=0;
    for(int i=1;i<G->v_num;i++)
        for(int j=0;j<G->e_num;j++){
            int v_j=G->edges[j].start;
            int v_i=G->edges[j].end;
            int weight=G->edges[j].weight;
            if(dist[v_j]!=MAX && dist[v_j]+weight<dist[v_i]){
                dist[v_i]=dist[v_j]+weight;
                path[v_i]=v_j;}
        }
    for(int i=0;i<G->e_num;i++){
        int v_j=G->edges[i].start;
        int v_i=G->edges[i].end;
        int weight=G->edge[j].weight;
        if(dist[v_j]!=MAX && dist[v_j]+weight<dist[v_i]){
            printf("Graph contains negative weight cycle\n");
            return;}
    }
    for(int i=0;i<G->v_num;i++){
        printf("\n%c to %d   distance :%d\n",start_vex,i,dist[i]);
        printf("End:%d",i);
        int pre=path[i];
        while(pre!=start_vex){
            printf("<--%d",pre);
            pre=path[pre];}
        printf("<--%d:start",start_vex);
    }
}
```

在迭代搜索完成后，可再对每条弧进行判断是否会使顶点的最短路径值再缩短，如果缩短，则说明存在从起始顶点可达的负权值回路，则最短路径不存在。

若设计要求图必须采用邻接矩阵存储，可在每次搜索过程中，通过邻接矩阵下标及存储的权值确定弧的相关信息。

5.4.4 拓扑排序和关键路径

1. 拓扑排序

在一些可以用有向图表示的应用中，图中的顶点表示活动，图中的有向边表示活动的前后关系，即有向边的起点活动是终点活动的前序，只有当前序活动完成之后，其后序活动才能进行。通常把这种顶点表示活动、边表示活动间前后关系的有向图称作顶点活动网（Activity On Vertex），即AOV网。

如将AOV网实际应用到工程规划中，活动代表工程不同环节的子工程，部分子工程必须在其他有关子工程完成之后才能开始，同时也存在部分子工程没有先决条件，可以安排在任何时间开始。这时可将整体工程作为AOV网处理，基于AOV网合理制定满足各子工程前后制约关系的执行流程。

另一个实例为大学的课程规划，如图5-30所示为计算机专业的部分课程及先修课程，图中课程代表活动，每条有向边代表起点课程是终点课程的先修课，学习每门课程的先决条件是学完它的全部先修课程。如学习数据结构课程就必须安排在它的两门先修课程程序设计基础和高等数学之后。学习程序设计基础课程则可以随时安排，因为它是基础课程，没有先修课。

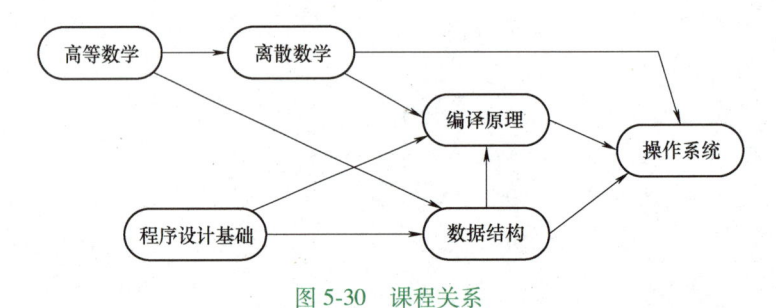

图 5-30 课程关系

由上面的例子可以看出AOV网应该是一个不带回路的有向无环图，如带有回路，则回路上的所有活动都无法进行。如图5-31分别为不带回路的有向图（见图5-31a）和带回路的有向图（见图5-31b）。

a)　　　　　　　　b)

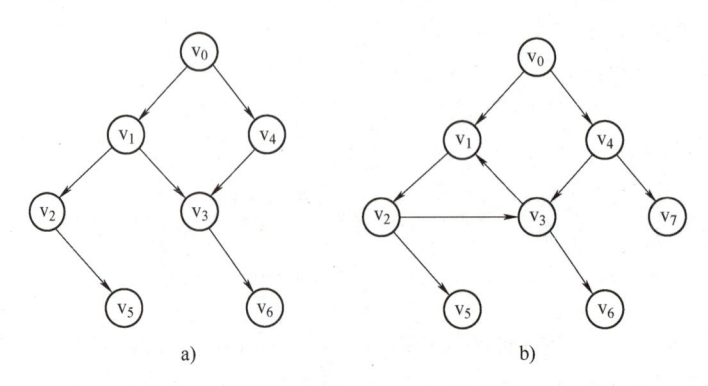

图 5-31 有向图

在图 5-31b 中，由<v_3,v_1>可知 v_1 活动必须在 v_3 活动之后，由<v_1,v_2>可知 v_2 活动必须在 v_1 活动之后，所以推出 v_2 活动必然在 v_3 活动之后，但<v_2,v_3>可知 v_2 活动必须在 v_3 活动之前，从而出现矛盾，导致每一项活动都无法进行，这种现象称为死锁。

在 AOV 网中，开始每一项活动时，需保证它的所有前驱活动均已完成，才能使整个过程顺序进行，不会出现死锁情况。因此，若存在一个线性序列 S={$v_0,v_1,v_2,\cdots,v_{n-1}$}，包含所有活动，且满足如下条件：若存在顶点 v_i 到 v_j 的弧，则在 S 中 v_i 必然在 v_j 的前面。对于网中没有前后关系的顶点 v_i、v_j，在拓扑序列中也要有一个前后关系，即 v_i 在 v_j 之前或 v_j 在 v_i 之前，则该线性序列 S 被称为**拓扑序列**，构造拓扑序列的过程叫作**拓扑排序**。AOV 网的拓扑序列不唯一，如果 AOV 网表示一个实际工程，那么 AOV 网的一个拓扑序列，代表工程顺利实施的一个可行方案。

AOV 网可采用邻接表存储，结合算法设计需求，在邻接表的中存放顶点信息的顺序表元素结构体中，添加一个成员 in_degree，用于存放该顶点的入度。顺序表结点结构体类型 C 语言定义如下：

```
struct vex_Aovnode
{
    int in_degree;
    char data;
    struct edge_node * link;
};
```

单链边表结点的结构体类型 C 语言定义如下：

```
struct edge_node
{
    int position;
    int weight;
    struct edge_node * next;
};
```

求取 AOV 网的拓扑序列需借助循环队列存储入度为 0 的顶点位置标号，循环队列结构体类型 C 语言定义如下：

```
typedef struct
{
    int data[MAXNODE];
    int front,rear;
    int num;
}CQueue;
```

入队函数 add_CQueue 和出队函数 del_CQueue 同 2.5.2 节中定义。

将 AOV 网存储在邻接表中，并返回顺序表首地址，AOV 网的顶点信息存放在数组

vex_data 中，单链边表采用头插法创建，输入顺序表对应顶点的后继顶点所在顺序表中的数组下标和弧的权值，以-1 结束当前单链边表的输入。链接之后将被插入顶点的顺序表对应顶点成员入度自增1，创建 AOV 网邻接表算法代码如下：

```
    struct vex_Aovnode * creat_AovGraph (char vex_data[ ],int v_num)
    {
        struct vex_Aovnode * AOVList_head;
        struct edge_node * new_node;
        int position,weight;
         AOVList_head = (struct vex_Aovnode * ) malloc (v_num * sizeof (struct vex_Aovnode));
        for(int k=0;k< v_num;k++){
            AOVList_head[k].data=vex_data[k];
            AOVList_head[k].in_degree=0;
            AOVList_head[k].link=NULL;}
        for(int k=0;k< v_num;k++){
            printf("input linked list of %c:\n",vex_data[k]);
            scanf("%d%d",& position,&weight);
            while(position >=0){
                new_node=(struct edge_node * )malloc(sizeof(struct edge_node));
                new_node->position=position;
                new_node->weight=weight;
                new_node->next=AOVList_head[k].link;
                AOVList_head[k].link=new_node;
                AOVList_head[position].in_degree++;
                scanf("%d%d",& position,&weight);}
        }
        return(AOVList_head);
    }
```

构建 AOV 网的邻接表后，基于 AOV 网构造拓扑序列的算法执行步骤如下：

Step1：将入度为 0 的所有顶点在顺序表中位置下标入队，执行 Step2。
Step2：循环判断队列是否为空，如不为空执行 Step3，否则执行 Step5。
Step3：出队并将顺序表中该位置下标的顶点信息输入到拓扑序列数组 Tsort 中，执行 Step4。
Step4：将存储进 Tsort 中的顶点的所有后继顶点的入度减 1，并将入度为 0 的所有顶点在顺序表中位置下标入队，执行 Step2。
Step5：若输出的顶点数小于 AOV 网的顶点数，表示该网存在回路，否则数组 Tsort 中存储的序列就是该 AOV 网的拓扑序列。

拓扑排序算法代码如下：

```
int Top_Sort(struct vex_Aovnode * AOVList_head,char Tsort[ ],int v_num)
{
    CQueue * Q;
    int counter=0,pos;
    struct edge_node * current;
    Q=init_SeQueue();
    for(int i=0;i<v_num;i++)
        if(AOVList_head[i].in_degree==0)
            add_CQueue(Q,i);
    while(Q->num!=0){
        del_CQueue(Q,&pos);
        Tsort[counter]=AOVList_head[pos].data;
        counter++;
        current=AOVList_head[pos].link;
        while(current){
            pos=current->position;
            AOVList_head[pos].in_degree--;
            if(AOVList_head[pos].in_degree==0)
                add_Queue(Q,pos);
            current=current->next;}
    }
    if(counter <v_num){
        printf("There is loop.");
        return 0;}
    else{
        printf("There is no loop.");
        return 1;}
}
```

2. 关键路径

若有向无环图中，弧表示活动，顶点表示以该顶点为弧头的活动已完成，以该顶点为弧尾的活动可以开始的事件。弧带有权值，可表示活动开销。没有入度的顶点为源点，又称起点，可以有多个；没有出度的顶点为汇点，又称终点，只能有一个。这样的有向无环带权图叫作边缘活动（Activity On Edges，AOE）网，如图 5-32 所示。

图 5-32 中，AOE 网有 10 个事件，14 个活动。事件 v_0 为源点表示工程的开始，发生时间为 0，这时可以执行活动 a_1、a_2 和 a_3，事件 v_4 只有在活动 a_2 和 a_5 完成后才能开始。以此类推，可知只有事件发生后，从该事件出发的各项活动才能开始，只有进入某事件的各项活动都结束后，该事件才能发生。执行到事件 v_9 为汇点，表示工程的结束。

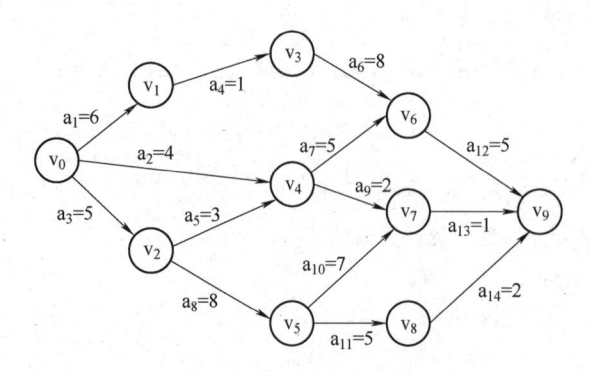

图 5-32　AOE 网示例

可以将 AOE 网应用到工程当中计算完成整个工程至少需要多少时间。统计工程中有哪些活动可同时执行，为了尽快完成该工程，应当加快哪些活动。为避免工期延误，哪些活动不得延期，哪些可适当延期等等。

根据上述分析，发现完成整个工程所需的时间取决于从源点到汇点的最长路径长度，路径长度等于路径上各弧的权值之和。这条具有最大长度的路径就叫**关键路径**，影响整个工期能够按时完成的活动为**关键活动**。

关键路径的求取首先需要确定事件的最早、最迟发生时间和活动的最早、最迟发生时间。

事件 v_i 的**最早发生时间**为从源点 v_0 到事件 v_i 的最长路径长度，记为 $v\_et(v_i)$。源点的最早发生时间 $v\_et(v_0)$ 为 0，非源点的最早发生时间为

$$v\_et(v_i) = \max\{v\_et(v_j) + w(<v_j, v_i>)\} \tag{5-1}$$

式中，w 为弧 $<v_j, v_i>$ 的权值；$v_j \in v_i$ 的前驱事件集合。

事件 v_i 的**最迟发生时间**为在不影响工期的情况下，事件 v_i 必须发生的时间，记为 $v\_lt(v_i)$。汇点 v_n 的最迟发生时间 $v\_lt(v_n)$ 等于汇点的最早发生时间 $v\_et(v_n)$，同理，如要工期及时完成，源点的最迟发生时间 $v\_lt(v_0)$ 也应等于源点的最早发生时间 $v\_et(v_0)$，即为 0。非汇点的最迟发生时间为

$$v\_lt(v_i) = \min\{v\_lt(v_k) - w(<v_i, v_k>)\} \tag{5-2}$$

式中，w 为弧 $<v_i, v_k>$ 的权值；$v_k \in v_i$ 的后继事件集合。

设事件 v_i 的前驱事件为 v_{j0}、v_{j1}、v_{j2}，后继事件为 v_{k0}、v_{k1}、v_{k2}，相关活动分别为 a_{j0}、a_{j1}、a_{j2}、a_{k0}、a_{k1}、a_{k2}，如图 5-33 所示。

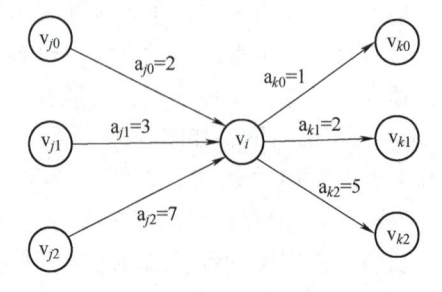

图 5-33　事件 v_i 的前驱事件及后继事件

前驱事件 v_{j0}、v_{j1}、v_{j2} 的最早发生时间分别为：$v\_et(v_{j0})$、$v\_et(v_{j1})$、$v\_et(v_{j2})$，后继事件 v_{k0}、v_{k1}、v_{k2} 的最迟发生时间分别为 $v\_lt(v_{k0})$、$v\_lt(v_{k1})$、$v\_lt(v_{k2})$。那么事件 v_i 的最早发生时间 $v\_et(v_i)$ 根据式（5-1）为

$$v\_et(v_i) = \max\{v\_et(v_{j0})+a_{j0}, v\_et(v_{j1})+a_{j1}, v\_et(v_{j2})+a_{j2}\}$$

事件 v_i 的最迟发生时间 $v\_lt(v_i)$ 根据式（5-2）为

$$v\_lt(v_i) = \min\{v\_lt(v_{k0})-a_{k0}, v\_lt(v_{k1})-a_{k1}, v\_lt(v_{k2})-a_{k2}\}$$

活动 a_i 的最早发生时间，记为 $a\_et(a_i)$，为活动所在弧的弧尾对应事件决定。如图 5-33 中活动 a_{j0}，即弧 $<v_{j0}, v_i>$。其最早开始时间 $a\_et(a_{j0})$ 为事件 v_{j0} 的最早发生时间，即

$$a\_et(a_{j0}) = v\_et(v_{j0}) \tag{5-3}$$

活动 a_i 的最迟发生时间，记为 $a\_lt(a_i)$，由活动所在弧的弧头对应事件决定，如图 5-33 中活动 a_{j0}，即弧 $<v_{j0}, v_i>$。其最迟发生时间 $a\_lt(a_{j0})$ 为事件 v_i 的最迟发生时间减去活动时间，即

$$a\_lt(a_{j0}) = v\_lt(v_i) - w(<v_{j0}, v_i>) \tag{5-4}$$

为保证工期的顺利完成，最早发生时间与最迟发生时间相同的活动为关键活动，即该活动没有多余的时间裕量，必须马上开始，否则会影响工期的按时完成。关键活动确定后，由关键活动组成的路径即为关键路径。

按照上述规则，求取具有 n 个事件，m 个活动的 AOE 网关键路径算法执行步骤如下：

Step1：输入顶点和弧信息，建立带入度的邻接表，执行 Step2。

Step2：从源点 v_0 开始，按照网络的拓扑序列顺序根据式（5-1）求出所有事件的最早发生时间 v_et，其中 $v\_et(v_0)=0$，执行 Step3。

Step3：从汇点 v_{n-1} 开始，按照网络的拓扑逆序列顺序根据式（5-2）求出所有事件的最迟发生时间 v_lt，其中 $v\_lt(v_{n-1}) = v\_et(v_{n-1})$，执行 Step4。

Step4：根据式（5-3）计算网络中所有活动的最早发生时间 a_et，执行 Step5。

Step5：根据式（5-4）计算网络中活动的最迟发生时间 a_lt，执行 Step6。

Step6：比较活动的最早发生时间 a_et 与最迟发生时间 a_lt 是否相同，如相同为关键活动，输出。最终输出的关键活动组成的路径为关键路径。

根据关键路径算法执行步骤，求取图 5-32 所示的 AOE 网关键路径的过程见表 5-5。

拓扑序列为：v_0、v_2、v_1、v_5、v_4、v_3、v_8、v_7、v_6、v_9

表 5-5 关键路径算法执行过程

事件	v_et	v_lt	活动	弧	a_et	a_lt
v_0	0	0	a_1	$<v_0, v_1>$	0	1
v_1	6	7	a_2	$<v_0, v_4>$	0	7
v_2	5	5	**a_3**	**$<v_0, v_2>$**	**0**	**0**
v_3	7	8	a_4	$<v_1, v_3>$	6	7
v_4	8	11	a_5	$<v_2, v_4>$	5	8
v_5	13	13	a_6	$<v_3, v_6>$	7	8

(续)

事件	v_et	v_lt	活动	弧	a_et	a_lt
v_6	15	16	a_7	$<v_4,v_6>$	8	11
v_7	20	20	a_8	$<v_2,v_5>$	5	5
v_8	18	19	a_9	$<v_4,v_7>$	8	18
v_9	21	21	a_{10}	$<v_5,v_7>$	13	13
			a_{11}	$<v_5,v_8>$	13	14
			a_{12}	$<v_6,v_9>$	15	16
			a_{13}	$<v_7,v_9>$	20	20
			a_{14}	$<v_8,v_9>$	18	19

表 5-5 中事件、活动的排列顺序不是输出顺序，关键活动为：a_3、a_8、a_{10}、a_{13}。关键路径为：$<v_0,v_2>$、$<v_2,v_5>$、$<v_5,v_7>$、$<v_7,v_9>$。

关键路径算法使用队列生成拓扑序列，同时利用一个栈得到拓扑逆序列，栈可采用如下方式定义：

```
#define MAXNODE 100
int stack_inv[MAXNODE];
int top_inv=0;
```

入栈及出栈操作函数定义同 2.3.2 节，采用邻接表存储 AOE 网络，邻接表 C 语言定义及创建过程见拓扑排序，按顶点编号由大到小逆序输入，关键路径算法代码如下：

```
void Critical_Path(struct vex_Aovnode * AOVList_head,int v_num)
{
    int stack_inv[MAXNODE],top_inv=0;
    CQueue * Q;
    int v_et[20]={0},v_lt[20]={0},a_et,a_lt,start_v,end_v;
    struct edge_node * current;
    Q=init_SeQueue();
    for(int pos=0;pos< v_num;pos++)
        if(AOVList_head[pos].in_degree==0)
            add_CQueue(Q,pos);
    while(Q->num!=0){
        del_CQueue(Q,&start_v);
        push_Stack(stack_inv,MAXNODE,&top_inv,start_v);
        current=AOVList_head[start_v].link;
        while(current!=NULL){
```

```
            end_v=current->position;
            AOVList_head[end_v].in_degree--;
            if(AOVList_head[end_v].in_degree==0)
                add_CQueue(Q,end_v);
            if((v_et[start_v]+(current->weight))>v_et[end_v])
                v_et[end_v]=v_et[start_v]+(current->weight);
            current=current->next;}
    }
    for(int i=0;i< v_num;i++)
        printf("%3d",v_et[i]);
    printf("\n");
    for(int i=0;i<v_num;i++)
        v_lt[i]=v_et[v_num-1];
    while(top_inv!=0){
        pop_Stack(stack_inv,&top_inv,&start_v);
        for(current=AOVList_head[start_v].link;current!=NULL;current=current->next){
            end_v=current->posititon;
            if((v_lt[end_v]-(current->weight))<v_lt[start_v])
                v_lt[start_v]=v_lt[end_v]-(current->weight);}
    }
    for(int i=0;i< v_num;i++)
        printf("%3d",v_lt[i]);
    printf("\n");
    for(int i=0;i<v_num;i++)
        for(current=AOVList_head[i].link;current!=NULL;current=current->next){
            end_v=current->position;
            a_et=v_et[i];
            a_lt=v_lt[end_v]-current->weight;
            if(a_et==a_lt)
                printf("Event:%c->%c a_et=%d a_lt=%d\n",AOVList_head[i].data,AOVList_head[end_v].data,a_et,a_lt);
        }
}
```

算法执行时，计算事件的最早发生时间是随着拓扑序列的生成过程同时完成。在处理当入度为 0 的事件 start_v 后继事件 end_v 时候，对后继事件 end_v 的入度减一，同时判断 v_et[start_v]+(current->weight))>v_et[end_v] 是否成立，该过程总是保存事件 end_v 最大的最早发生时间。拓扑序列生成的同时也同步生成拓扑逆序列。

事件的最迟发生时间是随拓扑逆序列的输出逐步完成，拓扑逆序列当前输出事件 start_v 查找后继事件 end_v 时，判断 v_lt[end_v]-(current->weight))<v_lt[start_v]是否成立，该过程总是保存事件 start_v 最小的最迟发生时间。

习　题

一、单项选择题

1. 对于一个无向图，下面（　　）的说法是正确的。
   A）每个顶点的入度等于出度　　　　B）每个顶点的度等于其入度与出度之和
   C）每个顶点的入度为 0　　　　　　D）每个顶点的出度为 0

2. n 个顶点的有向完全图含有弧的数目为（　　）。
   A）$n×n$　　　　　　　　　　　　B）$n×(n+1)$
   C）$n/2$　　　　　　　　　　　　D）$n×(n-1)$

3. 设某有向图中有 n 个顶点，则该有向图对应的邻接表中有（　　）个表头结点。
   A）$n-1$　　　　B）n　　　　C）$n+1$　　　　D）$2×n-1$

4. 如图 5-34 所示 AOE 网，该 AOE 网的关键路径为（　　）。
   A）<1,2><2,3><3,6><6,7><7,9>
   B）<1,2><2,3><3,5><5,8><8,9>
   C）<1,2><2,3><3,5><5,7><7,9>
   D）<1,4><4,6><6,7><7,9>

5. 如图 5-35 所示 AOE 网，该 AOE 网的关键路径为（　　）。
   A）<1,2><2,4><4,5><5,7>　　　　　B）<1,2><2,4><4,6><6,7>
   C）<1,3><3,4><4,5><5,7>　　　　　D）<1,3><3,4><4,6><6,7>

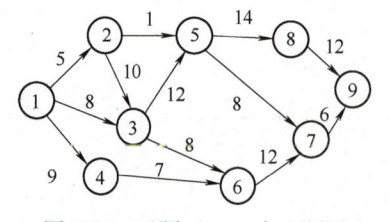

图 5-34　习题（一）中 4 题图　　　　　　图 5-35　习题（一）中 5 题图

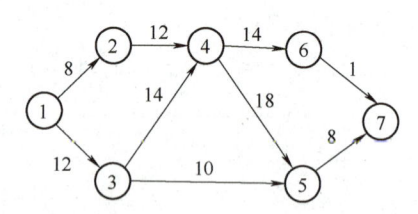

6. 已知有向图 G=(V,R)，其中 v={V_1,V_2,V_3,V_4,V_5,V_6}，R={<V_1,V_2>,<V_2,V_3>,<V_3,V_4>,<V_5,V_2>,<V_5,V_6>,<V_6,V_4>}，G 的拓扑排序是（　　）。
   A）125634　　　B）516234　　　C）123456　　　D）521643

7. 一个带权的无向连通图的最小生成树（　　）。
   A）有一棵或多棵　B）只有一棵　　C）一定有多棵　D）可能不存在

8. 已知有向图 G=(V,R)，其中 v={V_1,V_2,V_3,V_4,V_5,V_6}，R={<V_1,V_4>,<V_2,V_1>,<V_3,V_6>,<V_3,V_5>,<V_3,V_4>,<V_5,V_4>,<V_5,V_2>,<V_5,V_1>,<V_6,V_5>,<V_6,V_2>}，G 的拓扑排序是（　　）。
   A）$V_3, V_5, V_2, V_6, V_1, V_4$　　　　　B）$V_3, V_6, V_5, V_2, V_1, V_4$
   C）$V_3, V_6, V_2, V_1, V_4, V_5$　　　　　D）$V_3, V_6, V_5, V_1, V_2, V_4$

9. 无向图的邻接矩阵是一个（　　）。

A）对称矩阵　　　　B）零矩阵　　　　C）上三角矩阵　　　　D）对角矩阵

10. 已知有向图 G=(V,R)，其中 V={V_1,V_2,V_3,V_4,V_5,V_6}，R={<V_1,V_2>,<V_1,V_4>,<V_1,V_5>,<V_2,V_3>,<V_2,V_6>,<V_3,V_4>,<V_3,V_6>,<V_4,V_5>,<V_5,V_6>}，采用邻接矩阵方式进行存储，设对其每行元素访问时，必须从右到左，其从顶点 V_1 出发的广度优先搜索序列为（　　）。

A）$V_1\ V_2\ V_4\ V_5\ V_6\ V_3$　　　　　　　　B）$V_1\ V_2\ V_4\ V_5\ V_3\ V_6$
C）$V_1\ V_5\ V_4\ V_2\ V_6\ V_3$　　　　　　　　D）$V_1\ V_5\ V_4\ V_2\ V_3\ V_6$

11. 已知无向图 G=(V,R)，其中 V={V_1,V_2,V_3,V_4,V_5,V_6}，R={(V_1,V_2),(V_1,V_4),(V_1,V_6),(V_2,V_3),(V_2,V_4),(V_2,V_5),(V_3,V_5),(V_4,V_5),(V_4,V_6)}，采用邻接矩阵方式进行存储，设对其每行元素访问时，必须从左到右，其从顶点 V_1 出发的深度优先搜索序列为（　　）。

A）$V_1\ V_2\ V_4\ V_6\ V_3\ V_5$　　　　　　　　B）$V_1\ V_6\ V_4\ V_5\ V_3\ V_2$
C）$V_1\ V_2\ V_3\ V_5\ V_4\ V_6$　　　　　　　　D）$V_1\ V_6\ V_4\ V_2\ V_5\ V_3$

12. 有 6 个结点的无向图至少有（　　）条边才能确保是一个连通图。

A）5　　　　　　B）6　　　　　　C）7　　　　　　D）8

二、问答题

1. 有 6 个村（A、B、C、D、E、F）如图 5-36 所示，已知每两个村之间交通线的建造费用，求建造一个连接 6 个村的交通网，使得任意两个村之间都可以直接或间接互达，并使总的建造费用最小，采用 Prim 算法求 6 个村间的公路交通网（描述生成过程及避免环路的方法）。

2. 已知带权有向图如图 5-37 所示，请利用 Dijkstra 算法求从顶点 v_1 出发到其余顶点的最短路径及长度，给出相应的求解步骤。

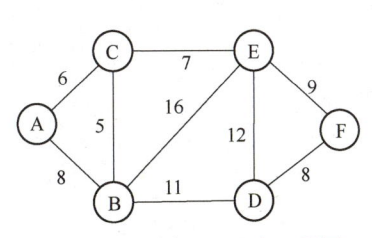

图 5-36　习题（二）中 1 题图　　　　　　图 5-37　习题（二）中 2 题图

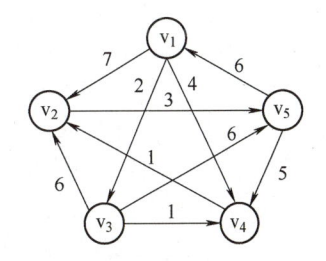

3. 已知带权有向图如图 5-38 所示，请利用 Floyed 算法计算各对顶点之间的最短路径及长度，给出相应的求解步骤。

4. 已知无向图如图 5-39 所示，采用 Kruskal 算法求其最小生成树（描述生成过程及避免环路的方法）给出相应的求解步骤。

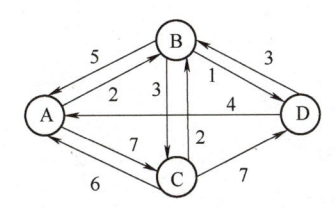

图 5-38　习题（二）中 3 题图　　　　　　图 5-39　习题（二）中 4 题图

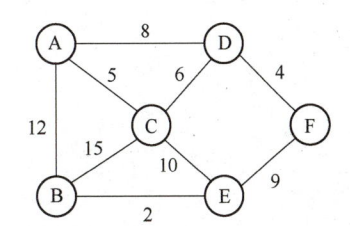

三、设计题

1. 编写算法，对无向图采用纵向优先搜索，找出图中存在的回路。

2. 编写算法，对以邻接矩阵存储的图采用横向优先搜索，要求搜索方向从右向左。
3. 编写算法，已知有向图的邻接表，指针 head 指向该邻接表的顺序表首地址，生成图的逆邻接表。
4. 编写算法，基于图的逆邻接表，对图进行纵向优先搜索。
5. 编写算法，已知有向图的邻接表，指针 head 指向该邻接表的顺序表首地址，对图中的边进行插入或删除操作。
6. 编写算法，找到无向图中的所有割点（即去掉这些顶点会增加图的连通分量）。
7. 编写算法，设图采用邻接矩阵形式存储，统计图中指定顶点的入度和出度。

第 6 章 查 找

在日常生活中，人们每天都在进行查找的工作，如在电话号码本中查找电话、查阅图书资料等。不同的查找方式对工作效率会有较大影响，同时高效的查找方法对数据的存储方式也有不同的需求。本章介绍常用的查找算法，要求掌握以下主要内容：
- 顺序查找、对分查找、分块查找算法
- 二叉排序树和平衡树的基本操作
- 哈希表构建及查找算法

6.1 线性查找

在进行查找或排序过程中，通常情况下将待查找序列中的元素的某一个成员项作为**关键字**或**关键码**，关键字能够唯一标识对应的数据元素信息，通过对关键字的查找进而查询关键字所对应的相关内容。在实际应用中，可根据需要设计待查序列元素结构体类型，关键字为该结构体类型中的一个成员。本章设待查序列即为关键字序列，类型为基本整型。

6.1.1 顺序查找

线性表的基础操作中有在不同存储方式下查找某一个元素的算法设计过程，若待查关键字序列采用线性表顺序存储，在不清楚待查关键字序列是否有序的情况下，只能采用顺序查找。长度为 n（$1 \leq n$）的待查关键字序列采用数组 Linear_array 存储时，顺序查找关键字 x 的算法代码如下：

```
int Seq_search(int Linear_array[],int n,int x)
{
    int pos=0;
    while((pos < n)&& Linear_array[pos]!=x)
        pos=pos+1;
    if(pos==n)
        return -1;
    return pos+1;
}
```

在查找过程中需判断数组是否越界，及查找结束后判断循环终止的原因。可采用加监视位的方式，将判断过程融合到循环中，提高效率，算法代码如下：

```
int Seq_search (int Linear_array[ ],int n,int x)
{
    int pos=n-1;
    Linear_array[0]=x;
    while(Linear_array[pos]!=x)
        pos=pos-1;
    return pos;
}
```

其中，Linear_array[0]为监视位，根据返回的 pos 值可以判断是否找到关键字 x。

待查关键字序列采用链式存储时，由于结点的地址由前一个结点存储，因此不论它是否有序，都只能采用顺序查找的方式进行查找。在头指针为 head 的单链表中顺序查找关键字 x，如果查找到返回关键字 x 的结点地址；如果未查找到，返回 NULL。算法代码如下：

```
struct node * Seq_search(struct node * head,int x)
{
    struct node * pos;
    pos=head;
    while((pos!=Null)&&( pos->data!=x))
        pos=pos->next;
    return(pos);
}
```

为验证查找算法的效率，通常采用平均查找长度作为评价指标，其定义为：为确定关键字在查找表中的位置，需进行比较次数的期望值。平均查找长度（Average Search Length，ASL）公式如下：

$$ASL = \sum_{i=1}^{n} p_i c_i \qquad (6-1)$$

式中，p_i 为查找第 i 个元素的概率；c_i 为找到第 i 个元素所需要的比较次数。

顺序查找性能分析：对于长度为 n 的线性表，若 x 在第 i 个元素位置，查找需要比较 $n-i+1$ 次，设每个元素被查找到的概率相同，即 $p_i = 1/n$。顺序查找的平均查找长度为 $ASL=(n+1)/2$。

6.1.2 对分查找

顺序查找的效率是比较低的，最坏的情况下，查找次数需要 n 次，如果当数据采用线性表顺序存储且有序时，采用对分查找更为有效。

对分查找也称二分查找，其算法设计思想为：设待查关键字序列的长度为 n，被查找关键字为 x，从关键字序列的中间位置开始进行比较，根据比较结果将表中待查找范围缩减一半；再次使用相同的步骤，将 x 值与缩减后的查找范围的中间位置值进行比较，依次进行，直到找到这个关键字，或判断其不存在。

算法利用两个变量 start、end 分别指向当前查找的起始和终止位置，初始状态 start 指向待查序列第一个关键字，end 指向待查序列最后一个关键字。中间位置关键字由 mid 指向，比较 x 与中间位置关键字的值，判断是否相等，如不相等，根据结果移动 start 或 end，直到 start 大于 end 为止。

【例 6-1】 待查找有序关键字序列为 {02，05，07，09，16，21，27，31，32，49，51，61}，采用对分查找算法查找关键字 05。

解：采用对分查找的过程如图 6-1 所示：

```
(1)  02,  05,  07,  09,  16,  21,  27,  31,  32,  49,  51,  61
     ↑start                ↑mid                    ↑end
(2)  02,  05,  07,  09,  16,  21,  27,  31,  32,  49,  51
     ↑start  ↑mid     ↑end
(3)  02,  05,  07,  09,  16,  21,  27,  31,  32,  49,  51
     start↑↑mid↑end
(4)  02,  05,  07,  09,  16,  21,  27,  31,  32,  49,  51
     start,mid ↑↑↑end
```

图 6-1　对分查找过程

对分查找算法代码如下：

```
int Binary_search(int Linear_array[ ],int n,int x)
{
    int start,end,mid;
    start=1;end=n;
    while(start<=end){
        mid=(start+end)/2;
        if(Linear_array[mid-1]==x)
            return(mid);
        if(Linear_array[mid-1]>x)
            end=mid-1;
        else
            start=mid+1;}
    return(-1);
}
```

对分查找的平均查找长度为：$ASL \approx \log_2(n)$，对分查找效率高于顺序查找。若查找关键字序列有序且分布均匀，如日期，拼音字母等场景，采用插值查找性能优于对分查找。插值查找是在对分查找算法基础上进一步优化，对分查找每次修改查找位置方式为 mid=(start+end)/2，而插值查找按照比例去修改查找位置，方式如式（6-2）

mid=start+(x−Linear_array[start])×(end−start)/(Linear_array[end]−Linear_array[start])

(6-2)

其他代码与对分查找相同，但如待查找关键字序列分布不均匀，查找效率可能低于对分查找。

6.1.3 斐波那契查找

斐波那契查找也是对分查找的优化，其基于黄金分隔确定每次查找的位置，在求取中间位置值时只有加减操作。

由 1.3.3 节实例可知，设斐波那契数列函数为 $f(k)$，已知 $f(0)=0$，$f(1)=1$，$f(2)=1$；则 $f(k)=f(k-2)+f(k-1)$，$k \geqslant 3$，如图 6-2 所示。

0	1	1	2	3	5	8	13	21	34	55	…
0	1	2	3	4	5	6	7	8	9	10	…

图 6-2 斐波那契数列

待查关键字序列存储于数组 Linear_array 中，长度为 n。如果存在一个 k 值，满足 $n=f(k)-1$，则可以直接使用斐波那契查找；否则需扩展待查关键字序列，直到找到一个 k 值，满足 $n=f(k)-1$。

例如，待查关键字序列 {02，05，07，09，16，21，27，31，32，49，51}，长度 $n=11$，没有 k 值能够满足 $f(k)-1=11$，因此需扩展长度 n 到 12，才能满足 $f(7)-1=12$，此时 $k=7$，扩展空间元素由待查关键字序列最后一个元素 51 填充，填充后序列为：{02，05，07，09，16，21，27，31，32，49，51，**51**}。

斐波那契查找位置 $\text{mid}=\text{start}+f(k-1)-1$，该位置将待查关键字序列分割为长度分别为 $f(k-1)-1$ 和 $f(k-2)-1$ 两个部分，随着数列的增长，这两个数值的比例会逐渐接近黄金分割点。

第一次查找位置如图 6-3 所示，数组下标从 0 开始，$\text{mid}=0+f(7-1)-1=7$，其中关键字 31 为第一次查找并判断的关键字。

图 6-3 查找位置分布

若需查找的关键字小于 31，下一次查找的关键字序列长度为 7，对应的 $k=k-1=6$，满足 $7=f(6)-1$；若大于 31，则下一次查找的关键字序列长度为 4，对应的 $k=k-2=5$，满足 $4=f(5)-1$。

【例 6-2】 有待查找有序关键字序列为 {02，05，07，09，16，21，27，31，32，49，51，**51**}，采用斐波那契查找算法查找关键字 05。

解：采用斐波那契查找过程如图 6-4 所示。

(1) 02, 05, 07, 09, 16, 21, 27, **31**, 32, 49, 51, 51
　　↑start　　　　　　↑mid　　　　↑end
(2) 02, 05, 07, 09, **16**, 21, 27, 31, 32, 49, 51, 51
　　↑start　　　　↑mid　　↑end
(3) 02, 05, **07**, 09, 16, 21, 27, 31, 32, 49, 51, 51
　　↑start　↑mid↑end
(4) 02, **05**, 07, 09, 16, 21, 27, 31, 32, 49, 51, 51
　start↑mid↑↑end

图 6-4　斐波那契查找过程

斐波那契算法代码如下：

```
int Fib_search(int Linear_array[ ],int n,int x,int fib[20] )
{
    int start=0,end=n-1,mid,k=0 ;
    while(n>fib[k]-1)
        k++;
    for(int i=n;i<fib[k]-1;i++)
        Linear_array[i]=Linear_array[n-1];
    while(start<=end){
        mid=start+fib[k-1]-1;
        if(x< Linear_array[mid]){
            end=mid-1;k=k-1;}
        else if(x> Linear_array[mid]){
            start=mid+1;k=k-2;}
        else if (x==Linear_array[mid])
            return mid+1;
    }
    return -1;
}
```

6.1.4　分块查找

分块查找为顺序查找的一种改进方法，也叫索引顺序查找。分块查找的前提是待查关键字序列满足如下结构：

1）长度为 n 的待查关键字序列采用线性表顺序存储，同时建立 m 个子表，各子表长度可相等，也可以不相等，但要求分块有序，即后一个子表中的每一个元素均大于前一个子表中的所有元素。

2）建立索引表。索引表中元素包含两个成员：一个是数据域，用于存放子表中的关键字最大值；另一个是指针域，用于存储子表中第一个关键字在待查关键字序列中的位置，索引表按数据域内关键字大小有序。分块查找存储结构如图 6-5 所示。

22	49	84
01	06	11

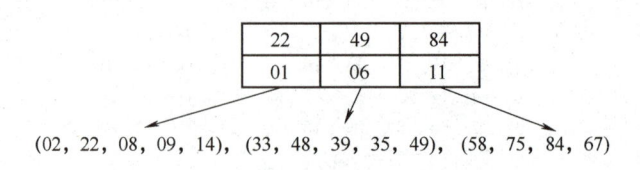

(02, 22, 08, 09, 14), (33, 48, 39, 35, 49), (58, 75, 84, 67)

图 6-5　分块查找存储结构

索引表数据元素结点结构体类型 C 语言定义如下：

```
struct index_node
{
    int key;
    int loc;
};
```

在长度为 List_len 的待查序列 Linear_array 中查找关键字 x，待查序列符合分块查找算法要求，已知索引表 index_table 的长度为 index_len。分块查找算法设计思想为：首先在索引表中使用对分查找，设 start、end 分别指向索引表的表头和表尾位置，采用对分查找的方式确定关键字 x 应位于哪个子表。与对分查找不同的是：关键字 x 可能不等于索引表中任何一个关键字，但根据与 mid 所指向的关键字与 x 的大小能够反映出 x 所在的子表位置。确定后设置 sub_start、sub_end 为关键字 x 所处子表在线性表 Linear_array 中的起始及结束位置，采用顺序查找的方式在子表中查找 x 的最终位置，如果未查找到，则返回 -1。

分块查找的算法代码如下：

```
int block_search(int Linear_array[],int List_len,struct index_node index_table[],int index_len,int x)
 {
    int start,end,mid,sub_start,sub_end;
    start=1;end=index_len;
    while(end-start>1){
        mid=(start+end)/2;
        if(x<=index_table[mid-1].key)
            end=mid;
        else
            start=mid;}
    if((start!=end)&&(x>index_table[start-1].key))
        start=end;
    sub_start=index_table[start-1].loc;
    sub_end=List_len;
    if(start!=index_len)
```

```
        sub_end=index_table[start].loc-1;
    while((sub_start<=sub_end)&&(Linear_array[sub_start-1]!=x))
        sub_start=sub_start+1;
    if(sub_start> sub_end)
        sub_start=-1;
    return sub_start;
}
```

如果 index_len=List_len，待查关键字线性表为有序表。index_len=1 时待查关键字线性表为无序表。分块查找的平均查找长度为 ASL=ASL$_{索引表}$+ASL$_{子表}$，分块查找效率高于顺序查找，低于对分查找，但由于分块查找对子表内数据没有排序要求，因此比较适合于数据频繁删增的情况。

6.2 树表查找

顺序存储的待查关键字序列插入和删除操作效率较低，如果该序列数据动态变化，会导致待查序列数据操作的时间比用在查找的时间还要多，影响查找算法效率。链式存储对插入和删除操作效率较高，采用二叉树链式存储结构，在一定的规则下既能起到对分查找的效果，还能方便插入和删除关键字元素。同时在树或图等数据存储结构下，也需要用到查找算法。针对查找算法的经典树结构有二叉排序树、平衡二叉树、B 树等，统称为树表。

6.2.1 二叉排序树

二叉排序树是一种按照二叉树来组织的数据结构，满足二叉树的性质，在二叉排序树上执行的查找操作时间与树的高度成正比。

二叉排序树的基本性质为：对于任何结点 x，其左子树结点的关键字均小于 x，其右子树结点的关键字均不小于 x。根据二叉排序树的性质可知对二叉排序树进行中序遍历可得到树中所有结点关键字信息的有序递增序列。

1. 二叉排序树的构建

按照二叉排序树性质。构建二叉排序树算法设计思想为：新输入结点从根结点开始依次比较，如小于则向左分支移动，不小于向右分支移动，直到当前结点的左子结点或右子结点为空，将新输入结点插入，循环执行上述过程直到所有关键字输入完成。

【例 6-3】 将关键字序列 {70，72，75，65，72，57，60，68，88} 依次顺序输入，描述构建二叉排序树的过程。

解： 构建二叉排序树过程如图 6-6 所示。

由图 6-6 可知，二叉排序树最终形态与输入待排序关键字序列顺序有关，设待排序关键字序列存储在数组 Linear_array 中，长度为 List_len，构建二叉排序树算法执行步骤如下：

Step1：判断关键字序列是否读取完，若读取完执行 Step7；否则，申请新结点 new_node 将关键字输入到新结点数据域，新结点左右指针域赋 NULL，并将指针 current 指向二叉树根结点，执行 Step2。

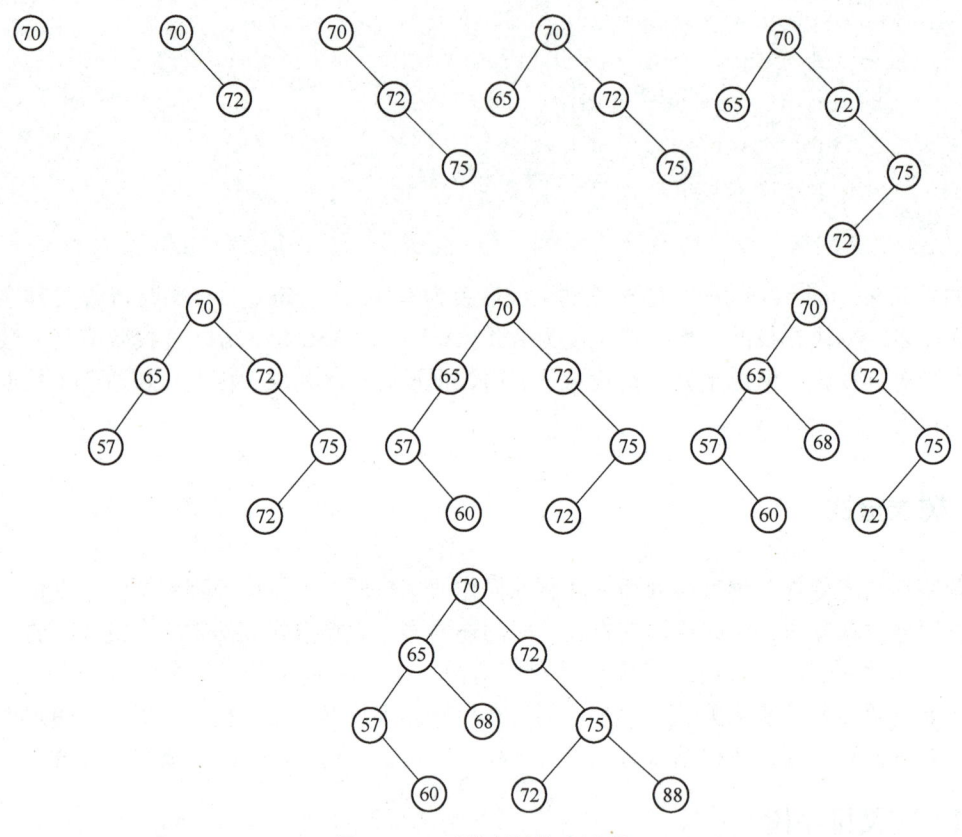

图 6-6 二叉排序树构建过程

Step2：判断待创建二叉树是否为空，若为空，将指针 bt 指向新申请结点，该结点为二叉树根节点，执行 Step1；否则执行 Step3。

Step3：判断指针 current 指向的二叉树结点的左右指针域是否指向新申请结点 new_node，如已指向新结点，执行 Step1；否则执行 Step4。

Step4：若新结点 new_node 的数据域内关键字小于 current 指向的二叉树结点数据域内关键字，执行 Step5，否则执行 Step6。

Step5：若 current 指向的二叉树结点的左指针域为空，将新结点地址放入；否则指针 current 向当前二叉树结点的左子树移动，即 current=current->left_child，执行 Step3。

Step6：若 current 指向的二叉树结点的右指针域为空，将新结点地址放入；否则指针 current 向当前二叉树结点的右子树移动，即 current=current->right_child，执行 Step3。

Step7：结束。

构建二叉排序树算法代码如下：

```
struct btree_node * Creat_SortTree(int Linear_array[],int List_len)
{
    struct btree_node * new_node, * current, * bt;
```

```
        bt=NULL;
        for(int k=0;k< List_len;k++){
            new_node=(struct btree_node *)malloc(sizeof(struct btree_node));
            new_node->data=Linear_array[k];
            new_node->left_child=NULL;
            new_node->right_child=NULL;
            current=bt;
            if(current==NULL)
                bt=new_node;
            else
                while((current->left_child!=new_node)&&(current->right_child!=new_node))
                {   if(Linear_array[k]< current->data){
                        if(current->left_child!=NULL)
                            current=current->left_child;
                        else
                            current->left_child=new_node;}
                    else{
                        if(current->right_child!=NULL)
                            current=current->right_child;
                        else
                            current->right_child=new_node;}
                }
        }
        return(bt);
    }
```

2. 二叉排序树的查找操作

由二叉排序树创建过程可以看出，其本质是将关键字一个个插入到已有二叉排序树的过程，因此上述算法可以很容易地改为二叉排序树结点插入算法。二叉排序树构建后，可进行关键字 x 的查找，其查找算法执行步骤如下：

Step1：定义指针 current 指向根结点，执行 Step2。

Step2：若二叉树不为空且 current 指向结点数据域内关键字不等于 x，执行 Step3；否则查找结束并返回当前指针所指向地址。

Step3：若关键字 x 小于当前结点数据域内关键字，则指针 current 指向当前结点的左子树，执行 Step2；否则执行 Step4。

Step4：指针 current 指向当前结点的右子树，执行 Step2。

二叉排序树查找算法代码如下：

```
struct btree_node * search_SortTree(struct btree_node * bt,int x)
{
    struct btree_node * current;
    current=bt;
    while((current!=NULL)&&(current->data!=x)){
        if(x< current->data)
            current=current->left_child;
        else
            current=current->right_child;}
    return(current);
}
```

3. 二叉排序树的删除操作

二叉排序树删除关键字 x 结点，需查找到待删除关键字 x 结点的父结点地址，将 x 结点删除并且保持二叉排序树的性质不变。根据待删除关键字 x 结点位置可分为如下三种情况：

1）待删除关键字 x 结点为叶子结点，可直接删除，如图 6-7 所示。

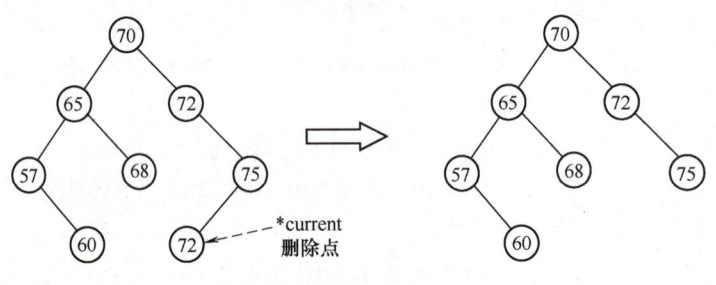

图 6-7　待删除结点为叶子结点

2）待删除关键字 x 结点仅有左子树或右子树，删除 x 结点后，需将 x 结点左子树或右子树上移，取代待删除关键字 x 结点，如图 6-8 所示。

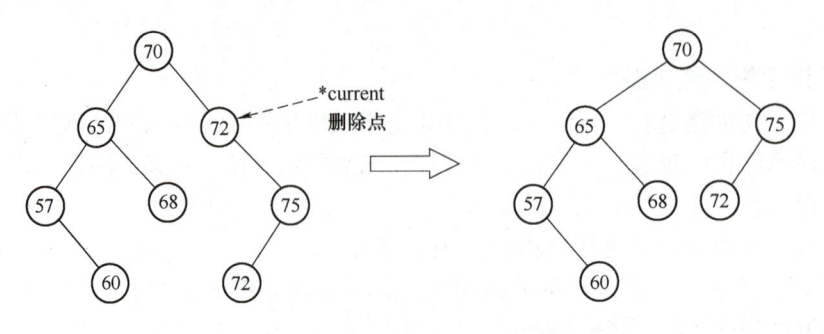

图 6-8　待删除结点仅有左子树或右子树

3）待删除关键字 x 结点左、右子树均非空，删除关键字 x 结点，需将关键字 x 结点的中序遍历序列中的后继结点，按 1）或 2）的情况删除并将其放入待删除关键字 x 结点的数据域。如图 6-9 所示，待删除结点为 65，其中序遍历的后继结点为 68，其符合情况 2）。

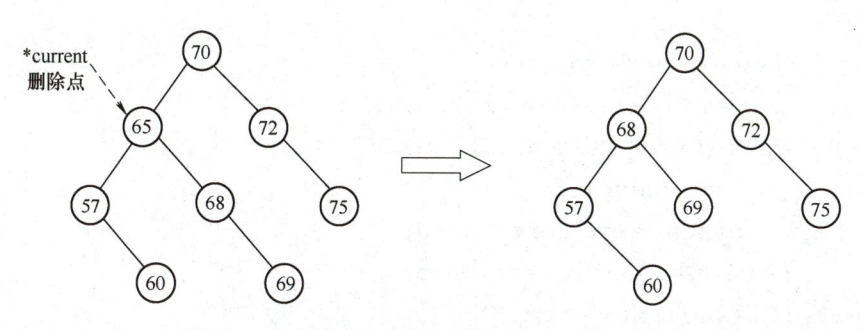

图 6-9 二叉排序树待删除结点有左子树和右子树

基于上述三种情况，如二叉排序树中待删除关键字 x 结点位置已确定，指针 *current 指向待删除关键字 x 结点，即二级指针 current 中存放待删除关键字 x 结点地址，删除关键字 x 结点的算法执行步骤如下：

Step1：若待删除结点左右子结点均为空，将指针 *current=NULL，返回；否则执行 Step2。

Step2：若待删除结点左子结点为空且右子结点非空，将指针 *current 指向待删除结点的右子结点，释放待删除结点，返回；否则执行 Step3。

Step3：若待删除结点右子结点为空且左子结点非空，将指向待删除结点指针 *current 指向待删除结点的左子结点，释放待删除结点，返回；否则执行 Step4。

Step4：沿着待删除结点右子树寻找最左侧结点，最左侧结点的左子树为空，该结点为待删除结点的中序遍历序列中的后继结点，将后继结点数据域内容赋给待删除结点数据域，如果后继结点为待删除结点的右子结点，则将后继结点的右子结点地址赋予待删除结点的右指针域；否则将后继结点的右子结点地址赋予后继结点父结点的左指针域。释放后继结点，结束删除并返回。

二叉排序树删除关键字 x 结点的算法代码如下：

```
void Delete_node(struct btree_node * * current)
{
    struct btree_node * temp, * next;
    if((*current)->left_child==NULL&&(*current)->right_child==NULL)
        *current=NULL;
    else if((*current)->left_child==NULL&&(*current)->right_child!=NULL){
        temp=*current;
        *current=(*current)->right_child;
        free(temp);}
    else if((*current)->right_child==NULL&&(*current)->left_child!=NULL){
        temp=*current;
        *current=(*current)->left_child;
        free(temp);}
    else{
```

```
            temp=*current;
            next=(*current)->right_child;
            while(next->left_child!=NULL){
                temp=next;
                next=next->left_child;}
            (*current)->data=next->data;
            if(*current==temp)
                temp->right_child=next->right_child;
            else
                temp->left_child=next->right_child;
            free(next);   }
    }
```

由于被删除结点地址可能发生变化，因此函数参数采用二级指针。

二叉排序树删除算法使用递归思想，首先比较根结点是否与关键字 x 相等，相等则调用删除结点函数 Delete_node 执行删除操作。否则，判断根结点与关键字 x 的大小，大于递归调用自身函数，删除以根结点的左子结点为根的子树中的关键字 x；不大于递归调用自身函数，删除以根结点的右子结点为根的子树中的关键字 x。算法代码如下：

```
int Delete_SortTree(struct btree_node **bt,int x)
{
    if(*bt==NULL)
        return -1;
    else{
        if((*bt)->data==x)
            Delete_node(bt);
        else if((*bt)->data>x )
            Delete_SortTree(&((*bt)->left_child),x);
        else
            Delete_SortTree(&((*bt)->right_child),x);
        return 1;}
}
```

二叉排序树的平均查找长度与对分查找类似，但二叉排序树形态会影响平均查找长度，同样关键字序列所构建的两个二叉排序树，查找效率明显不同，如图 6-10 所示。

可以看出，结点左右子树深度差异较小的效率更高，其平均查找长度分别为

$$\text{ASL}_a = \sum_{i=1}^{n} p_i c_i = \frac{1}{9}(1 \times 1 + 2 \times 1 + 3 \times 2 + 4 \times 3 + 5 \times 1 + 6 \times 1) = 3.56$$

$$\text{ASL}_b = \sum_{i=1}^{n} p_i c_i = \frac{1}{9}(1 \times 1 + 2 \times 2 + 3 \times 3 + 4 \times 3) = 2.89$$

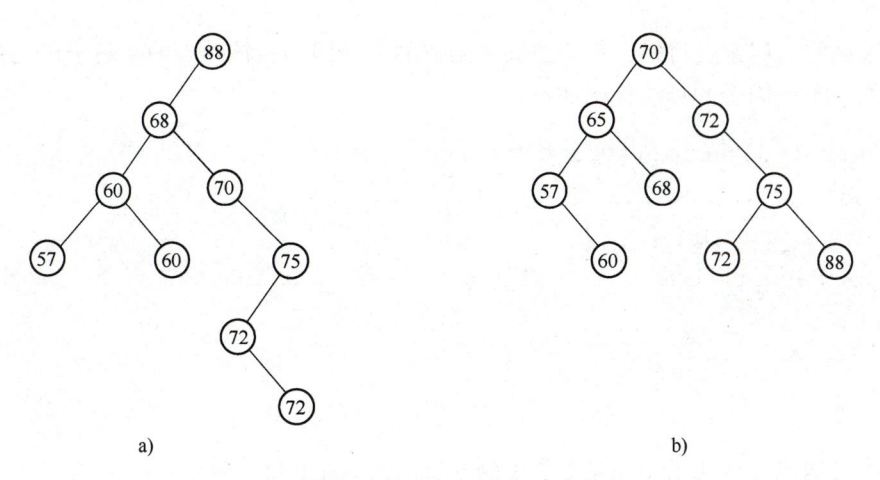

图 6-10　不同形态的二叉排序树

为进一步提高二叉排序树的效率，可在二叉排序树的生成过程中进行动态调整，对其平衡化处理，得到形态均匀的平衡二叉排序树，又称 AVL 树。

6.2.2　平衡二叉树

平衡二叉树的左右子树都是平衡二叉树，且左右子树的深度之差绝对值不超过 1。将平衡二叉树的左子树减去右子树深度之差定义为平衡因子，一棵平衡二叉树结点的平衡因子只能是 -1，0，1（见图 6-11）。

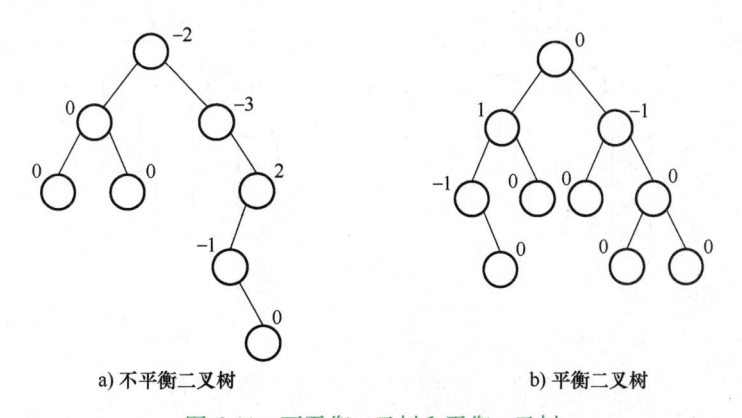

a) 不平衡二叉树　　　　b) 平衡二叉树

图 6-11　不平衡二叉树和平衡二叉树

由于平衡二叉树中增加了平衡因子的概念，因此平衡二叉树结点类型的 C 语言定义如下：

```c
struct Avl_node
{
    int data;
    int b_factor;
    struct Avl_node * left_child;
    struct Avl_node * right_child;
};
```

根据平衡二叉树定义可知，平衡二叉树结点的平衡因子由该结点的左右子树之差计算得到，计算结点平衡因子的算法代码如下：

```
 int count_b_factor(struct Avl_node *bt)
{
    int b_factor;
    b_factor = count_bt_high (bt->left_child)-count_bt_high (bt->right_child);
    return b_factor;
}
```

其中二叉树高度算法采用 4.4.1 节中的计算函数 count_bt_high。

平衡二叉树构造的算法思想是：在构造二叉排序树的过程中，失去平衡时进行动态调整，使之再次平衡，同时保持二叉排序树的特性。设结点 A 为失去平衡的最小子树的根，B 为 A 的子结点，x 为新插入结点。如 x 插入后导致 A 失衡，根据 x 和 A 的相对位置，判断属于 LL、LR、RL 和 RR 中的哪种类型，再根据不同类型进行平衡化调整。

1. LL 型平衡调整

如插入结点 x 后，A 的平衡因子由 1 变为 2，发生失衡，同时结点 x 的插入位置位于结点 A 的左子结点的左子树上（见图 6-12）。

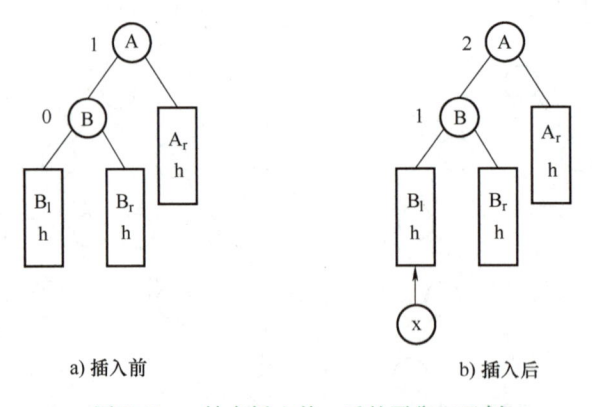

a) 插入前　　　　　　　b) 插入后

图 6-12　x 结点插入前、后的平衡二叉树

这时可进行 LL 型平衡调整，对以 A 结点为根的子树进行右旋转，算法执行步骤如下：

Step1：定义指针 node_b 指向 A 结点的左子结点，即指向 B 结点，执行 Step2。
Step2：将 B 结点的右子结点地址赋给 A 结点的左指针域，即将 A 结点的左指针域指向 B 结点的右子结点，执行 Step3。
Step3：将 A 结点地址赋给 B 结点的右指针域，即将 B 结点的右指针域指向 A 结点，执行 Step4。
Step4：指针 *bt 指向 B 结点，修改 A 结点和 B 结点的平衡因子。

调整后的平衡二叉树如图 6-13 所示。

a) 调整前　　　　　　　　　　b) 调整后

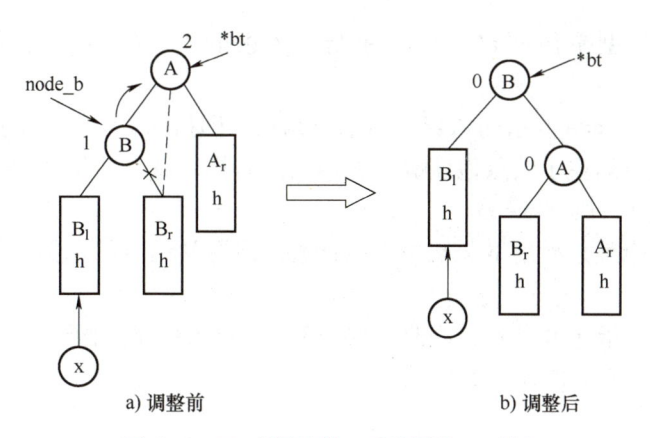

图 6-13　LL 型调整前、后的平衡二叉树

LL 型调整算法代码如下：

```
void LL_rotate(struct Avl_node**bt)
{
    struct Avl_node*node_b;
    node_b=(*bt)->left_child;
    (*bt)->left_child=node_b->right_child;
    node_b->right_child=*bt;
    *bt=node_b;
    (*bt)->b_factor=count_b_factor(*bt);
    (*bt)->right_child->b_factor=count_b_factor((*bt)->right_child);
}
```

函数形参用于传递失衡最小子树根结点地址，由于在平衡过程中其指向地址会发生变化，因此采用二级指针完成地址的传递。

2. RR 型平衡调整

如插入结点 x 后，结点 A 的平衡因子由 -1 变为 -2，发生失衡，同时结点 x 的插入位置位于结点 A 的右子结点的右子树上（见图 6-14）。

a) 插入前平衡状态　　　　　　b) 插入后失衡状态

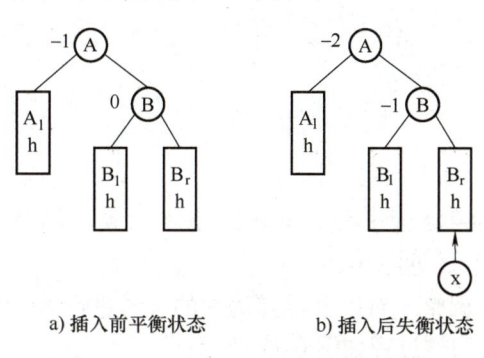

图 6-14　x 结点插入前、后的平衡二叉树

这时可进行 RR 型平衡调整，对以 A 结点为根的子树进行左旋转，算法执行步骤如下：

Step1：定义指针 node_b 指向 A 结点的右子结点，即指向 B 结点，执行 Step2。

Step2：将 B 结点的左子结点地址赋给 A 结点的右指针域，即将 A 结点的右子指针域指向 B 结点的左子结点，执行 Step3。

Step3：将 A 结点地址赋给 B 结点的左指针域，即将 B 结点的左指针域指向 A 结点，执行 Step4。

Step4：指针 *bt 指向 B 结点，修改 A 结点和 B 结点的平衡因子。

调整后的平衡二叉树如图 6-15 所示。

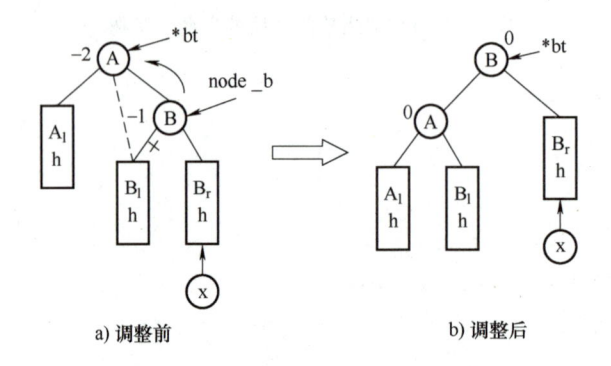

a) 调整前　　　　　　　　b) 调整后

图 6-15　RR 型调整前、后的平衡二叉树

RR 型调整算法代码如下：

```
void RR_rotate(struct Avl_node **bt)
{
    struct Avl_node *node_b;
    node_b=(*bt)->right_child;
    (*bt)->right_child=node_b->left_child;
    node_b->left_child=*bt;
    *bt=node_b;
    (*bt)->b_factor=count_b_factor(*bt);
    (*bt)->left_child->b_factor=count_b_factor((*bt)->left_child);
}
```

3. LR 型平衡调整

如插入结点 x 后，A 的平衡因子由 1 变为 2，发生失衡，同时结点 x 的插入位置位于结点 A 的左子结点的右子树上（见图 6-16）。

这时可进行 LR 型平衡调整，对以 B 结点为根的子树进行 RR 型调整，再对以 A 结点为根的子树进行 LL 型调整，调整过程如图 6-17 所示。

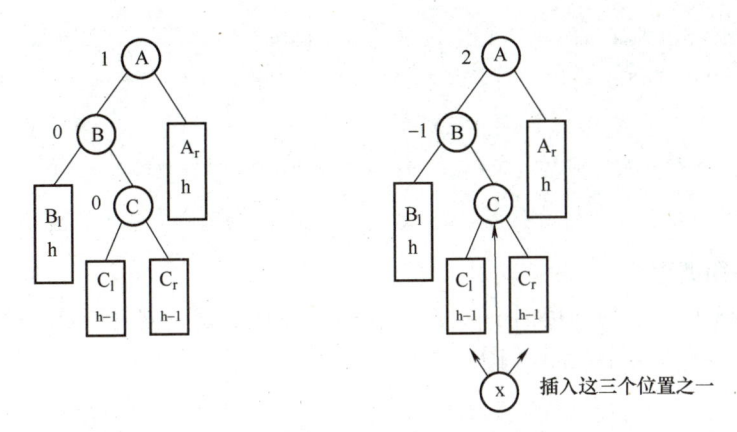

a) 插入前平衡状态　　　　　　　　b) 插入后失衡状态

图 6-16　x 结点插入前、后的平衡二叉树

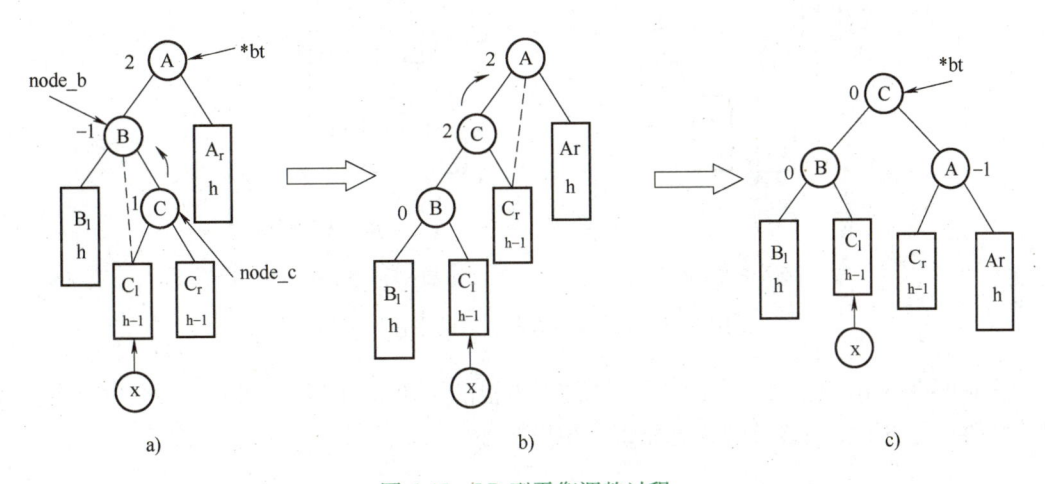

图 6-17　LR 型平衡调整过程

图 6-17 表示 x 插入到结点 C 的左子树调整过程，这里结点 x 插入结点 C 的左子树、右子树或结点 C 处导致失衡，调整过程一致，仅需对调整后的结点 A、B 和 C 的平衡因子重新赋值即可。为与图中描述一致，定义指针 node_b 和 node_c 分别指向 B 结点和 C 结点。LR 型调整算法代码如下：

```
void LR_rotate(struct Avl_node**bt)
{
    struct Avl_node*node_b,*node_c;
    node_b=(*bt)->left_child;
    node_c=node_b->right_child;
    RR_rotate(&((*bt)->left_child));
    LL_rotate(bt);
```

201

```
        (*bt)->b_factor=count_b_factor(*bt);
        (*bt)->left_child->b_factor = count_b_factor((*bt)->left_
child);
        (*bt)->right_child->b_factor = count_b_factor((*bt)->right_
child);}
```

4. RL 型平衡调整

如插入结点 x 后，A 的平衡因子由 -1 变为 -2，发生失衡，同时结点 x 的插入位置位于结点 A 的右子结点的左子树上（见图 6-18）。

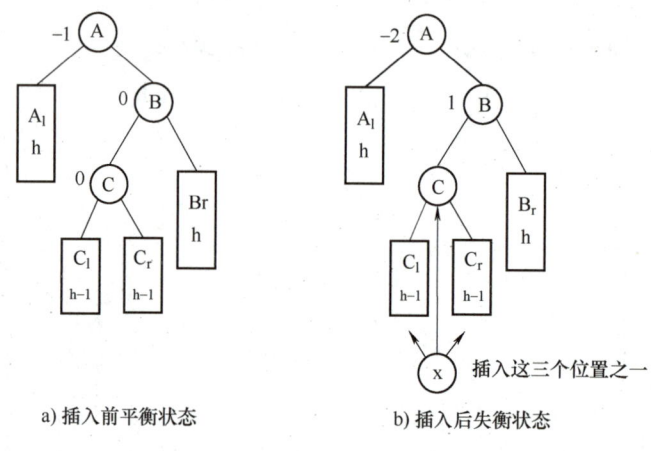

a) 插入前平衡状态   b) 插入后失衡状态

图 6-18   x 结点插入前、后的平衡二叉树

这时可进行 RL 型平衡调整，对以 B 结点为根的子树进行 LL 型调整，再对以 A 结点为根的子树进行 RR 型调整，调整过程如图 6-19 所示。

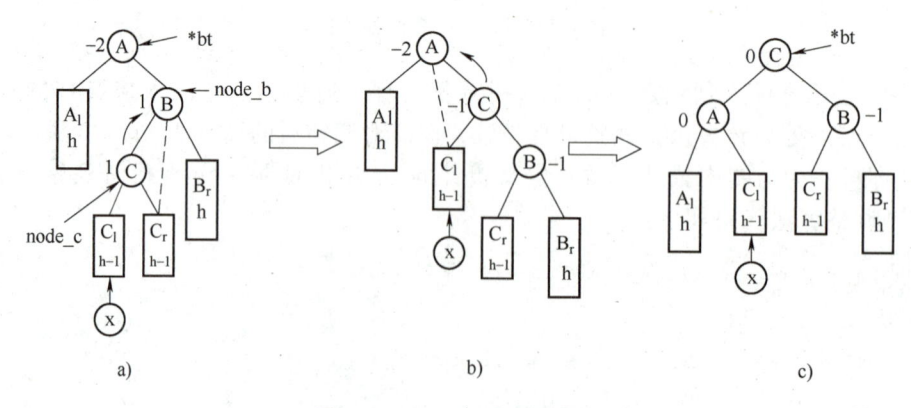

图 6-19   RL 型平衡调整过程

图 6-19 展示 x 插入到结点 C 的左子树调整过程，这里结点 x 插入结点 C 的左子树、右子树或结点 C 处导致失衡，调整过程一致，仅需对调整后的结点 A、B 和 C 的平衡因子重新赋值即可。RL 型调整算法代码如下：

```
void RL_rotate(struct Avl_node * * bt)
{
    struct Avl_node * node_b, * node_c;
    node_b=( * bt)->right_child;
    node_c=node_b->left_child;
    LL_rotate(&(( * bt)->right_child));
    RR_rotate(bt);
    ( * bt)->b_factor=count_b_factor( * bt);
    ( * bt)->left_child->b_factor = count_b_factor (( * bt)->left_child);
    ( * bt)->right_child->b_factor = count_b_factor (( * bt)->right_child);
}
```

5. 平衡二叉树结点插入操作

已有平衡二叉树，指针 bt 指向根结点，插入关键字 x。基于平衡二叉树规则，根据插入结点后根结点平衡因子的变化进行平衡化调整，平衡二叉树结点插入算法执行步骤如下：

Step1：申请新结点 new_node 将关键字输入到新结点数据域，新结点左右指针域赋 NULL，平衡因子 b_factor 为 0，执行 Step2。

Step2：判断根结点是否为 NULL，如为空，将根结点指针指向新申请结点；否则执行 Step3。

Step3：判断根结点数据域与关键字 x 大小，如小于执行 Step4；否则执行 Step5。

Step4：调用递归函数将关键字 x 插入到以根结点左子结点为根的平衡树中，计算插入关键字 x 后该结点的平衡因子，若不平衡，根据平衡因子数值选择 LL_rotate 或 LR_rotate 调整平衡。执行 Step6。

Step5：调用递归函数将关键字 x 插入到以根结点右子结点为根的平衡树中，计算插入关键字 x 后该结点的平衡因子，若不平衡，根据平衡因子数值选择 RR_rotate 或 RL_rotate 调整平衡。执行 Step6。

Step6：结束。

平衡二叉树结点插入算法代码如下：

```
void insert_Avltree(struct Avl_node * * bt,int x)
{
    struct Avl_node * new_node;
    new_node=(struct Avl_node * )malloc(sizeof(struct Avl_node));
    new_node->data=x;
    new_node->b_factor=0;
    new_node->left_child=NULL;
```

```c
            new_node->right_child=NULL;
        if(*bt==NULL){
            *bt=new_node;
            return;}
        else
            if (x<(*bt)->data){
                insert_Avltree(&((*bt)->left_child),x);
                (*bt)->b_factor=count_b_factor(*bt);
                if((*bt)->b_factor==2&&(*bt)->left_child->b_factor==1)
                    LL_rotate(bt);
                else if((*bt)->b_factor==2&&(*bt)->left_child->b_factor==-1)
                    LR_rotate(bt);}
            else{
                insert_Avltree(&((*bt)->right_child),x);
                (*bt)->b_factor=count_b_factor(*bt);
                if((*bt)->b_factor==-2&&(*bt)->right_child->b_factor==-1)
                    RR_rotate(bt);
                else if((*bt)->b_factor==-2&&(*bt)->right_child->b_factor==1)
                    RL_rotate(bt);}
    }
```

依次调用平衡二叉树结点插入函数，逐个将关键字序列插入，可实现平衡二叉树的构建，部分算法代码如下：

```c
struct Avl_node *bt=NULL;
int key[12]={78,70,73,75,65,72,57,60,68,88,90,92};
for(int i=0;i<12;i++)
    insert_Avltree(&bt,key[i]);
```

若删除平衡二叉树中结点，可参照二叉排序树中删除结点算法，删除后，在此基础上回溯调整平衡因子不符合要求的各个结点，使之重新达到平衡。

6.3 哈希表

前面叙述的查找算法中用到了线性表和树结构中元素的逻辑关系，但不关注关键字与其存储的地址关系。因此在查找时通过逻辑的前后关系与关键字进行一系列的比较，查找的效率取决于进行比较的次数。但如果关键字的存储地址与关键字之间能够建立一个对应关系，通过这个关系进行存储、查找。这样就可以根据关键字直接计算出其所在的地址位置，进而一次性找到所需关键字，这种映射关系为哈希函数，按照这个思想建立的表为哈希表（Hash table），又称散列表。

6.3.1 哈希表概念

哈希表根据关键字值直接进行访问，它通过把关键字值映射到表中一个位置来访问信息，以加快查找的速度。

设存在一个长度为 n 的表。理想情况下存在一个函数 $f(key)$，对于表中的任意一个元素的关键字 key，满足以下条件：

1）$1 \leqslant f(key) \leqslant n$。
2）对于任意的元素关键字 $key_1 \neq key_2$，恒存在 $f(key_1) \neq f(key_2)$。

其中函数 $f(key)$ 称为关键字 key 的映像函数。上述条件中，条件1）很好满足，但条件2）不容易实现，对不同的关键字可能得到同一地址，即 $key_1 \neq key_2$，而 $f(key_1) = f(key_2)$，这种现象称为冲突。因此，在满足条件1）的前提下，根据映射函数和处理冲突的方法将一组关键字映射到一个有限的连续存储空间中，使关键字和存储位置唯一对应，这个映射函数叫作**哈希函数**，存放关键字及相关信息的表叫作**哈希表**，通过哈希函数计算的地址值为**哈希地址**。哈希函数是需要构造的，其即是一种存储形式，也是一种查找方法，并且在实际应用中，冲突不可避免，有效的解决冲突能够提高哈希表的查找效率。

6.3.2 哈希函数构造方法

创建哈希表，首先需要设计哈希函数 Hash，其计算要尽量简单，同时应使各关键字尽可能均匀地分布在哈希表中，即输出的哈希地址均匀性要好。以下为几种常用的方式：

（1）直接法

取关键字或关键字的某个线性函数值为哈希地址，如下：

$$Hash(key) = key \text{ 或 } Hash(key) = w \times key + b$$

例如，统计学号从 20102001~20102031 的学生的信息，其中学号作为关键字，哈希函数取关键字自身。

（2）分段截取法

将关键字分为若干段，取其中部分作为哈希地址。

例如，统计学号从 20102001~20102031 的学生的信息统计表，截取学号后 4 位作为关键字。

（3）除留余数法

除留余数法为最常用的构造哈希函数的方法，取关键字被某个不大于哈希表长度 n 的数除后得到的余数为哈希地址，即 $Hash(key) = mod(key, m)$，通常情况下 m 的取值为不大于 n 的最大素数。

例如，哈希表长度 $n = 9$，哈希函数 $Hash(key) = mod(key, 7)$。

（4）乘法

在除留余数法基础上将关键字乘以一个常数，再进行除留余数法计算，即 $Hash(key) = mod(a \times key, m)$，a 一般为一个常数。

常用的哈希函数构造方法还有折叠法等，实际设计中应根据不同条件选取不同哈希函数，通常考虑的因素有：

1）计算哈希函数需要的时间。
2）关键字的长度。
3）哈希表的大小。
4）关键字的分布情况。
5）记录的查找频率。

6.3.3 哈希表解决冲突的方法

在哈希表构建过程中，冲突现象不可避免，对不同的关键字可能得到同一哈希地址。因此，在构建哈希表时不仅要设定一个好的哈希函数，而且要设计一种解决冲突的方法。

1. 线性探测法

设哈希表长度为 n，当关键字 key 通过 Hash(key) 输出哈希地址时发生冲突，线性探测法解决冲突的执行步骤如下：

Step1：计算哈希地址 Hash_addr=Hash(key)，执行 Step2。

Step2：检查哈希地址 Hash_addr 内容，不空执行 Step3，为空填入并结束。

Step3：令 $Hash\_addr_i$ =mod(Hash_addr+i,n)，i=1，2，3，…，n-1，执行 Step2。

线性探测法构建哈希表，设哈希表存储数组为 H，哈希表长度为 len，关键字存储空间首地址为 key，当关键字为 0 时，表示关键字序列结束。哈希函数为 Hash()，算法代码如下：

```
void creat_HashTable(int H[ ],int len,int *key)
{
    int Hash_addr;
    for(int i=0;i<len;i++)
        H[i]=0;
    while(*key!=0){
        Hash_addr=Hash(*key,len);
        while(H[Hash_addr]!=0)
            Hash_addr=(Hash_addr+1)%len;
        H[Hash_addr]=*key;
        key++;
    }
}
```

基于线性探测法解决冲突构建哈希表后的查找执行步骤如下：

Step1：计算哈希地址 Hash_addr=Hash(key)。

Step2：检查哈希地址 Hash_addr 内容，若地址内为空，则无关键字 key 信息，执行 Step4，如非空且关键字为 key，返回地址并结束；若非空且关键字不为 key 执行 Step3。

Step3：令 $Hash\_addr_i$=mod(Hash_addr+i,n)，i=1，2，3，…，n-1，判断是否已遍历

整个哈希表空间，如未遍历完执行 Step2；否则执行 Step4。

Step4：返回地址-1，结束。

从上述过程可以看出，哈希表查找过程与构建构造基本相似，算法代码如下：

```
int search_HashTable(int H[ ],int len,int key)
{
    int i,Hash_addr;
    Hash_addr=Hash(key,len);
    i=Hash_addr;
    while(H[i]!=0&&H[i]!=key){
        i=(i+1)%len;
        if(Hash_addr==i){
            i=-1;
            return i;}
    }
    if(H[i]==0) i=-1;
    return i;
}
```

【例 6-4】 构造哈希表（见表 6-1），采用线性探测法解决冲突，将关键字序列 {04, 33, 6, 9, 21, 43, 12, 11, 27, 26, 45, 50} 依次填入长度为 $n=12$ 的哈希表中。哈希函数为 $i=\mod(\text{INT}(key/5)+2,n)$，INT 为取整。

解：

表 6-1 线性探测法构造哈希表

地址	0	1	2	3	4	5	6	7	8	9	10	11
关键字	45	50	04	06	09	12	21	11	33	27	43	26
冲突次数	1	1	0	0	1	1	0	3	0	2	0	4

从例 6-4 能够发现，在用线性探测法解决某个关键字冲突的时候，会导致后续关键字也发生冲突，如解决关键字 09 冲突后，导致关键字 12 发生冲突。当冲突较多时，容易出现堆积现象，从而降低查找效率。为减少堆积，在冲突发生时，可以采用二次线性探测法或随机探测法跳跃的探测哈希表空间。

2. 二次线性探测法

设哈希表长度为 n，当关键字 key 通过 Hash(key) 输出哈希地址发生冲突时，二次线性探测法解决冲突的执行步骤如下：

Step1：计算哈希地址 Hash_addr=Hash(key)，执行 Step2。

Step2：检查哈希地址 Hash_addr 内容，不空执行 Step3，为空填入并结束。

Step3：令 Hash_addr$_i$=mod(Hash_addr+d_i,n)，$d_i=1^2$, -1^2, 2^2, -2^2, …, q^2, $-q^2$, …, $q \leqslant (n-1)/2$，执行 Step2。

基于二次线性探测法解决冲突构建哈希表后的查找执行步骤如下：

Step1：计算哈希地址 Hash_addr=Hash(key)；

Step2：检查哈希地址 Hash_addr 内容，若地址内为空，则无关键字 key 信息，执行 Step4。如非空且关键字为 key，返回地址并结束；若非空且关键字不为 key 执行 Step3。

Step3：令 Hash_addr$_i$=mod(Hash_addr+d_i,n)，d_i=1^2，-1^2，2^2，-2^2，…，q^2，$-q^2$，…，$q \leqslant (n-1)/2$，判断是否已遍历整个哈希表空间，如未遍历完执行 Step2；否则执行 Step4。

Step4：返回地址-1，结束。

采用二次线性探测法虽然可以改善堆积现象，但探测整个哈希表空间比较困难。

3. 随机探测法

设哈希表长度为 n，当关键字 key 通过 Hash(key) 输出哈希地址发生冲突时，随机探测法构解决冲突的执行步骤如下：

Step1：计算哈希地址 Hash_addr=Hash(key)，初始化伪随机数序列 RN(i)，令 i=1，指向第一个伪随机数，执行 Step2。

Step2：检查哈希地址 Hash_addr 内容，不空执行 Step3，为空填入并结束。

Step3：令 Hash_addr$_i$=mod(Hash_addr+RN(i),n)，i=i+1，执行 Step2。

伪随机数序列可以通过数学方式循环生成，部分程序代码如下：

```
r=1;
for(int j=1;j<n;j++){
    r=mod(9*r,5*n);
    RN[j]=INT(r/4);
}
```

基于随机探测法解决冲突构建哈希表后的查找执行步骤如下：

Step1：计算哈希地址 Hash_addr=Hash(key)，执行 Step2。

Step2：检查哈希地址 Hash_addr 内容，若地址内为空，则无关键字 key 信息，执行 Step4。如非空且关键字为 key，返回地址并结束；若非空且关键字不为 key 执行 Step3。

Step3：令 Hash_addr$_i$=mod(Hash_addr+RN(i),n)，i=i+1，判断是否已遍历整个哈希表空间，如未遍历完执行 Step2；否则执行 Step4。

Step4：返回地址-1，结束。

【例 6-5】 构造哈希表，采用随机探测法解决冲突，将关键字序列 {04，33，06，09，21，43，12，11，27，26，05，31} 依次填入长度为 n=16 的哈希表（见表 6-2）中。哈希函数为 i=mod(INT(key/5)+2,n)，INT 为取整。

解：伪随机数序列为：1，3，7，11，2，13，5，10，15，4，9，14，6，21，23，30

表 6-2 随机探测法构造哈希表

地址	0	1	2	3	4	5	6	7	8	9	10	11	12	13	14	15
关键字	05		04	06	09	12	21	11	33	26	43	31			27	
冲突次数	6		0	0	1	1	0	2	0	5	0	2			3	

二次线性探测法和随机探测法算法与线性探测法基本相同，区别在于再次计算哈希地址的方式不同，相应算法代码可根据线性探测法算法代码进行对应调整即可。

4. 溢出法

溢出法解决冲突的思想为：单独为冲突的关键字构建一个溢出表，发生冲突时，将关键字按照顺序存入溢出表中。设哈希表长度为 n，当关键字 key 通过 Hash(key) 输出哈希地址发生冲突时，溢出法解决冲突的执行步骤如下：

Step1：计算哈希地址 Hash_addr=Hash(key)，执行 Step2。

Step2：检查哈希地址 Hash_addr 内容，不空执行 Step3，为空填入并结束。

Step3：将 key 及信息按顺序填入溢出表空白项并结束。

基于溢出法构建的哈希表，查找时首先根据哈希地址 Hash_addr 查找哈希表内容，非空且是该关键字则取出；非空且不是该关键字则转入溢出表顺序查找，对应算法代码较为简单，可自行编写。

【例6-6】 构造哈希表，采用溢出法解决冲突，将关键字序列 {04，33，06，09，21，43，12，11，27，26，05，31} 依次填入长度为 $n=12$ 的哈希表中。哈希函数为 i = mod (INT(key/5)+2, n)，INT 为取整。

解：采用溢出法解决冲突所构造的哈希表见表 6-3 和表 6-4。

表 6-3 溢出法构造哈希表

地址	0	1	2	3	4	5	6	7	8	9	10	11
关键字			04	06	12		21	27	33		43	

表 6-4 溢出表

地址	0	1	2	3	4	5
关键字	09	11	26	05	31	

5. 拉链法

拉链法解决冲突的思想为：长度为 n 的哈希表定义为一个具有 n 个头指针的指针数组，将哈希地址相同的关键字结点链接到同一个哈希地址对应的头指针所指向的单链表中。

关键字结点结构体 C 语言定义如下：

```
struct hash_node{
    int key;
    Elementtype data;
    struct hash_node * next
};
```

其中成员 key 存储关键字，成员 data 存储关键字对应的信息，类型可根据需求定义，成员 *next 存储相同关键字结点的单链表地址。

设哈希表长度为 n，当关键字 key 通过 Hash(key) 输出哈希地址时发生冲突，拉链法解决冲突的执行步骤如下：

Step1：计算哈希地址 Hash_addr=Hash(key)。

Step2：申请一个新结点 new_node，将关键字 key 等信息填入到结点 new_node 的数据域，将该结点插入到哈希表 H 对应地址存储的头指针所指向的单链表中。

拉链法构造哈希表，算法代码如下：

```
void creat_chainHash(struct hash_node * H[ ],int n,int * key,int key_len)
{
    struct hash_node * new_node;
    int Hash_addr;
    for(int i=0;i<n;i++)
        H[i]=NULL;
    for(int i=0;i<key_len ;i++){
        Hash_addr=Hash(* key,n);
        new_node = (struct hash_node * )malloc(sizeof(struct hash_node));
        new_node->key= * key;
        new_node->next=H[Hash_addr];
        H[Hash_addr]=new_node;
        key++;}
}
```

基于拉链法构建的哈希表，查找时先计算哈希地址 Hash_addr，再顺序查找哈希地址对应的单链表，算法代码如下：

```
struct hash_node * search_chainHash(struct hash_node * H[ ],int n,int key)
{
    struct hash_node * current;
    int Hash_addr;
    Hash_addr=Hash(key,n);
    current=H[Hash_addr];
    while(current!=NULL&& current->key!=key)
        current=current->next;
    if(current==NULL){
        printf("searching failed");
        return(NULL);}
    else
        return(current);
}
```

【例 6-7】 构造哈希表，采用拉链法解决冲突，将关键字序列 {04，33，06，09，21，43，12，11，57，36，05，31} 依次填入长度为 $n = 13$ 的哈希表中。哈希函数为 $i =$ mod (INT(key/5)+1, n)，INT 为取整。

解： 采用拉链法解决冲突所构造的哈希表逻辑结构如图 6-20 所示。

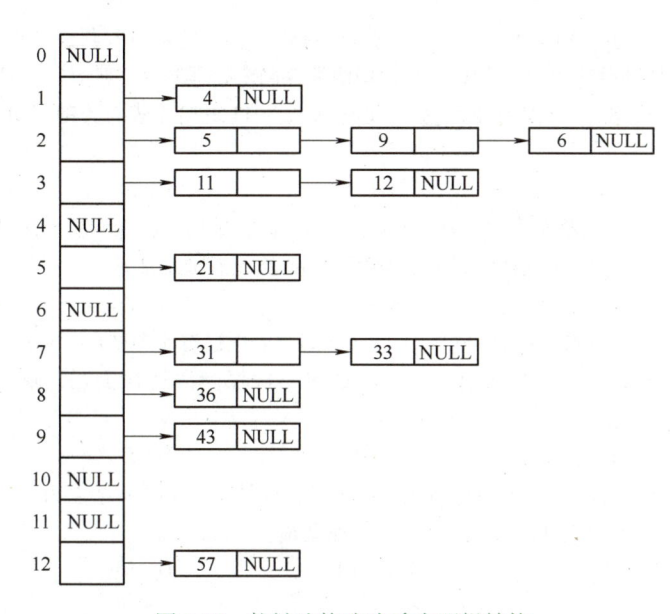

```
0  NULL
1  →[ 4 |NULL]
2  →[ 5 | ]→[ 9 | ]→[ 6 |NULL]
3  →[11 | ]→[12 |NULL]
4  NULL
5  →[21 |NULL]
6  NULL
7  →[31 | ]→[33 |NULL]
8  →[36 |NULL]
9  →[43 |NULL]
10 NULL
11 NULL
12 →[57 |NULL]
```

图 6-20　拉链法构造哈希表逻辑结构

根据哈希表查找过程可知，如不发生冲突，根据关键字可一次找到待查信息。但由于冲突的存在，因此哈希表查找也存在少量的关键字比较过程，不同冲突的解决方法，比较次数不同，但相对于顺序查找和二分查找，其平均查找长度 ASL 要小。

习　题

一、单向选择题

1. 对分查找有序表（2，8，11，17，26，35，45，73，98，105）。若查找表中元素 46，则它将依次与表中（　　）比较大小，查找结果是失败。

　　A）26，73，35，45　　　　　　　　B）35，98，73，45

　　C）26，45　　　　　　　　　　　　D）35，98，45

2. 二叉排序树是（　　）。

　　A）每一分支结点的度均为 2 的二叉树。

　　B）中序遍历时可得到所有结点的一个升序序列。

　　C）按从左到右顺序编号的二叉树。

　　D）每一分支结点的值均小于其左子树所有结点的值，又均大于其右子树所有结点的值。

3. 对于一个数据序列，按照逐点插入法建立一颗二叉排序树，该二叉排序树的形态取决于（　　）。

　　A）该序列的存储结构。　　　　　　B）序列中数据元素的取值范围。

　　C）数据元素的输入次序。　　　　　D）使用的计算机软、硬件条件。

4. 用对分查找的元素的速度比用顺序查找（　　）。

A）必然快　　　　B）必然慢　　　　C）相等　　　　D）不确定

5. 在一颗平衡二叉树中，每个结点的平衡因子的取值范围为（　　）。

A）-1~1　　　　B）-2~2　　　　C）1~2　　　　D）0~1

6. 有一个序列｛4，5，6，…｝，当生成平衡二叉树时，插入值为6的结点时应做（　　）类型的平衡调整。

A）LL 调整　　　B）RR 调整　　　C）LR 调整　　　D）RL 调整

7. 选取哈希函数 Hash(key)=(3*key)%11，用线性探测法处理冲突，对｛22，41，53，08，46，30，01，31，66｝关键字序列构造一个地址空间为 0~10，表长为 11 的哈希表，关键字 30 在哈希表中的位置是（　　）。

A）2　　　　　　B）3　　　　　　C）4　　　　　　D）5

8. 设哈希表区间为 0~9，哈希函数为 Hash(Key)=Key%9，采用二次探测法处理冲突，并将关键字序列 12，36，82，8，19，29，64 依次存储到哈希表中，关键字 29 存放地址是（　　）。

A）4　　　　　　B）5　　　　　　C）6　　　　　　D）7

9. 设哈希表长 m=14，哈希函数 Hash(key)=key%11。表中已有 4 个结点，addr(15)=4，addr(38)=5，addr(61)=6，addr(84)=7，其余地址为空，如用二次探测线性探测法，则关键字 49 的地址为（　　）。

A）8　　　　　　B）3　　　　　　C）9　　　　　　D）5

10. 在不平衡二叉树中插入一个结点后造成了不平衡，设最低的不平衡结点为 A，插入后 A 的平衡因子为-2，右子结点的平衡因子为 1，则应作（　　）型调整。

A）LL　　　　　B）LR　　　　　C）RL　　　　　D）RR

二、问答题

1. 设哈希函数为 H(k)=k mod 11，哈希表长度为 11（地址空间为 0~10），给定表（SUN，MON，TUES，WED，THUR，FRI，SAT）取单词的第一个字母在英语字母表中的序号为关键字 K，构造哈希表，并用拉链法解决地址冲突。

三、设计题

1. 编写算法，采用静态链式存储实现顺序查找。
2. 编写算法，采用静态链式存储实现二叉排序树的构建。
3. 编写算法，采用静态链式存储实现二叉排序树的查找。
4. 编写算法，实现插值查找。
5. 编写算法，构造哈希表，采用溢出法解决冲突，将关键字序列｛6，25，6，9，25，43，12，6，27，26，35，50｝依次填入长度为 n=13 的哈希表中。哈希函数为 i=INT(key/5)+2，INT 为取整。
6. 编写算法，构造哈希表，采用随机法解决冲突，将关键字序列｛6，25，6，9，25，43，12，6，27，26，35，50｝依次填入长度为 n=24 的哈希表中。哈希函数为 i=INT(key/5)+2，INT 为取整。

第 7 章 排　　序

在第 6 章查找算法中，部分查找算法的前提是待查找关键字序列有序。同时在实际生活中，查找字典通常根据拼音的顺序或笔画的顺序进行查找。在图书馆查找书籍，可以根据图书的索引号、作者姓名等一些相关信息进行查找，所有这些操作的前提都是要求查找的对象是有序的。上面提及的拼音、笔画或图书索引号这些需要匹配的信息就是关键字。本章将介绍一些典型排序算法的实现及性能，要求掌握以下主要内容：

- 冒泡排序和快速排序
- 插入排序和希尔排序
- 选择排序和堆排序
- 二路归并排序和基数排序

7.1　基本概念

排序是将一组数据元素，又称记录，按某个关键字排列成一个有序序列的过程。

待排序的序列中相同的数据元素在排序前后的相对次序保持不变，则为**稳定**的，否则**不稳定**。根据排序过程中涉及的存储器不同，可将排序方法分为内部排序和外部排序，在计算机内部存储器，即内存中进行的排序为**内部排序**。当待排序记录的数量很大，需在排序过程中对外存进行访问的排序为**外部排序**。对排序算法的评价主要通过时间复杂度和空间复杂度来衡量。本章分别介绍 8 种内部排序方法，这 8 种排序方法在不同的环境及条件下，具有不同的优势，读者应结合实际情况合理选择适合的排序方法。

7.2　冒泡排序和快速排序

冒泡排序与快速排序均为采用"交换"进行排序的方法，算法需两两比较序列中的关键字，交换不满足条件的关键字，直到都符合要求为止。

1. 冒泡排序

冒泡排序的思想是将待排序的 n 个关键字从一端开始，依次比较相邻的两个关键字，按照排序要求判断是否需要进行交换，从一端到另一端依次执行上述操作，这样完成一趟交换，再对剩余未排序的 $n-1$ 个关键字进行同样动作，直到序列中关键字全部排完为止。

【例 7-1】　待排序关键字序列为 {24, 15, 9, 36, 78, 63, 4, 35, 17}，采用冒泡排序算法进行排序。

解：冒泡排序算法的执行过程如下：

初始序列：{24, 15, 9, 36, 78, 63, 4, 35, 17}

第一趟：{15, 9, 24, 36, 63, 4, 35, 17, 78}
第二趟：{9, 15, 24, 36, 4, 35, 17, 63, 78}
第三趟：{9, 15, 24, 4, 35, 17, 36, 63, 78}
第四趟：{9, 15, 4, 24, 17, 35, 36, 63, 78}
第五趟：{9, 4, 15, 17, 24, 35, 36, 63, 78}
第六趟：{4, 9, 15, 17, 24, 35, 36, 63, 78}
第七趟：{4, 9, 15, 17, 24, 35, 36, 63, 78}
第八趟：{4, 9, 15, 17, 24, 35, 36, 63, 78}

设有 n 个待排序关键字，存放在一维数组 Linear_array 中。根据冒泡排序的思想需进行 $n-1$ 趟排序，每趟排序能够将一个数据放入合适的位置，第 i 趟需比较的次数为 $n-i$ 次，冒泡排序算法代码如下：

```c
void bubble_sort(int Linear_array[],int n)
{
    int temp;
    for(int i=1;i< n;i++)
        for(int j=0;j<n-i;j++)
            if(Linear_array[j]> Linear_array[j+1]){
                temp=Linear_array[j];
                Linear_array[j]=Linear_array[j+1];
                Linear_array[j+1]=temp;
            }
}
```

冒泡排序是稳定的，时间复杂度为 $O(n^2)$。

2. 改进的冒泡排序

从冒泡排序过程可以看出，后面几趟排序中关键字序列未发生变化，为提高排序效率也可在一趟排序过程中，先将序列从前向后依次进行判断、交换操作；再从后向前，依次进行判断、交换操作。每趟开始位置为上一次最后发生交换过程的位置。如在当前趟排序过程中，没有发生关键字交换，则认为排序完成。

【例 7-2】 待排序关键字序列为 {24, 15, 9, 36, 78, 63, 4, 35, 17}，采用改进的冒泡排序算法进行排序。

解：改进冒泡排序算法的部分执行过程如下：

初始序列：{24, 15, 9, 36, 78, 63, 4, 35, 17}
第一趟：　{15, 9, 24, 36, 63, 4, 35, 17, 78}
　　　　　{4, 15, 9, 24, 36, 63, 17, 35, 78}
第二趟：　{4, 9, 15, 24, 36, 17, 35, 63, 78}
　　　　　{4, 9, 15, 17, 24, 36, 35, 63, 78}
第三趟：　{4, 9, 15, 17, 24, 35, 36, 63, 78}
　　　　　{4, 9, 15, 17, 24, 35, 36, 63, 78}

后续过程未发生交换，这里就不再展示。其中带下划线的关键字为下一趟冒泡排序的开始位置，设 low 指向序列从前向后的起始位置，high 指向序列的从后向前的起始位置，初值分别为 0 和 $n-1$，每趟排序后更新 low 和 high 值为当前最后一次交换的位置，作为下一次排序的起始位置。当前后位置不满足 low<high 时排序结束，改进的冒泡排序算法代码如下：

```
void bubble_sort_impr(int Linear_array[ ],int n)
{
    int high,low,end,temp;
    low=0;high=n-1;
    while(low<high){
        end=high-1;high=0;
        for(int i=low;i<=end;i++)
            if (Linear_array[i]> Linear_array[i+1]){
                temp=Linear_array[i];
                Linear_array[i]=Linear_array[i+1];
                Linear_array[i+1]=temp;
                high=i;}
        end=low+1;low=0;
        for(int i=high;i>=end;i--)
            if(Linear_array[i-1]> Linear_array[i]){
                temp=Linear_array[i];
                Linear_array[i]=Linear_array[i-1];
                Linear_array[i-1]=temp;
                low=i;}
    }
}
```

改进冒泡排序同样是稳定的，相对于冒泡排序效率有所提高，但时间复杂度还是 $O(n^2)$。

3. 快速排序

快速排序是一种排序速度比较快的内部排序算法，是对冒泡排序的一种改进，可通过一次交换消除多个逆序。快速排序的思想是：在要排序的关键字序列中，首先任意选取一个关键字（通常选用序列的第一个、最后一个或中间一个）作为分割点，然后将所有比它小的关键字都移动到它的位置之前，所有不小于它的关键字都移动到它的位置之后，由此完成第一趟快速排序。再对分成两部分的子序列分别进行快速排序，直到全部子序列都只有一个关键字元素为止。

【例 7-3】 待排序关键字序列为 {54, 38, 96, 23, 15, 72, 60, 45, 83}，采用快速排序算法进行排序，选择第一个关键字 54 为分割点，求第一趟排序后的关键字序列。

解：采用快速排序算法第一趟排序过程如下：

temp = 54

1)　 ，38，96，23，15，72，60，45，83
　　↑ low　　　　　　　　　　　　　↑ high

2) 45，38，96，23，15，72，60，　 ，83
　　　　↑ low　　　　　　　　　　↑ high

3) 45，38，　 ，23，15，72，60，96，83
　　　　　↑ low　　　　　　↑ high

4) 45，38，15，23，　 ，72，60，96，83
　　　　　　　low ↑　　↑ high

5) 45，38，15，23，　 ，72，60，96，83
　　　　　　　　low ↑↑ high

在一趟快速排序过程中，首先，确定快速排序序列的前后位置分别为 low 和 high，首位关键字作为分割点进行分割。也可以采用首位、末位和中间位三者取中的规则选取分割点，经验表明这样可改善快速排序在最坏情况下的性能。其次，将分割点关键字存储在变量 temp 中，从 high 所指位置向前搜索找到第一个小于 temp 的关键字，将其放入 low 所指位置，然后再从 low 的后一个位置开始向后搜索找到第一个不小于 temp 的关键字，将其放入 high 所指位置，再从 high 的前一个位置开始重复上述两步，直到 low 等于 high 为止，最后将 temp 内的关键字放入 low 所指向的位置处。

一趟排序的分割算法代码如下：

```
int segment(int Linear_array[],int low,int high)
{
    int temp;
    temp=Linear_array[low];
    while(low!=high){
        while((low<high)&&(Linear_array[high]>=temp))
            high--;
        if(low<high){
            Linear_array[low]=Linear_array[high];
            low++;
            while((low<high)&&(Linear_array[low]<temp))
                low++;
            if(low<high){
                Linear_array[high]=Linear_array[low];
                high--;}
        }
    }
    Linear_array[low]=temp;
    return(low);
}
```

上述过程为快速排序算法的一趟排序过程，整个快速排序可采用递归实现，直到每个子序列只有一个关键字为止。

【例 7-4】 待排序关键字序列为 {54，38，96，23，15，72，60，45，83}，以第一个关键字作为分割点进行快速排序。

解： 快速排序算法递归调用过程如下：

初始序列：54，38，96，23，15，72，60，45，83

第一趟：<u>45，38，15，23</u>，54，<u>72，60，96，83</u>
    执行分割函数

第二趟：<u>23，38，15</u>，45，54，72，60，96，83
    执行分割函数

第三趟：15，23，38，45，54，<u>72，60，96，83</u>
          执行分割函数

第四趟：15，23，38，45，54，60，72，<u>96，83</u>
            执行分割函数

第五趟：15，23，38，45，54，60，72，83，96

递归调用过程中，只有一个关键字时会调用分割函数但不执行内部交换过程，快速排序算法代码如下：

```
void quick_sort(int Linear_array[ ],int start,int end)
{
    int seg_loc;
    if(end >start){
        seg_loc=segment(Linear_array,start,end);
        quick_sort(Linear_array,start,seg_loc-1);
        quick_sort(Linear_array,seg_loc+1,end);
    }
}
```

快速排序不是一种稳定的排序算法，多个相同关键字的相对位置会在算法结束时可能产生变动，其时间复杂度为 $O(n\log_2 n)$，在同数量级的排序算法中平均性能最好，但其需要额外的辅助空间较多。

7.3 插入排序和希尔排序

插入排序与希尔排序的本质是将无序序列中的各关键字依次插入到有序序列当中，直到所有关键字插入完为止。

1. 插入排序

插入排序的思想为：将无序序列中的各关键字，依次插入到已经有序的序列中，直到所有关键字都被插入完为止。算法将序列看成两部分：①已排好序列；②未排好序列，将未排好序列中关键字逐一插入已排好序列中。开始时，将第一个关键字作为已排好序列。

【例 7-5】 待排序关键字序列为 {18, 12, 10, 12, 30, 16}，采用插入排序算法进行排序。

解： 插入排序算法的实现过程如下：

初始序列：{18}　　　　　　　　　　　　{12, 10, 12, 30, 16}
第一趟：　{12, 18}　　　　　　　　　　{10, 12, 30, 16}
第二趟：　{10, 12, 18}　　　　　　　　{12, 30, 16}
第三趟：　{10, 12, 12, 18}　　　　　　{30, 16}
第四趟：　{10, 12, 12, 18, 30}　　　　{16}
第五趟：　{10, 12, 12, 16, 18, 30}

算法实现过程中，前一个大括号内为有序序列，后一个大括号内为待插入的无序序列。算法将待排序序列中第二个关键字到第 n 个关键字依次插入到上一次排完序的有序数列中，第 i 次插入过程为，将第 i 个关键字从有序序列的后端依次比较，如果小于有序序列当前比较的关键字，则将有序序列中比较的关键字向后移动一位，直到不小于为止，这时将其填入有序序列中已空出的位置。

插入排序算法代码如下：

```
void insert_sort(int Linear_array[ ],int n)
{
    int temp;
    for(int j=1;j< n;j++){
        temp=Linear_array[j];
        int k=j-1;
        while((k>=0)&&( Linear_array[k]>temp)){
            Linear_array[k+1]=Linear_array[k];
            k=k-1;}
        Linear_array[k+1]=temp;
    }
}
```

插入排序算法是稳定的，容易实现，时间复杂度为 $O(n^2)$。当待排序数据较多时，不宜采用插入排序算法，因为插入排序每次只能将数据移动一位，效率较低。但在对几乎已经排好序的序列操作时效率较高。

2. 希尔排序

希尔排序又称为"缩小增量排序"，在时间效率上有较大的改进。希尔排序的思想为：将整个无序序列分割成若干个子序列分别进行插入序列，子序列为相隔增量 h 的关键字构成，在排序过程中，逐次减小这个增量，最后 $h=1$ 时，进行一次最后的插入排序完成整个排序过程。一般增量 $h=n/2^k$，$k=1, 2, \cdots, \log_2 n$。其中 n 为待排序关键字序列长度。

【例 7-6】 待排序关键字序列为 {06, 19, 26, 13, 37, 08, 92, 15, 46, 73, 03, 31}，采用希尔排序算法进行排序。

解：希尔排序算法的实现过程如下：

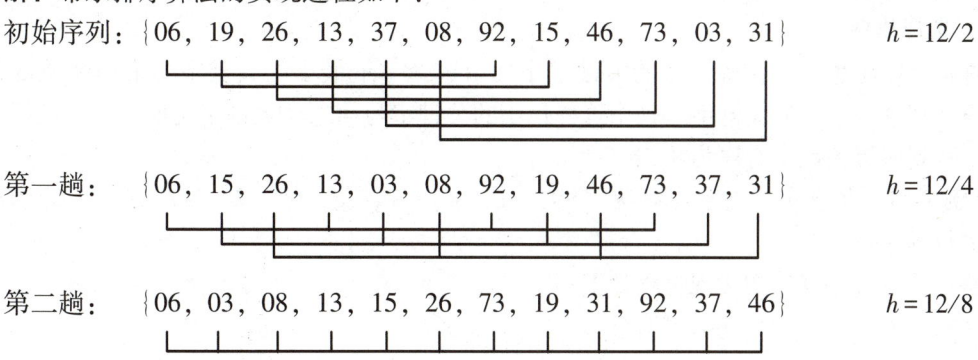

初始序列：$\{06, 19, 26, 13, 37, 08, 92, 15, 46, 73, 03, 31\}$ $h = 12/2$

第一趟： $\{06, 15, 26, 13, 03, 08, 92, 19, 46, 73, 37, 31\}$ $h = 12/4$

第二趟： $\{06, 03, 08, 13, 15, 26, 73, 19, 31, 92, 37, 46\}$ $h = 12/8$

第三趟：$\{03, 06, 08, 13, 15, 19, 26, 31, 37, 46, 73, 92\}$

其中关键字序列长度 n 为 12，第一趟增量 h 为 $12/2 = 6$，将序列划分为 6 个子序列 $\{\{06,92\}, \{19,15\}, \cdots\}$，子序列中关键字为从待排序关键字序列中每间隔 6 个关键字取出。然后分别对这 6 个子序列进行插入排序。每完成一趟，h 的规模缩小一半，直到 $h=1$，进行最后一次插入排序，序列变为有序。算法在原有的关键字序列存储数组 Linear_array 基础上实现，利用子序列关键字 h 个间隔的特性，比较及移动关键字以 h 为间隔，从第 h 个关键字开始进行插入，直到第 $n-1$ 个元素，希尔排序算法代码如下：

```
void shell_sort(int Linear_array[ ],int n)
{
    int h,temp;
    h=n/2;
    while(h>0){
        for(int j=h,i=0;j<=n-1;j++){
            temp=Linear_array[j];
            i=j-h;
            while(i>=0&&(Linear_array[i]>temp)){
                Linear_array[i+h]=Linear_array[i];
                i=i-h;}
            Linear_array[i+h]=temp;
        }
        h=h/2;
    }
}
```

希尔排序为不稳定排序方法，其时间复杂度与序列的增量有关，一般认为 $O(n^{1.5})$。

7.4 选择排序和堆排序

选择排序与堆排序是从无序关键序列中选择最小的关键字，按顺序放入已有序的序列中，直到所有关键字选完为止。

1. 选择排序

选择排序思想为：在待排序的关键字序列中选择一个最小的关键字与第一个关键字交换，再在其余未排序的关键字序列中选择最小的关键字与第二个关键字交换，上述过程重复执行，直到所有关键字有序为止。

【例7-7】 待排序关键字序列为｛99, 31, 66, 57, 75, 05, 26, 47｝，采用选择排序算法进行排序。

解：选择排序算法的实现过程如下：

初始序列：｛99, 31, 66, 57, 75, 05, 26, 47｝
　　　　　　 ↑　　　　　　　 ↑
第一趟：　｛05, 31, 66, 57, 75, 99, 26, 47｝
　　　　　　　　 ↑　　　　　　　 ↑
第二趟：　｛05, 26, 66, 57, 75, 99, 31, 47｝
　　　　　　　　　　 ↑　　　　　　　 ↑
第三趟：　｛05, 26, 31, 57, 75, 99, 66, 47｝
　　　　　　　　　　　　 ↑　　　　　　　 ↑
第四趟：　｛05, 26, 31, 47, 75, 99, 66, 57｝
　　　　　　　　　　　　　　 ↑　　　　 ↑
第五趟：　｛05, 26, 31, 47, 57, 99, 66, 75｝
　　　　　　　　　　　　　　　　 ↑　 ↑
第六趟：　｛05, 26, 31, 47, 57, 66, 99, 75｝
　　　　　　　　　　　　　　　　　 ↑ ↑
第七趟：　｛05, 26, 31, 47, 57, 66, 75, 99｝

选择排序算法在第 i 趟开始时，已有 $i-1$ 个关键字有序，剩余关键字通过 $n-i$ 次比较，从 $n-i+1$ 个关键字中选取最小值，与第 i 个关键字交换，上述过程一共执行 $n-1$ 趟。

选择排序算法代码如下：

```
void select_sort(int Linear_array[ ],int n)
{
    int min,temp;
    for(int i=0;i< n-1;i++){
        min=i;
        for(int j=i+1;j< n;j++)
            if(Linear_array[j]< Linear_array[min])
                min=j;
        if(min!=i){
            temp=Linear_array[i];
            Linear_array[i]=Linear_array[min];
            Linear_array[min]=temp;}
```

```
        }
    }
```

选择排序为不稳定排序方法，时间复杂度为 $O(n^2)$。

2. 堆排序

选择排序主要操作是进行关键字之间的比较，因此改进选择排序应从如何减少比较这一环节出发，若能利用前一次比较得到的信息，则可以减少以后各趟选择排序所用的比较次数。

锦标赛排序，又称树形选择排序，是一种按照锦标赛的思想进行选择排序的方法。首先对 n 个关键字进行两两比较，然后在 $n/2$ 个较小的关键字中再进行两两比较，直到找出最小的，这个过程可以用一颗有 n 个叶子结点的完全二叉树描述。如图 7-1 所示即为采用锦标赛排序算法对关键字序列 {49，38，65，97，76，13，27，49} 排序的部分执行过程。

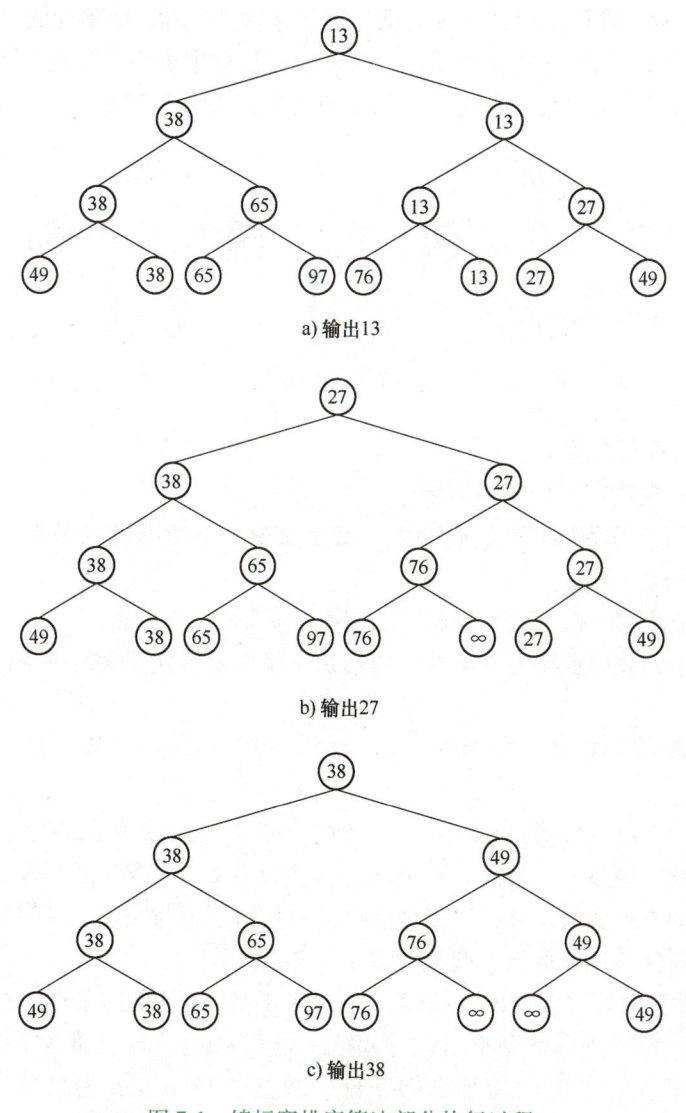

a) 输出13

b) 输出27

c) 输出38

图 7-1　锦标赛排序算法部分执行过程

锦标赛排序算法时间复杂度为 $O(n\log_2 n)$，每次选取较小的关键字时，仅需比较树的深度减 1 次，相对于选择排序，减少了比较次数。但该算法需辅助空间较多，且存在与无穷值进行多余比较的缺点，为此，堆排序被提出。

堆排序是指利用堆这种数据结构的一种排序方法，为选择排序的改进。对比锦标赛排序算法，堆排序仅需要一个关键字大小的辅助空间。

堆的定义为：具有 n 个元素的序列 $\{k_1, k_2, k_3, \cdots, k_n\}$，当它们满足下面两个条件之一时，称此元素序列为堆。

1) $$\begin{cases} k_i \geqslant k_{2i} \\ k_i \geqslant k_{2i+1} \end{cases} \quad (i = 1, 2, \cdots, n/2) \tag{7-1}$$

2) $$\begin{cases} k_i \leqslant k_{2i} \\ k_i \leqslant k_{2i+1} \end{cases} \quad (i = 1, 2, \cdots, n/2) \tag{7-2}$$

满足条件 1) 时，堆顶元素必为最大项；满足条件 2) 时，堆顶元素必为最小项。利用上述堆的特点进行排序的方法就叫堆排序。实际应用过程中可用线性表来顺序存储堆序列中的关键字，也可以用完全二叉树来直观表示堆的结构，如图 7-2 所示。

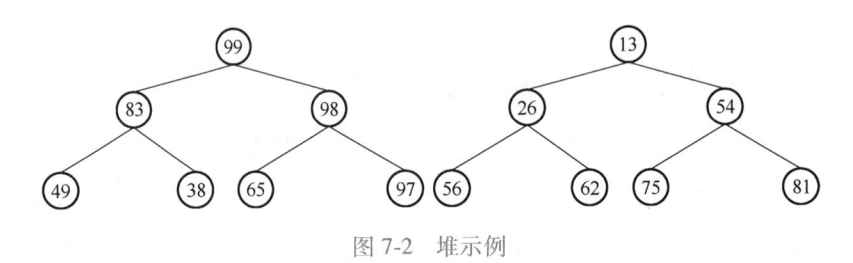

图 7-2 堆示例

堆排序算法的执行步骤如下：

Step1：将无序关键字序列调整为堆。

Step2：将堆顶关键字与堆中最后一个关键字交换，不考虑已经换到最后的关键字，将前 $n-1$ 个关键字调整为堆。

Step3：反复执行 Step2，直到待排序关键字全部调整完成为止。

推排序算法中的关键步骤为调整堆，即将无序序列或部分不满足堆条件的序列调整为满足堆条件的序列。

【例 7-8】 待排序关键字序列为 $\{23, 85, 53, 36, 47, 30, 24, 12\}$，将其调整为堆。

解：根据式 (7-1) 可以看出除第一个关键字外，序列中其他关键字满足堆的条件，可以通过对序列关键字调整，让全部关键字均符合堆的定义。为方便展现调整过程，堆的形式采用完全二叉树的方式表示，待排序序列所存储的数组下标与完全二叉树结点位置对应关系可根据完全二叉树性质计算得出，调整过程如图 7-3 所示。

由图 7-3 的调整过程可以看出，如仅二叉树根结点不满足堆的条件，根结点的左右子树均满足堆的性质，可以进行堆调整。设待调整序列 Linear_array 长度为 0~len，以 heap_top 位置关键字为根的左右子树均满足堆的条件，调整以 heap_top 为根的完全二叉树为堆，heap_top 位于 0~len 之间，调整算法步骤如下：

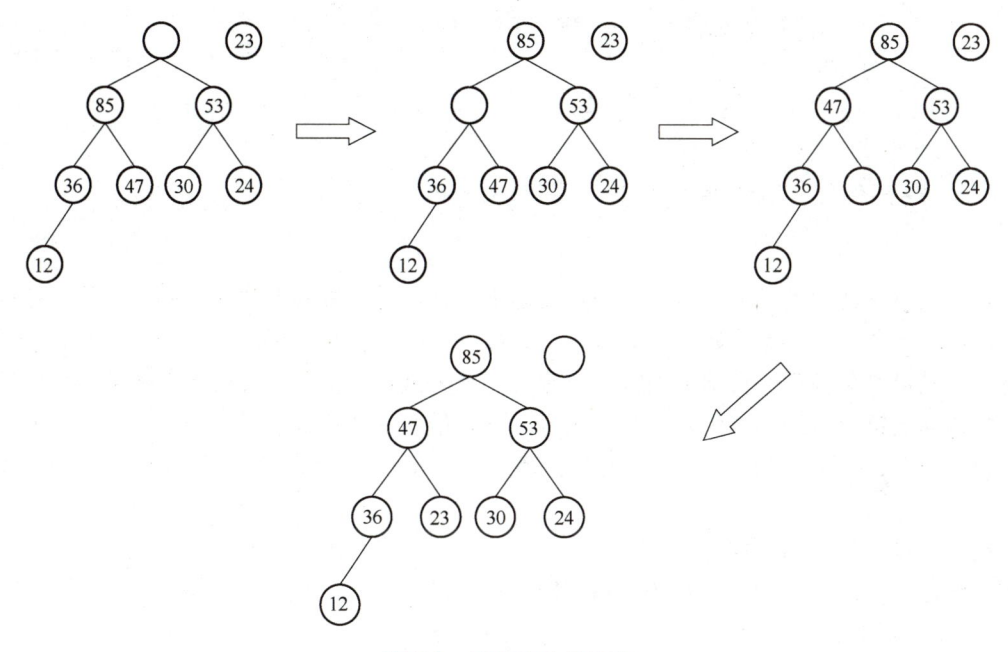

图 7-3 调整为堆的过程

Step1：存储关键字 Linear_array[heap_top]到临时空间 temp 中。

Step2：判断 Linear_array[heap_top]在 Linear_array 中的左子结点的位置 2 * heap_top+1 是否小于序列长度 len，如小于执行 Step3；否则执行 Step5。

Step3：比较结点 Linear_array[heap_top]的左右子结点关键字大小，选择大的与临时变量 temp 中的关键字比较，如果大于 temp 执行 Step4；否则执行 Step5。

Step4：将大的子结点关键字放入待调整结点 heap_top 位置，将该子结点作为待调整结点 heap_top，返回 Step2。

Step5：将临时变量 temp 中的关键字放入待调整结点 heap_top 位置内并结束。

堆调整算法代码如下：

```
void adjust_heap(int Linear_array[],int len,int heap_top)
{
    int child_pos,temp;
    temp=Linear_array[heap_top];
    child_pos=2*heap_top+1;
    while(child_pos<=len){
        if(child_pos<len&&(Linear_array[child_pos]<Linear_array[child_pos+1]))
            child_pos=child_pos+1;
        if(temp<Linear_array[child_pos]){
            Linear_array[heap_top]=Linear_array[child_pos];
            heap_top=child_pos;
```

```
            child_pos=2*heap_top+1;}
        else
            child_pos=len+1;
    }
    Linear_array[heap_top]=temp;
}
```

在堆调整算法的基础上，可以将任意关键字序列调整为堆的形式，过程为：从待排序队列的最后一个非叶子结点开始倒序对每一个结点进行调整，直到根结点为止。调整序列所有关键字均满足堆条件后，将堆顶关键字与最后一个关键字交换，不考虑已交换的最后的关键字，将前面关键字继续调整为堆，重复执行，直到最后一个关键字为止。

【例7-9】 待排序关键字序列为{23，75，43，36，9，47，10，24，12}，采用堆排序算法进行排序。

解：堆排序算法的实现过程如下：
初始堆：{75, 36, 47, 24, 9, 43, 10, 23, 12}
第一趟：{47, 36, 43, 24, 9, 12, 10, 23, 75}
第二趟：{43, 36, 23, 24, 9, 12, 10, 47, 75}
第三趟：{36, 24, 23, 10, 9, 12, 43, 47, 75}
第四趟：{24, 12, 23, 10, 9, 36, 43, 47, 75}
第五趟：{23, 12, 9, 10, 24, 36, 43, 47, 75}
第六趟：{12, 10, 9, 23, 24, 36, 43, 47, 75}
第七趟：{10, 9, 12, 23, 24, 36, 43, 47, 75}
第八趟：{9, 10, 12, 23, 24, 36, 43, 47, 75}

堆排序算法代码如下：

```
void heap_sort(int Linear_array[ ],int n)
{
    int k,temp;
    k=n/2;
    for(int pos=k-1;pos>=0;pos--)
        adjust_heap(Linear_array,n-1,pos);
    for(int len=n-1;len>=1;len--){
        temp=Linear_array[0];
        Linear_array[0]=Linear_array[len];
        Linear_array[len]=temp;
        adjust_heap(Linear_array,len-1,0);}
}
```

堆排序是不稳定排序方法，时间复杂度为 $O(n\log_2 n)$。

7.5 归并排序和基数排序

1. 二路归并排序

归并排序是分治算法的一个典型应用,归并排序思想为:将两个或两个以上的有序子序列合并,得到一个有序的关键字序列。

二路归并排序是将一个无序序列中的各个关键字看作独立的子序列,对相邻子序列进行两两比较合并,合并后得到有序子序列,重复执行比较合并过程直到所有子序列合并为一个完整的关键字序列结束。

【例7-10】 待排序关键字序列为 {49,33,15,57,21,06,71,46},采用二路归并排序算法进行排序。

解:二路归并排序算法的实现过程如下:

初始序列: { 49, 33,　　15, 57,　　21, 06,　　71, 46 }
　　　　　　　　↓　　　　　↓　　　　　↓　　　　　↓
第一趟:　{ (33, 49), (15, 57), (06, 21), (46, 71) }
　　　　　　　　↓　　　　　　　　　↓
第二趟:　{ (15, 33, 49, 57),　(06, 21, 46, 71) }
　　　　　　　　　　　　　↓
第三趟:　{ (06, 15, 21, 33, 46, 49, 57, 71) }

将待排序关键字序列存储于数组 Linear_array 中,长度为 n,子序列归并算法代码如下:

```
void sub_merge(int Linear_array[ ],int low,int mid,int high,int temp[ ])
{
    int sub_1=low,sub_2=mid+1,k;
    int temp_pos=low;
    while((sub_1<=mid)&&(sub_2<=high)){
        if(Linear_array[sub_1-1]<=Linear_array[sub_2-1]){
            temp[temp_pos-1]=Linear_array[sub_1-1];
            sub_1=sub_1+1;}
        else{
            temp[temp_pos -1]=Linear_array[sub_2-1];
            sub_2=sub_2+1;}
        temp_pos=temp_pos+1;
    }
    if(sub_1<=mid)
        for(;sub_1<=mid;sub_1++){
            temp[temp_pos -1]=Linear_array[sub_1-1];
            temp_pos=temp_pos+1;}
    if (sub_2<=high)
```

```
        for(;sub_2<=high;sub_2++){
            temp[temp_pos -1]=Linear_array[sub_2-1];
            temp_pos=temp_pos+1;}
    for(int pos=low;pos <=high;pos++)
        Linear_array[pos -1]=temp[pos -1];
}
```

二路归并排序算法代码如下：

```
void merge_sort(int Linear_array[],int n)
{
    int width,low,high,mid;
    int * temp;
    temp=(int *)malloc(n * sizeof(int));width=1;
    while(width<n){
        for(int start=1;start<=n;start=start+2 * width){
            low=start;high=start+2 * width-1;
            mid=start+width-1;
            if(high>n)
                high=n;
            if(high>mid)
                sub_merge(Linear_array,low,mid,high,temp);}
        width=2 * width;
    }
    free(temp);
}
```

归并排序是稳定的排序算法，时间复杂度为 $O(n\log_2 n)$。上述算法均为内部排序算法，如果待排序记录信息量很大，无法全部调入内存进行操作，这就需要在排序过程中进行内外存信息的交换，外部排序可采用归并排序算法。

2. 基数排序

前面所叙述的七种方法均是基于比较的排序算法，而基数排序为基于分配式排序思想和多关键字排序思想的算法。

设待排序序列中数据元素最多3位，范围为0~999，将数据元素中每一位上的数字都作为一个独立的关键字，不足3位的补0，这样将待排序序列中一个数据元素对应转变为三个关键字，例如将321转变为3、2、1；54转变为0、5、4，转变后的每个关键字范围为[0, *radix*]，其中 *radix*+1 为基数，上例中基数为10。

转变后可以采用多关键字排序，如从最低位开始，依次到最高位进行排序，称为最低位优先法。如从最高位开始，依次到最低位进行排序，称为最高位优先法。如待排序序列中数据元素为最多3位的整数，最低位优先法从个位到千位依次排序，最高位优先法从千位到个位依次排序。

最低位优先法的基数排序思想为：从最低位关键字开始按照数值依次分配到多个子表中，子表也称为"桶"，子表的数量与基数相同，子表与关键字数值有序对应，将相同数值的关键字分配到同一子表中。分配完成后根据子表顺序依次重新组成新的序列，再对新的序列的次低位关键字重复上述过程，直到最高位关键字也排序并重组完成。

为方便插入和重组操作，待排序数据元素多关键字及子表均采用单链表形式存储，单链表每个结点对应一个待排序数据元素，待排序序列单链表结点结构体 C 语言定义如下：

```
struct Radix_node
{
    int key[MAX_LEN];
    struct Radix_node * next;
};
```

成员 key 中存放每个待排序数据元素的多个关键字，按数组下标顺序对应低位到高位，即 key[0] 对应最低位，key[MAX_LEN-1] 对应最高位。成员 next 存放下一个数据元素结点地址。

【例 7-11】 待排序序列为 {19, 13, 05, 27, 01, 26, 31, 16}，基数为 10，采用基数排序算法进行排序。

解： 基数排序算法执行过程如下：

根据基数创建 10 个子表，每个子表均为一个单链表，定义一个指针数组 sub_head 用于存储各子表头指针，再定义一个指针数组 sub_tail 用于存储各子表尾指针。循环执行关键字位数 MAX_LEN 次，每次循环依次将以指针 head 为头指针的待排序序列单链表中各结点脱链，同时确定要插入的子表，以尾插法的方式将脱链结点插入各对应的子表。当所有待排序数据元素结点都插入到各子表后，恢复待排序序列单链表，恢复方法为：将各子表按 sub_head 数组下标顺序依次首尾相连整体插入到待排序序列单链表中。

待排序序列多关键字单链表带表头结点。采用最低位优先法的基数排序算法的实现过程如图 7-4~图 7-6 所示。

初始待排序序列单链表如图 7-4 所示。

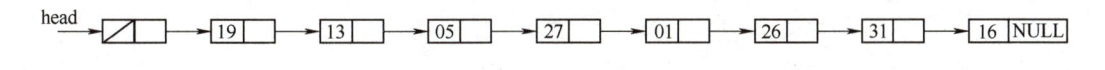

图 7-4 待排序序列多关键字单链表

第一趟：个位分配及恢复

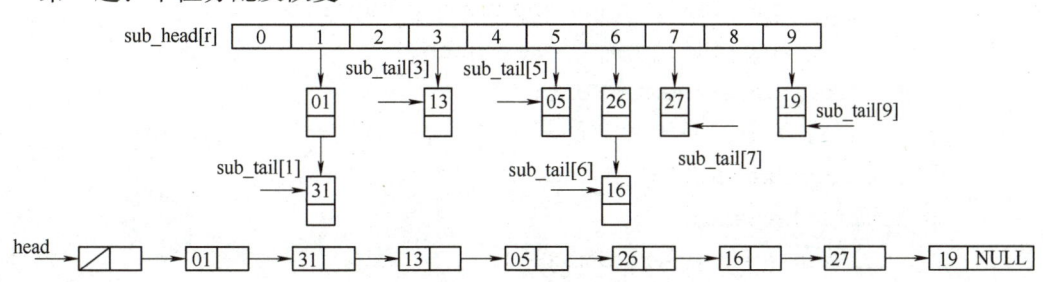

图 7-5 基数排序第一趟分配及恢复结果

第二趟：十位分配及恢复

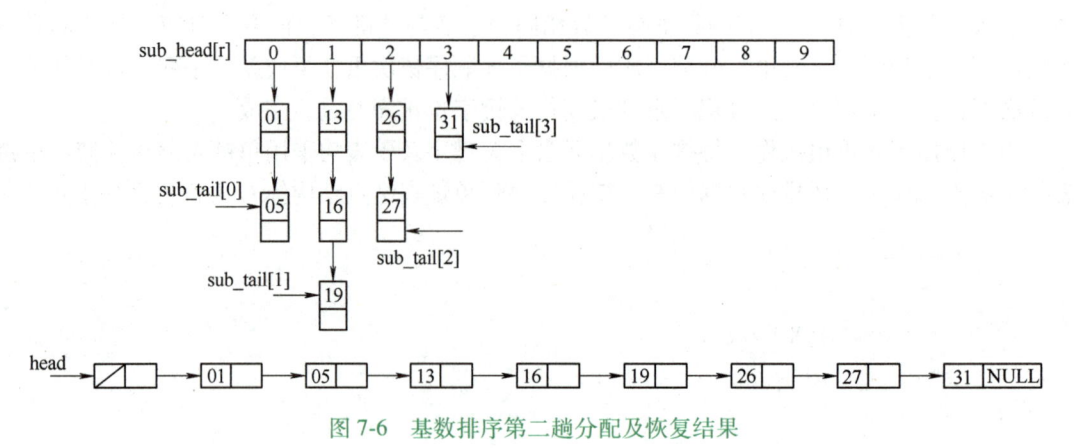

图 7-6　基数排序第二趟分配及恢复结果

由于千位均为 0，因此第三趟排序结果与第二趟相同，最低位优先法的基数排序算法代码如下：

```c
void radix_sort(struct Radix_node * head,int radix,int dig_len)
{
    struct Radix_node * sub_head[radix+1], * sub_tail[radix+1], * current;
    for(int i=0;i<dig_len;i++){
        for(int j=0;j<=radix;j++)
            sub_head[j]=sub_tail[j]=NULL;
        struct Radix_node * key_node;
        while(head->next!=NULL){
            int temp=head->next->key[i];
            key_node=head->next;
            head->next=key_node->next;
            if(sub_head[temp]==NULL){
                sub_head[temp]=key_node;
                sub_tail[temp]=key_node;}
            else{
                sub_tail[temp]->next=key_node;
                sub_tail[temp]=key_node;}
            key_node->next=NULL;
        }
        head->next=NULL;
        current=head;
        for(int j=0;j<=radix;j++){
            if(sub_head[j]!=NULL){
```

```
                current->next=sub_head[j];
                current=sub_tail[j];}
        }
        current->next=NULL;
    }
}
```

主函数中需创建待排序序列单链表，创建过程采用头插法实现，因此序列需倒序输入。输入待排序数据元素时，首先将其分解为多关键字形式分别存入单链表结点的 key 成员中，算法设定待排序数据元素为 3 位，不足 3 位的部分补 0。主函数算法代码如下：

```
#include <stdio.h>
#include <stdlib.h>
#define MAX_LEN 3
int main(){
    int data[8]={16,31,26,01,27,05,13,19};
    struct Radix_node *head,*new_node,*current;
    head=(struct Rdaix_node *)malloc(sizeof(struct Radix_node));
    head->next=NULL;
    for(int i=0;i<8;i++){
        new_node=(struct Rdaix_node *)malloc(sizeof(struct Radix_node));
        int temp,k=0;
        temp=data[i];
        while(temp!=0){
            new_node->key[k]=temp%10;
            temp=temp/10;
            k++;}
        while(k< MAX_LEN){
            new_node->key[k]=0;
            k++;}
        new_node->next=head->next;
        head->next=new_node;}
    radix_sort(head,9,MAX_LEN);
    current=head->next;
    while(current!=NULL){
        for(int j=0;j<MAX_LEN;j++)
            printf("%d ",current->key[MAX_LEN-j-1]);
        printf("\n");
```

```
        current=current->next;}
    current=head->next;
    while(current!=NULL){
        struct Radix_node *temp=current;
        current=current->next;
        free(temp);}
    free(head);
    return 0;
}
```

基数排序是稳定的排序算法,时间复杂度为 $O(d×(n+r))$,r 为基数,d 为关键字位数,即上述代码中的 MAX_LEN。

习　题

一、单向选择题

1. 对序列 49,38,65,97,76,13,47,50 采用插入排序法排序,要把 47 插入到已排序的队列中,为寻找合适的位置需进行(　　)次比较。
　A) 3　　　　　　B) 4　　　　　　C) 5　　　　　　D) 6

2. 设待排序关键字序列为 {55, 34, 6, 45, 67, 69, 49, 87, 16, 76},采取以第一个关键字为分割元素的快速排序(从小到大,序号从 1 开始),第一趟完成后关键字 69 被放到了第(　　)个位置。
　A) 6　　　　　　B) 7　　　　　　C) 8　　　　　　D) 9

3. 对序列 (49, 38, 65, 97, 76, 27, 13, 50) 采用快速排序方法进行排序,以第一个元素为分割元素得到的划分结果是(　　)。
　A) 13, 27, 38, 49, 76, 97, 65, 50
　B) 13, 38, 27, 49, 76, 97, 65, 50
　C) 27, 38, 13, 49, 50, 76, 65, 97
　D) 27, 13, 38, 49, 76, 97, 65, 50

4. 对序列 {15, 9, 7, 8, 20, -1, 4} 进行排序,进行一趟后数据的排序变为 {4, 9, -1, 8, 20, 7, 15},则采用的是(　　)排序。
　A) 插入　　　　　B) 快速　　　　　C) 希尔　　　　　D) 冒泡

5. n 个元素序列,采用选择排序,一个元素最多被交换多少次(　　)。
　A) $(n-1)/2$　　　B) $n-1$　　　　　C) n　　　　　　D) $n/2$

6. 设待排序关键字序列为 (15, 4, 25, 56, 78, 54, 90, 45, 32, 9),采取堆排序(从小到大),第一趟完成后关键字 54 被放到了第(　　)个位置。(位置从 1 开始)
　A) 1　　　　　　B) 2　　　　　　C) 3　　　　　　D) 4

7. 若要从 1000 个元素中得到前 10 个最小值元素,最好采用(　　)方法。
　A) 插入排序　　　B) 归并排序　　　C) 堆排序　　　　D) 快速排序

8. (　　)法从未排序的序列中依次取出元素,与已排序序列(初始为空)中的元素作比较,将其放入已排序序列的正确位置上。
　A) 快速排序　　　B) 选择排序　　　C) 插入排序　　　D) 归并排序

9. 对具有 n 个元素的任意序列采用选择排序法进行排序，排序趟数为（　　）。
 A) $n-1$　　　　　B) n　　　　　C) $n+1$　　　　　D) $\log_2 n$
10. （　　）法从未排序的序列中挑选元素，并将其依次放入已排序序列（初始为空）的一端。
 A) 快速排序　　　B) 冒泡排序　　　C) 插入排序　　　D) 选择排序

二、问答题

1. 对于序列（65，82，34，25，43，57，14，86）采用选择和希尔写出第一趟排序结果，采用快速排序（第一个元素为分割点），写出第一趟和第二趟排序结果。

2. 对于序列（47，72，68，13，38，50，97，58）采用插入和归并排序写出第一趟排序结果，采用堆排序（从小到大），写出初始堆和第一趟排序结果。

3. 对于序列（83，58，63，13，84，57，46，15）采用选择和希尔排序写出第一趟排序结果，采用快速排序（第一个元素为分割点），写出第一趟和第二趟排序结果。

4. 对于序列（35，34，12，26，90，41，66，58）采用插入和归并写出第一趟排序结果，采用堆排序（从小到大），写出初始堆和第一趟排序结果。

三、设计题

1. 编写算法，以单链表为存储结构实现选择排序。
2. 编写算法，以单链表为存储结构实现插入排序。
3. 编写算法，利用快速排序算法的思想，实现求第 k 个最小值的功能。

参 考 文 献

［1］徐士良. 计算机软件技术基础［M］. 4 版. 北京：清华大学出版社，2014.
［2］耿国华，等. 数据结构——C 语言描述［M］. 2 版. 西安：西安电子科技大学出版社，2008.
［3］沈孝钧. 计算机算法基础［M］. 北京：机械工业出版社，2014.
［4］HOROWITZ E, SAHNI S, ANDERSON-FRED S. 数据结构（C 语言版）［M］. 李建中，张岩，李治军，译. 北京：机械工业出版社，2006.
［5］陈卫卫，王庆瑞. 数据结构与算法［M］. 2 版. 北京：高等教育出版社，2015.
［6］王晓东. 算法设计与分析［M］. 4 版. 北京：清华大学出版社，2018.
［7］罗文劼，史青宣，苗秀芬. 数据结构与算法［M］. 4 版. 北京：机械工业出版社，2019.
［8］萨尼. 数据结构、算法与应用：C++语言描述（原书第 2 版）［M］. 王立柱，刘志红，译. 北京：机械工业出版社，2015.
［9］杨建英. 算法与程序设计［M］. 北京：电子工业出版社，2022.